普通高等教育"十二五"规划教材

动力机械基础实验

主　编　陈志刚　邓清方

副主编　钟新宝　戴正强

中国水利水电出版社

www.waterpub.com.cn

内 容 提 要

　　本书是与动力机械基础课程配套的实验指导书,体裁新颖,内容紧密结合动力机械基础实验课程教学、实验室建设实践与工程实践,从工程应用的角度,全面介绍了动力机械基础课程的实用实验技术。实验有认知、验证、综合、创新设计四大类型。实验项目包括计划内、计划外和开放性三种类型,以适应不同实验学时的需要。本书的总体设计参考了示范实验室评估指标体系,突破实验教学依附于理论教学的传统观念。实验项目设置科学,注重先进性、开放性,将教学科研成果转化为实验教学资源,形成适应学科特点和行业需求的、完整的实验课程体系。使用本书,能全面培养学生的科学作风、实验技能以及发现、分析和解决问题的综合能力,使学生具有创新、创业精神和动手能力、工程实践能力。

　　本书可作为普通高等院校及职业培训实验教材或参考书,也可供教师、实验室工作人员及工程技术人员参考。

图书在版编目(CIP)数据

动力机械基础实验 / 陈志刚,邓清方主编. -- 北京
: 中国水利水电出版社,2012.3(2019.2重印)
　普通高等教育"十二五"规划教材
　ISBN 978-7-5084-9539-2

Ⅰ. ①动… Ⅱ. ①陈… ②邓… Ⅲ. ①动力机械—实验—高等学校—教学参考资料 Ⅳ. ①TK05-33

中国版本图书馆CIP数据核字(2012)第044454号

书　　名	普通高等教育"十二五"规划教材 **动力机械基础实验**
作　　者	主编　陈志刚　邓清方　副主编　钟新宝　戴正强
出版发行	中国水利水电出版社 (北京市海淀区玉渊潭南路1号D座　100038) 网址:www.waterpub.com.cn E-mail:sales@waterpub.com.cn 电话:(010)68367658(营销中心)
经　　售	北京科水图书销售中心(零售) 电话:(010)88383994、63202643、68545874 全国各地新华书店和相关出版物销售网点
排　　版	中国水利水电出版社微机排版中心
印　　刷	北京合众伟业印刷有限公司
规　　格	184mm×260mm　16开本　16.75　印张　398千字
版　　次	2012年3月第1版　2019年2月第2次印刷
印　　数	4001—5200册
定　　价	**40.00元**

前　言

在经历了快速的规模发展之后，提高人才培养质量已成为高等教育发展的主旋律。以培养应用型本科人才为主要任务的地方院校面临多重挑战。改革人才培养模式，使教学内容更符合社会经济、文化、科技发展的要求，已成为地方院校改革发展中迫切需要解决的问题。高等学校实验室承担着培养高级专门人才，提高学生实践能力、创新能力，实施素质教育的重要任务，是学校教学、科研工作的重要组成部分，是知识创新、技术开发的重要基地。培养学生掌握科学实验的基本方法和技能，是实验教学的基本目标，对于培养具有创新精神与实践能力的高级专门人才具有十分重要的意义。

动力机械基础实验，是以培养学生掌握机械学科实验基本方法和技能为价值取向的实践教学活动，是培养高素质机械专门人才的重要手段。不断提高实验教学效果，确保实验教学质量，是动力机械基础实验室教学改革与研究的重要课题。

邵阳学院动力机械基础实验室在 2006 年被确定为湖南省普通高等学校基础课示范实验室后，针对地方院校的特点和我校的实际情况，全面整合实验教学内容，构建了以应用能力、创新能力培养为主线，分层次（基本技能实验→综合实验→课外科技活动→设计创新）、多模块、相对独立、相互衔接的实验教学体系。

本书的主要内容包括机械原理、机械设计、工程力学、热工理论、工程测试技术、工程材料及热处理、液压与气动、互换性与测量技术等课程的实验教学环节，内容多、范围广。通过对资源的合理配置和整合，建立起动力机械基础实验教学 7 个功能室：工程力学室（理论力学、材料力学）、金属材料及热处理室（互换性及测量技术、工程材料及热处理）、机械创新室（机械原理、机械设计、机械创新设计）、机械工程软件实训室（AutoCAD、Pro-E、UG、Cimetron 等）、控制工程室（控制工程基础、微机原理与接口技术、PLC 等）、热工基础实验室（工程热力学、传热学、流体力学、热工测试技术、能源与环境）、实训中心（数控实训中心、结构拆装实训中心）。

本书分 11 章。参加编写的人员有：王海容、危洪清（第一章），陈国新（第二章），肖彪、陈志刚、刘玉梅（第三章），葛动元、刘志辉（第四章），邓清方、戴正强（第五章），钟新宝、邓群英、周东一（第六章），邓维克、夏晓伟（第七章），肖彪、曾周亮、刘玉梅（第八章），唐维新、王本亮（第九章），戴正强（第十章），李梦奇、申爱玲（第十一章）。

在编写过程中，我们参考了很多文献，在此对这些文献的作者表示衷心的感谢！

由于编者水平有限，加之时间较紧，书中疏漏之处在所难免，请广大教师和读者批评指正，编者不胜感激。

编者

2011 年 11 月

目　录

前言

第一章　工程力学 ··· 1

实验一　低碳钢和铸铁的拉伸实验 ······························· 1

实验二　低碳钢和铸铁的压缩实验 ······························· 4

实验三　低碳钢和铸铁的扭转试验 ······························· 6

实验四　纯弯曲梁的正应力分布实验 ··························· 9

实验五　薄壁圆筒的弯扭组合实验 ····························· 12

第二章　工程材料及热处理 ··································· 16

实验六　铁碳合金平衡状态的显微组织分析 ··············· 16

实验七　金属材料的硬度实验 ··································· 20

实验八　碳钢的热处理 ··· 24

第三章　机械设计 ··· 29

实验九　皮带传动参数实验 ······································ 29

实验十　轴系组合创新实验 ······································ 30

实验十一　螺栓组受力测试实验 ································ 31

实验十二　滑动轴承测试实验 ··································· 35

第四章　微机原理与接口技术 ······························· 38

实验十三　数据排序实验 ··· 38

实验十四　继电器控制实验 ······································ 40

实验十五　定时器/计数器实验 ································· 42

实验十六　外部中断实验 ··· 46

实验十七　串行口通信实验 ······································ 50

实验十八　模/数转换与数据采集实验 ······················· 55

第五章　互换性与测量技术 ··································· 60

实验十九　用立式光学比较仪测量轴径 ······················ 60

实验二十　齿轮齿厚偏差的测量 ································ 63

实验二十一　齿轮公法线长度偏差的测量 ··················· 64

实验二十二　用合像水平仪测量直线度误差 ···················· 66

实验二十三　平面度误差的测量 ······························ 68

实验二十四　径向和端面圆跳动测量 ·························· 69

实验二十五　袖珍式粗糙度仪（TR100）测量表面粗糙度 ·········· 70

实验二十六　轴类零件形位误差测量 ·························· 73

第六章　热工理论 ·· 78

实验二十七　强迫对流管簇管外放热系数测定实验 ·············· 78

实验二十八　雷诺数实验 ···································· 83

实验二十九　文丘里流量计实验 ······························ 85

实验三十　沿程水头损失实验 ································ 88

实验三十一　气体定压比热测定实验 ·························· 91

实验三十二　阀门局部阻力系数的测定实验 ···················· 94

实验三十三　突扩突缩局部阻力损失实验 ······················ 96

实验三十四　液体导热系数测定实验 ·························· 98

实验三十五　导热系数 λ 的测定实验 ······················ 102

实验三十六　中温辐射时物体黑度的测定实验 ················ 103

实验三十七　顺逆流传热温差实验 ·························· 107

实验三十八　空气绝热指数 K 的测定实验 ·················· 109

实验三十九　CO_2 临界状态观测及 $P-V-t$ 关系测定实验 ·········· 111

实验四十　可视性饱和蒸汽压力和温度的关系实验 ············ 115

实验四十一　喷管实验 ······································ 117

实验四十二　自由对流横管管外放热系数 α 的测定实验 ········ 121

实验四十三　蒸汽冷凝时传热系数和给热系数测定实验 ·········· 123

实验四十四　虹吸演示实验 ·································· 125

实验四十五　风机的性能实验 ································ 126

实验四十六　泵的性能实验 ·································· 132

实验四十七　旋涡仪实验 ···································· 138

实验四十八　烟气流线演示实验 ······························ 139

第七章　控制工程基础 ·· 141

实验四十九　控制系统应用软件学习使用及典型控制系统建模分析 ··········· 141

实验五十　一阶、二阶系统时域特性分析 ···················· 146

实验五十一　控制系统频域特性分析 ·························· 147

实验五十二　控制系统稳定性仿真 ·························· 149

实验五十三　控制系统校正及 PID 仿真 ······················ 152

第八章　机械原理 ·· 155

实验五十四　机构运动简图的测绘实验 ······················ 155

实验五十五　机构组合创新设计实验 ·························· 156

实验五十六　渐开线直齿圆柱齿轮参数的测定与分析 ·················· 157

实验五十七　回转体动平衡实验 ·················· 159

实验五十八　曲柄导杆滑块机构综合实验 ·················· 162

实验五十九　凸轮机构多媒体测试仿真设计综合实验 ·················· 164

实验六十　ZNH—A/2曲柄摇杆机构多媒体测试仿真设计实验 ·················· 165

第九章　工程测试技术 ·················· 168

实验六十一　信号频谱分析实验 ·················· 168

实验六十二　一阶系统时间常数 τ 的测定 ·················· 169

实验六十三　二阶系统幅频特性测定 ·················· 170

实验六十四　应变片与电桥实验 ·················· 172

实验六十五　数字滤波器的设计 ·················· 174

实验六十六　转速表的校验实验 ·················· 175

实验六十七　水力测功机的校验实验（静校法） ·················· 176

实验六十八　机械振动的测量实验 ·················· 178

实验六十九　热电偶测温系统实验 ·················· 180

实验七十　位移测量实验 ·················· 183

实验七十一　常用热工仪表的认识 ·················· 184

实验七十二　测温用动圈表的校验实验 ·················· 185

实验七十三　电子电位差计的校验和使用 ·················· 187

实验七十四　配热电阻的动圈式温度指示表和自动平衡电桥的校验 ·················· 189

实验七十五　光学高温计和辐射高温计的使用 ·················· 190

实验七十六　弹簧管压力表的校验 ·················· 191

实验七十七　风机噪声测量实验 ·················· 193

第十章　液压与气动 ·················· 197

实验七十八　液压泵的拆装实验 ·················· 197

实验七十九　液压阀的拆装实验 ·················· 203

实验八十　换向回路实验 ·················· 207

实验八十一　液压泵的静态、动态特性实验 ·················· 210

实验八十二　调压回路实验 ·················· 214

实验八十三　节流调速回路性能实验 ·················· 218

实验八十四　顺序动作回路实验 ·················· 222

实验八十五　电—气联合控制顺序动作回路实验 ·················· 227

第十一章　机械 CAD/CAM ·················· 231

实验八十六　机械 CAD ·················· 231

实验八十七　CAM 仿真 ·················· 241

实验八十八　图形变换 ·················· 254

参考文献 ·················· 258

第一章　工　程　力　学

实验一　低碳钢和铸铁的拉伸实验

拉伸实验是测定材料力学性能的最基本最重要的实验之一。由本实验所测得的结果，可以说明材料在静拉伸下的一些性能，例如材料对载荷的抵抗能力的变化规律，材料的弹性、塑性、强度等重要机械性能，这些性能是工程上合理地选用材料和进行强度计算的重要依据。

一、实验目的要求

（1）测定低碳钢的屈服极限 σ_s、强度极限 σ_b、延伸率 δ、截面收缩率 ψ 和铸铁的强度极限 σ_b。

（2）观察低碳钢和铸铁在拉伸过程中表现的现象，绘出外力和变形间的关系曲线（$F—\Delta L$ 曲线）。

（3）比较低碳钢和铸铁两种材料的拉伸性能和断口情况。

（4）掌握电子万能材料实验机的工作原理和使用方法。

二、实验仪器

（1）WD—P6105 微机控制电子万能材料实验机（见图 1-1）。

（2）游标卡尺。

图 1-1　WD—P6105 微机控制
电子万能材料实验机

三、试件

拉伸实验所用的试件都是按照国家标准《金属材料室温拉伸实验方法》（GB/T 228.1—2010）规定的标准试件。

试件形状如图 1-2 所示。图 1-2 中工作段长度 l 称为标距，试件的拉伸变形量一般由这一段的变形来测定，两端较粗部分是为了便于装入试验机的夹头内。

为了使实验测得的结果可以互相比较，通常取 $l=5d$ 或 $l=10d$。

对于一般板的材料拉伸实验，也应按国家标准做成矩形截面试件。其截面面积和试件标距关系为 $l=11.3\sqrt{A}$ 或 $l=5.65\sqrt{A}$，A 为标距段内的截面积。

图 1-2　试件

四、实验原理

1. 低碳钢的拉伸试验

低碳钢的拉伸图全面而具体地反映了整个变形过程。观察电脑绘出的拉伸图，如图 1-3 所示。

试验前，绘出的拉伸图是一段曲线，如图 1-3

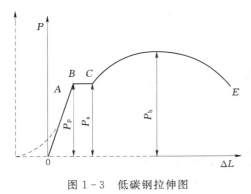

图 1-3 低碳钢拉伸图

中虚线所示，这是因为试件开始变形之前机器的机件之间和试件与夹具之间留有空隙，所以当试验刚刚开始时，在拉伸图上首先产生虚线所示的线段，继而逐步夹紧，最后只留下试件的变形。为了消除在拉伸图起点处发生的曲线段。需将图形的直线段延长至横坐标所得相交点 0，即为拉伸图之原点。随着载荷的增加，图形沿倾斜的直线上升，到达 A 点及 B 点。过 B 点后，低碳钢进入屈服阶段（锯齿形的 BC 段），B 点为上屈服点，即屈服阶段中力首次下

降前的最大载荷，用 P_{su} 来表示。对有明显屈服现象的金属材料，一般只需测试下屈服点，即应测定屈服阶段中不计初始瞬时效应时的最小载荷，用 P_{sl} 来表示。对试件连续加载直至拉断，测出最大载荷 P_b。关闭机器，取下拉断的试件，将断裂的试件紧对到一起，用游标卡尺测量出断裂后试件标距间的长度 l，按下式可计算出低碳钢的延伸率 δ

$$\delta = \frac{l - l_0}{l_0} \times 100\% \tag{1-1}$$

将断裂的试件的断口紧对在一起，用游标卡尺量出断口（细颈）处的直径 d，计算出面积 A；按式（1-2）可计算出低碳钢的截面收缩率 ψ

$$\psi = \frac{A_0 - A}{A_0} \times 100\% \tag{1-2}$$

2. 铸铁的拉伸实验

用游标卡尺在试件标距范围内测量中间和两端三处直径 d 取最小平均值计算试件截面面积，根据铸铁的强度极限 σ_b，估计拉伸试件的最大载荷。开动机器，缓慢均匀加载直到断裂为止。记录最大载荷 F_b，观察电脑上的曲线，如图 1-4 所示。将最大载荷值 F_b 除以试件的原始截面积 A，就得到铸铁的强度极限 σ_b，$\sigma_b = F_b / A$。因为铸铁为脆性材料在变形很小的情况下就会断裂，所以铸铁的延伸率和截面收缩率很小，很难测出。

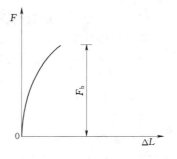

图 1-4 铸铁拉伸图

五、实验步骤

测定一种材料的力学性能，一般应用一组试件（3～6 根）来进行，而且应该尽可能每一根试件都测出所要求的性能，基本实验步骤如下：

（1）测量试件尺寸，标距 l_0 和直径 d_0。

（2）启动试验机的动力电源及计算机的电源，检查试验机是否在实验状态下就位。

（3）调出试验机的操作软件，按提示逐步进行操作，设置好参数。

（4）安装试件。

（5）估算试件破坏时的最大载荷，在电脑上选择适当的量程；调零，回到试验初始状态。

（6）选择合适的加载速度，启动实验开关进行加载。试验进行中，要注意观察试件变

形，要密切注意其现象与特征，实验完成，保存记录数据，并画下草图。

（7）卸载。取下试件，关闭实验机的动力系统及计算机系统。

六、实验结果处理

（1）根据试验记录，算出材料的力学性能的有关数据，将试验数以表格形式给出。

（2）将不同材料在不同受力状态下的力学性能特点及破坏情况进行分析比较，绘制低碳钢、铸铁试件的拉伸图。

（3）绘制低碳钢、铸铁试件的断口示意图，并分析破坏原因。

1. 低碳钢拉伸的力学性能（见表 1-1）

表 1-1　　　　　　　　　　　　**低碳钢拉伸的力学性能**

试　样　尺　寸	实　验　数　据
实验前： 　　标　　距　$l_0=$　　　mm 　　直　　径　$d_0=$　　　mm 　　横截面面积　$A_0=$　　　mm^2 实验后： 　　标　　距　$l=$　　　mm 　　最小直径　$d=$　　　mm 　　横截面面积　$A=$　　　mm^2	屈服载荷　$F_s=$　　　kN 　　　最大载荷　$F_b=$　　　kN 　　屈服应力　$\sigma_s=F_s/A=$　　　MPa 　抗拉强度　$\sigma=F_b/A=$　　　MPa 　伸长率　$\delta=(l-l_0)/l_0\times100\%=$ 　断面收缩率　$\varphi=(A_0-A)/A_0\times100\%=$
试　样　草　图	拉　伸　曲　线　示　意　图
实验前： 实验后：	

2. 铸铁拉伸的力学性能（见表 1-2）

表 1-2　　　　　　　　　　　　**铸铁拉伸的力学性能**

试　样　尺　寸	实　验　数　据
实验前： 　　直　　径：$d=$　　　mm 　　横截面面积：$A=$　　　mm^2	最大载荷　$F_a=$　　　kN 抗拉强度　$\sigma_b=F_b/A=$　　　MPa
试　样　草　图	拉　伸　曲　线　示　意　图
实验前： 实验后：	

七、预习报告与分析讨论内容

（1）根据所学专业要求不同选择不同的试件材料与破坏形式做比较实验。

（2）预先对不同材料的机械性能、特点及不同破坏形式下的力学性能有所了解。

（3）了解所需仪器设备的原理、使用方法及注意事项。

（4）预先了解不同受力情况下各阶段将出现的特性。

（5）对试件断口形状进行描述，并分析破坏原因。

实验二 低碳钢和铸铁的压缩实验

一、实验目的

（1）观察低碳钢，铸铁压缩时的变形和破坏现象。并进行比较。

（2）测定压缩时低碳钢的屈服极限 σ_s 和铸铁的强度极限 σ_b。

（3）掌握电子万能试验机的原理及操作方法。

二、实验设备

（1）WD—P6105 微机控制电子万能材料试验机，见图 1-1。

（2）游标卡尺。

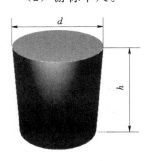

图 2-1 用于压缩
实验时的试件

低碳钢的屈服极限

三、试件

低碳钢和铸铁等金属材料的压缩试件一般制成圆柱形，如图 2-1 所示，并规定 $1 \leqslant \dfrac{h_0}{d_0} \leqslant 3$。

四、实验原理

图 2-2 为低碳钢试件的压缩图，在弹性阶段和屈服阶段，它与拉伸时的形状基本是一致的，而且 F_s 也基本相同。由于低碳钢的塑性好，试件越压越粗，不会破坏，横向膨胀在试件两端受到试件与承垫之间巨大摩擦力的约束，试件被压成鼓形，进一步压缩，会压成圆饼状，低碳钢试件压不坏，所以没有强度极限。

$$\sigma_s = F_s / A_0$$

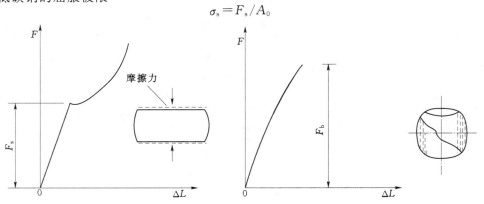

图 2-2 低碳钢试件压缩图   图 2-3 铸铁试件压缩图

图 2-3 为铸铁试件压缩图，$F-\Delta L$ 比同材料的拉伸图要高 4～5 倍，当达到最大载荷 F_b 时铸铁试件会突然破裂，断裂面法线与试件轴线大致成 45°～55°的倾角。

铸铁的强度极限为

$$\sigma_b = F_b / A_0$$

五、实验步骤

（1）检查试验机的各种限位是否在实验状态下就位。

（2）启动试验机的动力电源及计算机的电源。

（3）调出试验机的操作软件，按提示逐步进行操作，设置好参数。

（4）安装试件。将试件两端面涂油，置于试验机下压头上，注意放在下压头中心，以保障力线与试件轴线重合。调零，回到试验初始状态。

（5）根据实验设定，启动实验开关进行加载，注意观察试验中的试件及计算机上的曲线变化。直至规定载荷或破坏，实验完成，保存记录数据。

（6）卸载。取下试件，观察试件受压变形或破坏情况，并画下草图。

（7）关闭试验机的动力系统及计算机系统。

六、实验记录及结果的整理

（1）低碳钢压缩时的强度指标为

屈服极限
$$\sigma_s = \frac{P_s}{A_0} \tag{2-1}$$

（2）铸铁压缩时的强度指标为

强度极限
$$\sigma_b = \frac{P_b}{A_0} \tag{2-2}$$

（3）记录与计算表格形式见表 2-1 和表 2-2。

表 2-1　　　　试件几何尺寸及测定屈服和极限载荷的实验记录表

材料	试件几何尺寸						高度 h_0 （mm）	面积 A_0 （mm²）	屈服载荷 F_s(kN)	极限载荷 F_b(kN)
	直径 d_0 （mm）									
低碳钢	方向1		方向2		平均					
铸铁	方向1		方向2		平均					

表 2-2　　　　低碳钢和铸铁压缩的力学性能

材料	低碳钢		灰铸铁	
	实验前	实验后	实验前	实验后
试样草图				
实验数据	屈服极限 $\sigma_s = \frac{F_s}{A_0} =$　　　MPa		强度极限 $\sigma_b = \frac{F_b}{A_0} =$　　　MPa	
压缩曲线示意图				

七、讨论题

（1）由低碳钢和铸铁的拉伸和压缩实验结果，比较塑性材料和脆性材料的力学性质以及它们的破坏形成。

（2）试比较铸铁在拉伸和压缩时的不同点。

（3）为什么铸铁试件在压缩时沿着与轴线大致成 45°的斜线截面破坏？

（4）低碳钢试件压缩后为什么成鼓状？

实验三　低碳钢和铸铁的扭转试验

一、实验目的

（1）测定铸铁的扭转强度极限 τ_b。

（2）测定低碳钢材料的扭转屈服极限 τ_s 及扭转强度极限 τ_b。

（3）观察比较两种材料在扭转变形过程中的各种现象及其破坏形式，并对试件断口进行分析。

二、实验设备和仪器

1. 实验设备

（1）电子扭转试验机 TNW—500（见图 3 - 1）。

（2）游标卡尺。

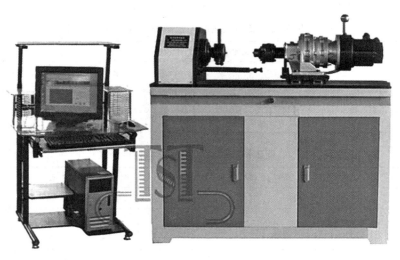

图 3 - 1　电子扭转试验机 TNW—500

2. 试样

根据国家标准《金属材料　室温扭转试验方法》（GB 10128—2007）规定，扭转试件（见图 3 - 2）可采用圆形截面，也可采用薄壁管，并且推荐，对于圆形截面试件，采用直径 $d_0 = 10\text{mm}$，标距 $L_0 = 50\text{mm}$ 或 100mm，平行段长度 $L = L_0 + 2d_0$。本试验采用圆形截面试件。

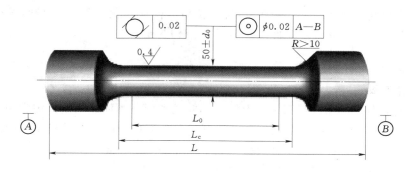

图 3-2　用于扭转实验时的试件

三、实验原理

低碳钢材料扭转时载荷—变形曲线如图 3-3 所示。

低碳钢试件在受扭的最初阶段，扭矩 T 与扭转角 φ 成正比关系（见图 3-3），横截面上剪应力 τ 沿半径线性分布，如图 3-4（a）所示。随着扭矩 T 的增大，横截面边缘处的剪应力首先达到剪切屈服极限 τ_s 且塑性区逐渐向圆心扩展，形成环形塑性区，但中心部分仍是弹性的，见图 3-4（b）。试件继续变形，屈服从试件表层向心部扩展直到整个截面几乎都是塑性区，如图 3-4（c）所示。此时，在 $T-\varphi$ 曲线上出现屈服平台（见图 3-3），试验机的扭矩读数基本不动，此时对应的扭矩即为屈服扭矩 T_s。随后，

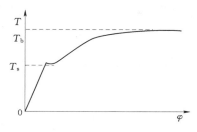

图 3-3　低碳钢材料的扭转图

材料进入强化阶段，变形增加，扭矩随之增加，直到试件破坏为止。因扭转无颈缩现象。所以，扭转曲线一直上升直到破坏，试件破坏时的扭矩即为最大扭矩 T_b。由 $T_s = \int_A \rho \tau_s \mathrm{d}A = \tau_s \int_0^{d/2} \rho(2\pi\rho\mathrm{d}\rho) = \frac{4}{3}\tau_s W_t$ 可得低碳钢材料的扭转屈服极限 $\tau_s = \frac{3T_s}{4W_t}$；同理，可得低碳钢材料扭转时强度极限 $\tau_b = \frac{3T_b}{4W_t}$，其中 $W_t = \frac{\pi}{16}d^3$ 为抗扭截面模量。

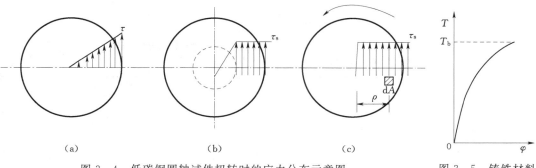

（a）　　　　　　　　（b）　　　　　　　　（c）

图 3-4　低碳钢圆轴试件扭转时的应力分布示意图

图 3-5　铸铁材料的扭转图

铸铁试件受扭时，在很小的变形下就会发生破坏，其扭转图如图 3-5 所示。

从扭转开始直到破坏为止，扭矩 T 与扭转角近似成正比关系，且变形很小，横截面上剪应力沿半径为线性分布。试件破坏时的扭矩即为最大扭矩 T_b，铸铁材料的扭转强度极限为 $\tau_m = \dfrac{T_b}{W_t}$。

四、试验步骤

（1）测量直径 d_0，在低碳钢试件上划一轴向线和两条圆周线，用以观察扭转变形。

（2）检查设备线路连接是否接好，并打开设备电源以及配套软件操作界面。

（3）选择合适的量程，应使最大扭转处于量程的 $50\%\sim80\%$ 范围。设定修正系数。

（4）装夹试件，使其在夹头的中心位置。

（5）记录低碳钢试件的屈服扭矩 T_s 和最大扭矩 T_b。

（6）记录铁铸试件的最大扭矩 T_b。

（7）实验结束后，打印实验结果，关闭软件，关闭电源。

五、实验结果整理

（1）将试验数据以表格形式给出，见表 3-1 和表 3-2。

（2）计算低碳钢的屈服极限 τ_s 及扭转强度极限 τ_b。

表 3-1 试 件 尺 寸

试件	直径 d（mm）									最小平均直径 d_0（mm）	抗扭截面系数 $W_t=\dfrac{\pi d_0^3}{16}$（mm³）
	截面 1			截面 2			截面 3				
	方向(1)	方向(2)	平均	方向(1)	方向(2)	平均	方向(1)	方向(2)	平均		
低碳钢											
铸铁											

表 3-2 实验记录及数据计算

试 件	低 碳 钢	铸 铁
实验数据	屈服扭矩 $T_s=$ N·m 最大扭矩 $T_b=$ N·m	最大扭矩 $T_b=$ N·m
	扭转屈服应力：$\tau_s=\dfrac{3T_s}{4W_t}=$ MPa 扭转极限应力：$\tau_b=\dfrac{3T_b}{4W_t}=$ MPa	剪切强度极限 $\tau_b=\dfrac{T_b}{W_t}=$ MPa
扭转图		

六、思考题

（1）根据低碳钢和铸铁的拉伸、压缩和扭转三种试验结果，分析总结两种材料的机械性质。

（2）低碳钢拉伸屈服极限和剪切屈服极限有何关系？

实验四　纯弯曲梁的正应力分布实验

一、实验目的

（1）掌握电测法的基本原理和熟悉静态电阻应变仪的使用方法。

（2）测定矩形截面梁承受纯弯曲时的正应力分布，并与理论计算结果进行比较；以验证弯曲正应力公式。

二、实验设备和仪器

（1）FCL—I 型材料力学多功能实验装置，见图 4-1。

（2）HD—16A 静态电阻应变仪，见图 4-2。

（3）钢尺。

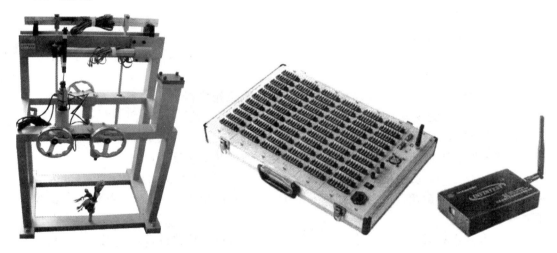

图 4-1　FCL—I 型材料力学多
　　　　功能实验装置

图 4-2　HD—16A 静态电阻应变仪

三、实验原理及方法

在纯弯曲条件下，根据平面假设和纵向纤维间无挤压的假设，可得到梁横截面上任一点的正应力，理论应力值计算公式为

$$\sigma_{理} = \frac{My}{I_z} \qquad\qquad (4-1)$$

式中　M——弯矩；

　　　I_z——横截面对中性轴的惯性矩；

　　　y——所求应力点至中性轴的距离。

如图 4-3 所示，为了测量梁在纯弯曲时横截面上正应力的分布规律，在梁的纯弯曲段沿梁侧面不同高度 y_i（-20mm、-10mm、0、10mm 和 20mm），平行于轴线贴应变片。实验采用 1/4 桥测量方法。加载采用增量法，即每增加等量的载荷 ΔP（500N），测出

各点的应变增量 $\Delta\varepsilon_i$，然后分别取各点应变增量的平均值 $\Delta\varepsilon_{实i}$，依次求出各点的应变增量，由胡克定理得到实测应力值

$$\sigma_{实i}=E\Delta\varepsilon_{实i} \tag{4-2}$$

将实测应力值与理论应力值进行比较，以验证弯曲正应力公式。

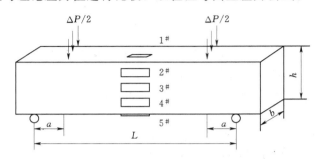

图 4-3　实验装置示意图

四、实验步骤

（1）设计好本实验所需的各类数据表格。

（2）拟订加载方案。为减少误差，先选取适当的初载荷 P_0（一般 $P_0=300\text{N}$ 左右），估算 P_{max}，分级加载。

（3）根据加载方案，调整好实验加载装置。测量矩形截面梁的宽度 b、高度 h、跨度 L、载荷作用点到梁支点距离 a 及各应变片到中性层的距离 y_i。

（4）按实验要求接好线组成测量电桥后，调节应变仪的灵敏系数指针，并进行预调平衡。观察几分钟看应变仪指针有无漂移，正常后即可开始测量。

（5）加载。均匀缓慢加载至初载荷 P_0，记下各点应变的初始读数；然后分级等增量加载，每增加一级载荷，依次记录各点电阻应变片的应变值 ε_i，直到最终载荷。实验至少重复两次。

（6）做完实验后，卸掉载荷，关闭电源，整理好所用仪器设备，清理实验现场，将所用仪器设备复原，实验资料交指导教师检查签字。

五、实验记录及数据处理

（一）实验记录

实验记录，见表 4-1 和表 4-2。

表 4-1　　　　　　　　　　　　　试 件 相 关 参 考 数 据

应变片至中性层距离（mm）		梁的尺寸和有关参数	
y_1	-20	宽　　度 $b=$	mm
y_2	-10	高　　度 $h=$	mm
y_3	0	跨　　度 $L=$	mm
y_4	10	载荷距离 $a=$	mm
y_5	20	弹性模量 $E=$	GPa
		泊 松 比 $\nu=$	
		轴惯性矩 $I_z=bh^3/12=$	m⁴

表 4 - 2　　　　　　　　　　　　　　实　验　数　据

载荷 （N）			P	500	1000	1500	2000	2500	3000
			ΔP		500	500	500	500	500
各测点电阻应 变仪读数 （$\mu\varepsilon$）	1		ε_1						
			$\Delta\varepsilon_1$						
			平均值 $\overline{\Delta\varepsilon_1}$						
	2		ε_2						
			$\Delta\varepsilon_2$						
			平均值 $\overline{\Delta\varepsilon_2}$						
	3		ε_3						
			$\Delta\varepsilon_3$						
			平均值 $\overline{\Delta\varepsilon_3}$						
	4		ε_4						
			$\Delta\varepsilon_4$						
			平均值 $\overline{\Delta\varepsilon_4}$						
	5		ε_5						
			$\Delta\varepsilon_5$						
			平均值 $\overline{\Delta\varepsilon_5}$						

（二）实验结果处理

1. 理论值计算

载荷增量　　　　　　　　　　　　$\Delta P = 500\text{N}$

弯矩增量　　　　　　　　　　　　$\Delta M = \Delta Pa/2(\text{N} \cdot \text{m})$

各点理论值计算公式为

$$\sigma_{\text{理}i} = \frac{\Delta M y_i}{I_z} \qquad (4-3)$$

2. 实验值计算

根据测得的各点应变值 ε_i 求出应变增量平均值 $\overline{\Delta\varepsilon_i}$，代入胡克定律计算各点的实验应力值，因 $1\mu\varepsilon = 10^{-6}\varepsilon$，所以，各点实验应力计算

$$\sigma_{\text{实}i} = E\varepsilon_{\text{实}i} = E \times \overline{\Delta\varepsilon_i} \times 10^{-6} \qquad (4-4)$$

3. 理论值与实验值的比较（见表 4 - 3）

表 4 - 3　　　　　　　　　　　　理论值与实验值比较表

测　　点	理论值 $\sigma_{\text{理}i}$（MPa）	实验值 $\sigma_{\text{实}i}$（MPa）	相　对　误　差
1			
2			
3			
4			
5			

4. 绘出理论应力值和实验应力值的分布图

绘出理论应力值和实验应力值的分布图，分别以横坐标轴表示各测点的应力（$\sigma_{理i}$ 和 $\sigma_{实i}$），以纵坐标轴表示各测点距梁中性层位置 y_i，选用合适的比例绘出理论应力值和实验应力值的分布图（见图 4-4）。

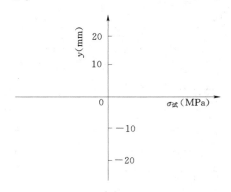

图 4-4　实验应力值分布图

六、试验结果分析及讨论

（1）如实验值与理论值之间存在误差，试分析误差产生的原因？

（2）梁的材料是普通碳素钢，若 $[\sigma]=160\text{MPa}$，试计算此梁能承受的最大载荷。

（3）纯弯曲梁正应力测试中没考虑梁的自重，是否会引起试验结果误差？

实验五　薄壁圆筒的弯扭组合实验

一、实验目的

（1）了解实验应力分析的基本理论和方法。

（2）掌握应用电测技术测量在弯扭组合变形下主应力的大小和方向。并与理论值进行比较。

二、实验设备和仪器

（1）FCL—I 型材料力学多功能实验装置，见图 4-1。

（2）HD—16A 静态电阻应变仪，见图 4-2。

（3）游标卡尺、钢尺。

三、实验原理及方法

薄壁圆筒受外力作用，发生组合变形，圆筒的 m 点处于平面应力状态（见图 5-1）。在 m 点单元体上作用有由弯矩引起的正应力 σ_x，由扭矩引起的剪应力 τ_n，主应力是一对拉应力 σ_1 和一对压应力 σ_3，单元体上的正应力 σ_x 和剪应力 τ_n 可按下式计算

$$\sigma_x=\frac{M}{W_Z} \tag{5-1}$$

$$\tau_n=\frac{M_n}{W_T} \tag{5-2}$$

对空心圆筒 $\qquad W_Z = \dfrac{\pi D^3}{32}\left[1-\left(\dfrac{d}{D}\right)^4\right]$ (5-3)

对空心圆筒 $\qquad W_T = \dfrac{\pi D^3}{16}\left[1-\left(\dfrac{d}{D}\right)^4\right]$ (5-4)

式中 M——弯矩，$M = PL$；

$\quad M_n$——扭矩，$M_n = Pa$；

$\quad W_Z$——抗弯截面模量；

$\quad W_T$——抗扭截面模量。

W 由二向应力状态分析可得到主应力及其方向为

$$\begin{array}{c}\sigma_1 \\ \sigma_3\end{array} = \sigma_x/2 \pm \sqrt{(\sigma_x/2)^2 + \tau_n^2}$$ (5-5)

$$\tan 2a_0 = -2\tau_n/\sigma_x$$ (5-6)

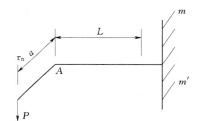 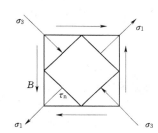 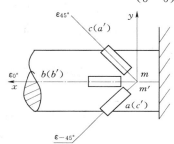

图 5-1 圆筒 m 点应力状态 　　　 图 5-2 测点应变片布置图

本实验装置采用的是 45°直角应变片，在 m、m' 点各贴一组应变片（见图 5-2），应变片上三个应变片的 a 角分别为 $-45°$、$0°$、$45°$，该点主应力和主方向为

$$\begin{array}{c}\sigma_1 \\ \sigma_3\end{array} = \frac{E(\varepsilon_{45°} + \varepsilon_{-45°})}{2(1-\mu)} \pm \frac{\sqrt{2}E}{2(1+\mu)}\sqrt{(\varepsilon_{45°}-\varepsilon_{0°})^2 + (\varepsilon_{-45°}-\varepsilon_{0°})^2}$$ (5-7)

$$\tan 2a_0 = (\varepsilon_{45°} - \varepsilon_{-45°})/(2\varepsilon_{0°} - \varepsilon_{-45°} - \varepsilon_{45°})$$ (5-8)

四、实验步骤

（1）设计好本实验所需的各类数据表格。

（2）测量试件尺寸、加力臂长度和测点距力臂的距离，确定试件有关参数，见表5-1。

表 5-1 　　　　　　　　　　　　 试 件 相 关 数 据

圆筒的尺寸和有关参数		
计算长度 $L=$ 　　mm		弹性模量 $E=$ 　　GPa
外　　径 $D=$ 　　mm		泊松比 $\mu=$
内　　径 $d=$ 　　mm		电阻应变片灵敏系数 $K=$
扇臂长度 $a=$ 　　mm		

（3）将薄壁圆筒上的应变片按不同测试要求接到仪器上，组成测量电桥。调整好仪器，检查整个测试系统是否处于正常工作状态。主应力大小、方向测定：将 m 和 m' 两点

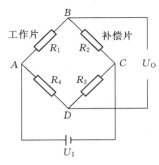

图 5-3 半桥单臂
(1/4 桥) 接法

的所有应变片按半桥单臂（1/4 桥）、公共温度补偿法组成测量线路进行测量（见图 5-3）。

（4）拟订加载方案。先选取适当的初载荷 P_0（一般取 $P_0 = 10\% P_{max}$ 左右），估算 P_{max}（该实验载荷范围 $P_{max} \leqslant 700N$），分 4～6 级加载。

（5）根据加载方案，调整好实验加载装置。

（6）加载。均匀缓慢加载至初载荷 P_0，记下各点应变的初始读数；然后分级等增量加载，每增加一级载荷，依次记录各点电阻应变片的应变值，直到最终载荷。实验至少重复两次，见表 5-2 和表 5-3。

（7）做完实验后，卸掉载荷，关闭电源，整理好所用仪器设备，清理实验现场，将所用仪器设备复原，实验资料交指导教师检查签字。

（8）实验装置中，圆筒的管壁很薄，为避免损坏装置，注意切勿超载，不能用力扳动。

五、实验记录及数据处理

表 5-2　　　　　　　　　　　m 和 m' 点三个方向线应变实验数据

载荷 (N)		P	100	200	300	400	500	
		ΔP	100	100	100	100		
m' 点应变仪读数 (μs)	45°	ε						
		$\Delta \varepsilon$						
		平均值						
	0°	ε						
		$\Delta \varepsilon$						
		平均值						
	−45°	ε						
		$\Delta \varepsilon$						
		平均值						
m 点应变仪读数 (μs)	45°	ε						
		$\Delta \varepsilon$						
		平均值						
	0°	ε						
		$\Delta \varepsilon$						
		平均值						
	−45°	ε						
		$\Delta \varepsilon$						
		平均值						

六、数据处理

1. m 或 m' 点实测值主应力及方向的计算

$$\begin{matrix}\sigma_1 \\ \sigma_3\end{matrix} = \frac{E(\overline{\varepsilon_{45°}} + \overline{\varepsilon_{-45°}})}{2(1-\mu)} \pm \frac{\sqrt{2}E}{2(1+\mu)}\sqrt{(\overline{\varepsilon_{45°}} - \overline{\varepsilon_{0°}})^2 + (\overline{\varepsilon_{-45°}} - \overline{\varepsilon_{0°}})^2}$$

$$\tan2a_0 = (\overline{\varepsilon_{45°}} - \overline{\varepsilon_{-45°}})/(2\overline{\varepsilon_{0°}} - \overline{\varepsilon_{-45°}} - \overline{\varepsilon_{45°}})$$

m 或 m' 理论值主应力及方向计算

$$\begin{matrix}\sigma_1 \\ \sigma_3\end{matrix} = \sigma_x/2 \pm \sqrt{(\sigma_x/2)^2 + \tau_n^2}$$

$$\tan2a_0 = -2\tau_n/\sigma_x$$

2. m 或 m' 点主应力及方向的实验值与理论值比较

表 5 - 3　　　　　　　　　　　　实验值与理论值比较

比　较　内　容		实验值	理论值	相对误差（%）
m 点	σ_1（MPa）			
	σ_3（MPa）			
	a_0（°）			
m' 点	σ_1（MPa）			
	σ_3（MPa）			
	a_0（°）			

七、试验结果分析及讨论

（1）测量单一内力分量引起的应变，可以采用哪几种桥路接线法？

（2）主应力测量中，45°直角应变片是否可沿任意方向粘贴？

第二章 工程材料及热处理

实验六 铁碳合金平衡状态的显微组织分析

一、实验目的

（1）认识铁碳合金平衡组织的特征，初步识别各种铁碳合金在平衡状态下的显微组织。

（2）分析和认识碳钢的含碳量与其平衡组织的关系。

（3）进一步认识对平衡状态下碳钢的成分、组织、性能间的关系。

二、实验原理

碳钢和铸铁是工业上最重要、最基本、应用最广的金属材料，通常把碳钢和铸铁统称为铁碳合金，它们的性能与组织有着密切的关系，因此熟悉并掌握它们的组织，对于合理使用钢铁材料具有十分重要的实际指导意义，也是对钢铁材料使用者最基本的要求。

（一）碳钢和白口铸铁的平衡组织

平衡组织一般是指合金在极为缓慢冷却的条件下（如退火状态）所得到的组织。铁碳合金在平衡状态下的显微组织可以根据 $Fe-Fe_3C$ 相图来分析。由相图可知，所有碳钢和白口铸铁在室温时的显微组织均由铁素体（F）和渗碳体（Fe_3C）组成。但是，由于碳质量分数的不同、结晶条件的差别，铁素体和渗碳体的相对数量、形态、分布的混合情况均不同，因而呈现各种不同特征的组织组成物。

（二）各种相组分或组织组分的特征

碳钢和白口铸铁的金相试样经侵蚀后，其平衡组织中各种相组分或组织组分的形态特征和性能如下。

（1）铁素体：铁素体是碳溶于 $\alpha-Fe$ 中形成的间隙固溶体。经 $3\%\sim5\%$ 的硝酸酒精溶液浸蚀后，在显微镜下为白亮色多边形晶粒。在亚共析钢中，铁素体呈块状分布；当含碳量接近于共析成分时，铁素体则呈断续的网状分布于珠光体周围。铁素体具有良好的塑性及磁性，硬度较低，一般为 $80\sim120HBS$。

（2）渗碳体：抗侵蚀能力较强，经 $3\%\sim5\%$ 的硝酸酒精溶液侵蚀后，在显微镜下观察同样呈白亮色。一次渗碳体呈长白条状分布在莱氏体之间；二次渗碳体呈网状分布于珠光体的边界上；三次渗碳体分布在铁素体晶界处；珠光体中的渗碳体一般呈片状。另外，经不同的热处理后，渗碳体可以呈片状、粒状或断续网状。渗碳体的硬度很高，可达 $800HV$ 以上，但其强度、塑性都很差，是一种硬而脆的相。

（3）珠光体：是由铁素体片和渗碳体片相互交替排列形成的层片状组织。经 $3\%\sim5\%$ 硝酸酒精溶液侵蚀后，在显微镜下观察其组织中的铁素体和渗碳体都呈白亮色，而铁素体和渗碳体的相界被侵蚀后呈黑色线条。实际上，珠光体在不同放大倍数的显微镜下观察时，具有不一样的特征。在高倍（600 倍以上）下观察时，珠光体中平行相间的宽条铁素体和细条渗碳体都呈白亮色，而其边界呈黑色；在中倍（400 倍左右）下观察时，白亮色的渗碳体被黑色边界所"吞食"，而成为细黑条，这时看到珠光体是宽白条铁素体和细黑条渗碳体相间的混合物；在低倍（200 倍以下）下观察时，宽白条的铁素体和细黑条的渗碳体也很难分辨，这时珠光体为黑色块状组织。由此可见，在其他条件相同的情况下，当放大倍数不同时，同一组织所呈现的特征会不一样，所以在显微镜下鉴别金相组织首先要注意放大倍数。珠光体硬度为 190～230HBS，且随层间距的变小硬度升高。强度较好，塑性和韧性一般。

（4）莱氏体：在室温下是珠光体和渗碳体的机械混合物。渗碳体中包括共晶渗碳体和二次渗碳体，两种渗碳体相连在一起，没有边界线，无法分辨开来。经 3%～5% 硝酸酒精溶液侵蚀后，其组织特征是在白亮色渗碳体基体上分布着许多黑色点（块）状或条状珠光体。莱氏体硬度为 700HV，性脆。它一般存在于含碳量大于 2.11% 的白口铸铁中，在某些高碳合金钢的铸造组织中也常出现。

（三）典型铁碳合金在室温下显微组织特征

1. 工业纯铁

工业纯铁中碳的质量分数小于 0.0218%，其组织为单相铁素体，呈白亮色的多边形晶粒，晶界呈黑色的网络，晶界上有时分布着微量的三次渗碳体（Fe_3C_{III}）。工业纯铁的显微组织如图 6-1 所示。

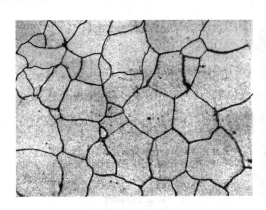

图 6-1　工业纯铁的显微组织图

图 6-2　45 钢的显微组织

2. 亚共析钢（45 钢）

亚共析钢中碳的质量分数为 0.0218%～0.77%，其组织为铁素体和珠光体。随着钢中含碳量的增加，珠光体的相对量逐渐增加，而铁素体的相对量逐渐减少。45 钢的显微组织如图 6-2 所示。

3. 共析钢（T8 钢）

共析钢中碳的质量分数为 0.77%，其室温组织为单一的珠光体。共析钢的显微组织如图 6-3 所示。

图 6-3 T8 钢的显微组织　　　　　　　　图 6-4 T12 钢的显微组织

4. 过共析钢（T12 钢）

过共析钢中碳的质量分数为 0.77%～2.11%，在室温下的平衡组织为珠光体和二次渗碳体。其中，二次渗碳体呈网状分布在珠光体的边界上。T12 钢的显微组织如图 6-4 所示。

在过共析钢中的二次渗碳体与亚共析钢中的初生铁素体，经硝酸酒精溶液侵蚀时均呈现白光亮色，有时为了区别白色网状晶界是铁素体还是渗碳体，可用碱性苦味酸钠水溶液腐蚀，则此时渗碳体呈黑色，而铁素体仍为白色，这样就可以区别铁素体和渗碳体。T12 钢的显微组织（碱性苦味酸钠溶液侵蚀）见图 6-5。

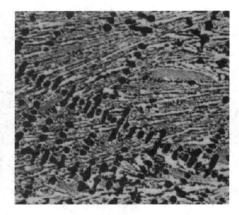

图 6-5 T12 钢的显微组织图　　　　　　图 6-6 亚共晶白口铸铁的显微组织
（碱性苦味酸钠溶液侵蚀）

5. 亚共晶白口铸铁

亚共晶白口铸铁中碳的质量分数为 2.11%～4.30%，室温下的显微组织为珠光体、二次渗碳体和变态莱氏体。其中，变态莱氏体为基体，在基体上呈较大的黑色块状或树枝状分布的为珠光体，在珠光体枝晶边缘有一层白色组织为二次渗碳体。亚共晶白口铸铁的组织如图 6-6 所示。

6. 共晶白口铸铁

共晶白口铸铁中碳的质量分数为 4.30%，其室温下的显微组织为变态莱氏体，其中，渗碳体为白亮色基体，而珠光体呈黑色细条及斑点状分布在基体上。共晶白口铸铁的显微组织如图 6-7 所示。

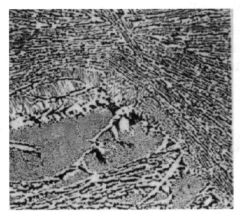

图 6-7 共晶白口铸铁的显微组织

图 6-8 过共晶白口铸铁的显微组织

7. 过共晶白口铸铁

过共晶白口铸铁中碳的质量分数为 4.30%～6.69%，室温下的显微组织为变态莱氏体和一次渗碳体。一次渗碳体呈白亮色条状分布在变态莱氏体的基体上。过共晶白口铸铁的显微组织如图 6-8 所示。

三、实验仪器和用具

光学金相显微镜，各种铁碳合金的平衡组织标准金相试样。

四、实验方法与步骤

(1) 在显微镜下仔细观察辨认表 6-1 中所列试样组织，研究每个样品的组织特征，并结合铁碳相图分析其组织形成过程。

表 6-1   钢铁平衡组织试样

材　　料	碳质量分数 w（C）（%）	处理方法	组　　织
工业纯铁	<0.0218	退火	铁素体
亚共析钢	0.0218～0.77	退火	铁素体＋珠光体
共析钢	0.77	退火	片状珠光体
过共析钢	0.77～2.11	退火	珠光体＋渗碳体（Ⅱ）
亚共晶白口铸铁	2.11～4.30	铸态	珠光体＋共晶莱氏体＋渗碳体（Ⅱ）
共晶白口铸铁	4.30	铸态	共晶莱氏体
过共晶白口铸铁	4.30～6.69	铸态	渗碳体（Ⅰ）＋共晶莱氏体

(2) 绘出所观察样品的显微组织示意图（绘在规定的圆圈内）（图 6-9），并用箭头和代表符号标明各组织组成物。注意要点是，绘图时要抓住各种组织组成物形态的特征，

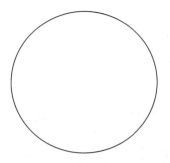

图6-9 金相显微组织记录格式

用示意的方法去画。绘制组织示意图一律用铅笔，绘制组织图必须在实验室内完成。

（3）实验结束后将显微镜照明灯关闭，交回试样，清整实验场地。

五、实验分析及结论

（1）实验目的。

（2）实验内容。

（3）画出所观察组织示意图，示意图按统一规格画，并标明各组织。

材料名称_____

金相组织_____

处理方法_____

放大倍数_____

侵 蚀 剂_____

（4）根据所观察的组织，说明碳含量对铁碳合金的组织和性能影响的大致规律。

六、注意事项

（1）在观察显微组织时，可先用低倍全面地进行观察，找出典型组织，然后再用高倍放大，对部分区域进行详细观察。

（2）在移动金相试样时，不得用手指触摸试样表面或将试样表面在载物台上滑动，以免引起显微组织模糊不清，影响观察效果。

（3）画组织示意图时，应抓住组织形态的特点，画出典型区域的组织。注意不要将磨痕或杂质画在图上。

七、思考题

（1）渗碳体有哪几种？它们的形态有什么差别？

（2）珠光体组织在低倍观察和高倍观察时有何不同？

（3）怎样区别铁素体和渗碳体组织？

实验七　金属材料的硬度实验

一、实验目的

（1）了解布氏、洛氏和维氏硬度试验机的使用方法和实验原理。

（2）初步掌握布氏、洛氏硬度的测定方法和应用范围。

二、实验原理

硬度是指金属材料抵抗比它硬的物体压入其表面的能力。硬度越高，表明金属抵抗塑性变形的能力越大。它是重要的力学性能指标之一，它与强度、塑性指标之间有着内在的联系。硬度实验简单易行，又不会损坏零件，因此在生产和科研中应用广泛。

常用的硬度实验方法有以下几种：

布氏硬度实验——主要用于黑色、有色金属原材料检验，也可用于退火、正火钢铁零件的硬度测定。所用设备为布氏硬度计。

洛氏硬度实验——主要用于金属材料热处理后的产品性能检测。所用设备为洛氏硬度计。

维氏硬度实验——主要用于薄板材或金属表层的硬度测定，以及较精确的硬度测定。所用设备为维氏硬度计。

显微硬度实验——主要用于测定金属材料的组织组成物或相的硬度。所用设备为显微硬度计。

1. 布氏硬度实验原理

布氏硬度实验是将一直径为 D 的淬火钢球或硬质合金球，在规定的试验力 P 作用下压入被测金属表面，保持一定时间 t 后卸除试验力，并测量出试样表面的压痕直径 d，根据所选择的试验力 P、球体直径 D 及所测得的压痕直径 d 的数值，求出被测金属的布氏硬度值 HBS 或 HBW。布氏硬度的测试原理如图 7-1 所示。布氏硬度值的大小就是压痕单位面积上所承受的压力，单位为 kgf/mm^2 或 N/mm^2，但一

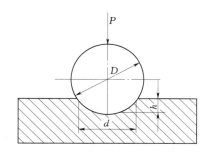

图 7-1 布氏硬度计实验原理示意图

般不标出。硬度值越高，表示材料越硬。在实验测量时，可由测出的压痕直径 d 直接查压痕直径与布氏硬度对照表而得到所测的布氏硬度值。

设压痕深度为 h，则压痕球面积为

$$F = \pi D h = \pi D (D - \sqrt{D^2 - d^2}/2)$$

试样硬度值为

$$HB = P/F = 2P/\pi D(D - \sqrt{D^2 - d^2})$$

式中　P——施加的载荷，kgf 或 N；

　　　D——压头（钢球）直径，mm；

　　　d——压痕直径，mm；

　　　F——压痕面积，mm^2。

布氏硬度实验方法和技术条件有相应的国家标准。表 7-1 为布氏硬度的实验规范。实际测定时，应根据金属材料种类、试样硬度范围和厚度的不同，按照标准实验规范，选择钢球直径、载荷及载荷保持时间。

表 7-1　　　　　　　　　　　布 氏 硬 度 实 验 规 范

金属类型	布氏硬度值范围（HBS）	试样厚度（mm）	载荷 P 与钢球直径 D 的相互关系	钢球直径 D（mm）	载荷 P（kgf）	载荷保持时间 t（s）
黑色金属	140～450	3～6	$P=30D^2$	10	3000	10
		2～4		5	750	
		<2		2.5	187.5	
	<140	>6	$P=30D^2$	10	3000	30
		3～6		5	750	
		<3		2.5	187.5	

续表

金属类型	布氏硬度值范围 （HBS）	试样厚度 （mm）	载荷 P 与钢球直径 D 的相互关系	钢球直径 D （mm）	载荷 P （kgf）	载荷保持 时间 t（s）
有色金属	>130	3～6	$P=30D^2$	10	3000	30
		2～4		5	750	
		<2		2.5	187.5	
	36～130	6～9	$P=10D^2$	10	1000	30
		3～6		5	250	
		3		2.5	62.5	
	8～35	>6	$P=2.5D^2$	10	250	60
		3～6		5	62.5	
		3		2.5	15.6	

2. 洛氏硬度实验原理

洛氏硬度实验是目前应用最广的实验方法，和布氏硬度一样，也是一种压入硬度实验，但它不是测定压痕的面积，而是测量压痕的深度，以深度的大小表示材料的硬度值。

洛氏硬度实验是以锥角为 120° 的金刚石圆锥体或者直径为 1.588mm 的淬火钢球为压头，在规定的初载荷和主载荷作用下压入被测金属的表面，然后卸除主载荷。在保留初载荷的情况下，测出由主载荷所引起的残余压入深度 h 值，再由 h 值确定洛氏硬度值 HR 的大小，其计算公式如下

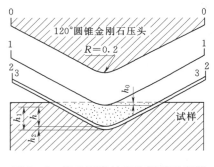

图 7-2　洛氏硬度计实验原理示意图

$$HR=(K-h)/0.002$$

式中　h——单位为 mm；

K——常数，当采用金刚石圆锥压头时，$K=0.2mm$，当采用淬火钢球压头时，$K=0.26mm$。

洛氏硬度实验原理如图 7-2 所示。

为了能用同一硬度计测定从极软到极硬材料的硬度，可以通过采用不同的压头和载荷，组成 15 种不同的洛氏硬度标尺，其中最常用的有 HRA、HRB、HRC 三种。其实验规范见表 7-2。

表 7-2　　　　　　　　　　　　洛氏硬度的实验规范

标度符号	压头类型	总载荷（kgf）	常用硬度值范围	应用举例
HRA	120°金刚石圆锥	60	70～85	碳化物、硬质合金、表面硬化工件等
HRB	直径为 1.588mm 的淬火钢球	100	25～100	软钢、退火或正火钢、铜合金等
HRC	120°金刚石圆锥	150	20～67	适用淬火钢、调质钢等

3. 维氏硬度实验原理

维氏硬度的测定原理基本上和布氏硬度相同，也是根据压痕单位面积上的载荷计量硬

度值。维氏硬度实验原理如图 7-3 所示。所不同的是维氏硬度实验采用的压头为金刚石的锥面夹角为 136°的正四棱锥体压头。实验时，在载荷 P（kgf）的作用下，试样表面上压出一个四方锥形的压痕，测量压痕对角线长度 d（mm），借以计算压痕的表面积 F（mm²），以 P/F 的数值表示试样的硬度值，用符号 HV 表示。

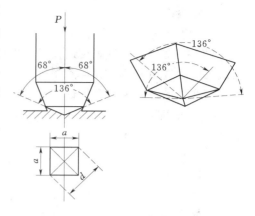

图 7-3　维氏硬度计实验原理示意图

三、实验仪器和用具

HBRUV—187.5 型布洛维光学硬度计，碳钢试样和标准硬度块。

四、实验方法与步骤

1. 实验前的准备工作

（1）接通电源，根据试验方法，开启开关。

（2）测试件的表面应平整光洁，不得带有污物、氧化皮、裂缝、凹坑等显著的加工痕迹。

（3）根据试件的形状，选用合适的工作台。

（4）将硬度计的加荷手柄按逆时针方向拉向前方，使负荷处于卸荷状态。

2. 实验步骤

（1）根据硬度实验方法，选择压头，将压头柄插入测杆轴孔中，轻微拧动固定螺钉。

（2）根据硬度试验方法，选择实验负荷，顺时针转动变荷手轮，使所需负荷数字对应于固定刻线。

（3）将试件稳妥地放置在工作台上，然后转动旋轮，使升降丝杆上升，当试件与压头接触，投影标尺相应上升，最后与标尺基线接近重合（可相差±5 个分度值）停止上升。

（4）用微调旋钮调整零位，使标尺基线与投影屏完全重合。

（5）将加荷手柄逆时针方向推向前，在加荷过程中，投影屏上显示出来的标尺刻线由上而下地移动，直至标尺停止下降，开始计算保荷时间。待保荷时间到，再扳动手柄到原位。

（6）投影屏上指示标尺刻线于固定标尺线的计数值即是被测试件的洛氏硬度值。下降丝杆，使试件脱离压头。

（7）其中布氏、维氏硬度实验在上述步骤完成之后，将上溜板与试件一起移至显微镜下，逐步微量上升丝杆，对准焦距，使压痕成像清晰，测量压痕直径或压痕对角线的长度，然后查附表得到布氏或维氏硬度值。

（8）测量显微镜中压痕的计算方法如下

$$L = nl$$

式中　L——压痕直径或对角线长度，μm；

　　　n——压痕测量所得格数（即第一次计数与第二次读数之差）；

　　　l——测量显微镜鼓轮最小分度值，用 2.5X 物镜时为 0.004mm。

五、实验内容

（1）熟悉各种硬度计的构造原理、使用方法及注意事项。

（2）在硬度计上测量碳钢试样或标准硬度块的压痕直径的水平长度和垂直长度，再取平均值，然后查附表或计算得到布氏硬度值，并记录实验结果。

（3）在硬度计上测定碳钢试样的洛氏硬度，每个试样至少测三个试验点，再取一个平均值，并记录实验结果。

六、实验分析及结论

（1）实验目的。

（2）实验内容及结果。

（3）简述布氏、洛氏、维氏硬度计的适用范围。

七、注意事项

（1）试样的实验表面应尽可能光滑，不应有氧化皮及外来污物。

（2）试样的坯料可采用各种冷热加工方法从原材料或机件上截取，但试样在制备过程应尽量避免各种操作因素引起的试样过热，造成试样表面硬度的改变。

（3）试样的厚度至少应为压痕深度的 10 倍。

八、思考题

（1）布氏、洛氏、维氏硬度值能否进行比较？

（2）布氏、洛氏、维氏硬度值是否有单位，需要写单位吗？

（3）布氏、洛氏、维氏硬度实验方法各有何优缺点？

实验八　碳　钢　的　热　处　理

一、实验目的

（1）了解普通热处理退火、正火、淬火、回火的方法。

（2）分析碳钢在热处理时，加热温度、冷却速度及回火温度对其组织与硬度的影响。

（3）了解碳钢含碳量对淬火后硬度的影响。

二、实验原理

热处理是一种很重要的热加工工艺方法，也是充分发挥金属材料性能潜力的重要手段。热处理的主要目的是改变钢的性能，其中包括使用性能及工艺性能。钢的热处理工艺特点是将钢加热到一定的温度，经一定时间的保温，然后以某种速度冷却下来，通过这样的工艺过程能使钢的性能发生改变。

1. 加热温度的选择

（1）退火加热温度。钢的退火通常是把钢加热到临界温度 A_{C1} 或 A_{C3} 以上，保温一段时间，然后缓缓地随炉冷却。此时，奥氏体在高温区发生分解而得到比较接受平衡状态的组织。一般亚共析钢加热至 A_{C3} ＋ （30～50）℃ （完全退火）；共析钢和过共析钢加热至 A_{C1} ＋ （20～30）℃ （球化退火），目的是得到球化体组织，降低硬度，改善高碳钢的切削性能，同时为最终热处理做好组织准备。

（2）正火加热温度。正火则是将钢加热到 A_{C3} 或 A_{Cm} 以上 30～50℃，保温后进行空冷。由于冷却速度稍快，与退火组织相比，组织中的珠光体相对量较多，且片层较细密，所以性能有所改善。一般亚共析钢加热至 A_{C3} ＋（50～70）℃；过共析钢加热至 A_{Cm} ＋（50～70）℃，即加热到奥氏体单相区。退火和正火加热温度范围选择如图 8-1 所示。

（3）淬火加热温度。淬火就是将钢加热到 A_{C3}（亚共析钢）或 A_{C1}（过共析钢）以上 30～50℃，保温后放入各种不同的冷却介质中快速冷却（V 应大于 V_K），以获得马氏体组织。碳钢经淬火后的组织由马氏体及一定数量的残余奥氏体所组成。加热温度范围选择如图 8-2 所示。

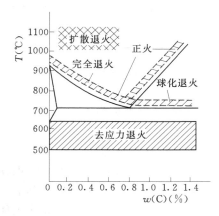

图 8-1　退火和正火的加热温度范围

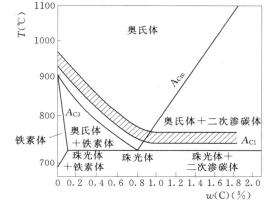

图 8-2　淬火的加热温度范围

在适宜的加热温度下，淬火后得到的马氏体呈细小的针状；若加热温度过高，其形成粗针状马氏体，使材料变脆甚至可能在钢中出现裂纹。

（4）回火加热温度。钢淬火后都需要进行回火处理，回火温度取决于最终所要求的组织和性能（工厂常根据硬度的要求），按加热温度的高低，回火通常可分为以下三类：

1）低温回火：加热温度为 150～250℃。其目的主要是降低淬火钢中的内应力，减少钢的脆性，同时保持钢的高硬度和耐磨性。常用于高碳钢制的切削工具、量具和滚动轴承件及渗碳处理后的零件等。

2）中温回火：加热温度为 350～500℃。其目的主要是获得高的弹性极限，同时有高的韧性。主要用于各种弹簧热处理。

3）高温回火：加热温度为 500～650℃。其目的主要是获得既有一定的强度、硬度，又有良好的冲击韧性的综合机械性能。通常把淬火后加高温回火的热处理称为调质处理。主要用于处理中碳结构钢，即要求高强度和高韧性的机械零件，如轴、连杆、齿轮等。

2．保温时间的确定

在实验室进行热处理实验，一般采用各种电炉加热试样。当炉温升到规定温度时，即打开炉门装入试样，通常将工件升温和保温所需时间算在一起，统称为加热时间。

热处理加热时间实际上是将试样加热到淬火所需的时间及淬火温度停留所需时间的总和。加热时间与钢的成分、工件的形状尺寸、所用的加热介质、加热方法等因素有关，一般按照经验公式加以估算。一般规定，在空气介质中，升到规定温度后的保温时间，对碳钢来说，按工件厚度（或直径）1～1.5min/mm 估算；合金钢按 2min/mm 估算。在盐浴炉中，保温时间则可缩短 1～2 倍。对钢件在电炉中保温时间的数据可参考表 8-1。

表 8-1　　　　　　　　　　　钢件在电炉中的保温时间选择参考数据

材　　料	工件厚度或直径（mm）	保温时间（min）
碳钢	<25	20
	25～50	45
	50～75	60
低合金钢	<25	25
	25～50	60
	50～75	60

当工件厚度或直径小于 25mm 时，可按每毫米保温 1min 计算。

3．冷却方式和方法

热处理时冷却方式（冷却速度）影响着钢的组织和性能。选择适当的冷却方式，才能获得所要求的组织和性能。

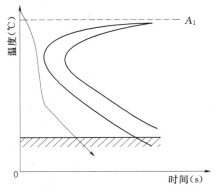

图 8-3　淬火时的理想冷却曲线示意图

钢的退火一般采用随炉冷却到 600～550℃ 以下再出炉空冷；正火采用空气冷却；淬火时，钢在过冷奥氏体最不稳定的范围 650～550℃ 内冷却速度应大于临界冷却速度，以保证工件不转变为珠光体类型组织，而在 M_s 点附近时，冷却速度应尽可能慢些，以降低淬火内应力，减少工件的变形和开裂。理想的冷却速度如图 8-3 所示。

淬火介质不同，其冷却能力不同，因而工件的冷却速度也就不同。合理选择冷却介质是保证淬火质量的关键。对于碳钢来说，用室温的水作淬火介质通常能保证得到较好的结果。

目前常用的淬火介质及其冷却能力见表 8-2。

表 8-2　　　　　　　　　　　常用的淬火介质及其冷却能力数据

淬　火　介　质	冷却速度（℃/s）	
	450～650℃ 区间内	200～300℃ 区间内
水（18℃）	600	270
水（20℃）	500	270
水（50℃）	100	270
水（74℃）	30	270
10％苛性钠水溶液（18℃）	1200	300
10％氯化钠水溶液（18℃）	110	300
50℃矿物油	150	30

4. 碳钢热处理后的组织

（1）碳钢的退火和正火组织。亚共析钢采用"完全退火"后，得到接近于平衡状态的显微组织，即铁素体加珠光体。共析钢和过共析钢多采用"球化退火"，获得在铁素体基体上均匀分布着粒状渗碳体的组织，称为球状珠光体或球化体。球状珠光体的硬度比层片状珠光体低。亚共析钢的正火组织为铁素体加索氏体，共析钢的正火组织一般均为索氏体；过共析钢的正火组织为细片状珠光体及点状渗碳体；对于同样的碳钢，正火的硬度比退火的略高。

（2）钢的淬火组织。钢淬火后通常得到马氏体组织。当奥氏体中含碳质量分数大于0.5%时，淬火组织为马氏体和残余奥氏体。马氏体可分为两类：板条马氏体和片（针）状马氏体。

（3）淬火后的回火组织。回火是将淬火后的钢件加热到指定的回火温度，经过一定时间的保温后，空冷到室温的热处理操作。回火时引起马氏体和残余奥氏体的分解。

淬火钢经低温回火150～250℃，马氏体内的过饱和碳原子脱溶沉淀，析出与母相保持着共格联系的ε碳化物，这种组织称为回火马氏体。回火马氏体仍保持针片状特征，但容易受侵蚀，故颜色要比淬火马氏体深些，是暗黑色的针状组织。回火马氏体具有高的强度和硬度，而韧性和塑性较淬火马氏体有明显改善。

淬火钢经中温回火350～500℃得到在铁素体基体中弥散分布着微小粒状渗碳体的组织，称为回火屈氏体。回火屈氏体中的铁素体仍然基本保持原来针状马氏体的形态，渗碳体则呈细小的颗粒状，在光学显微镜下不易分辨清楚，故呈暗黑色。回火屈氏体有较好的强度，最高的弹性，较好的韧性。

淬火钢高温回火500～650℃得到的组织称为回火索氏体，它是由粒状渗碳体和等轴形铁素体组成混合物。回火索氏体具有强度、韧性和塑性较好的综合机械性能。

回火所得到的回火索氏体和回火屈氏体与由过冷奥氏体直接分解出来的索氏体和屈氏体在显微组织上是不同的，前者中的渗碳体呈粒状而后者则为片状。

三、实验仪器和用具

箱式电阻炉及控温仪表，洛氏硬度计，热处理试样（45钢、T12钢），冷却介质水和油及淬火水桶、长柄铁钳、沙纸等。

四、实验方法与步骤

（1）5人一组，每组共同完成一套实验。领取45钢试样一套、T12钢试样一套。

（2）各组讨论并决定45钢试样的加热温度、保温时间，调整好控温装置，然后将这套45钢试样放入已升到规定温度的电炉中进行加热保温。然后分别进行炉冷、空冷与水冷。最后测定它们的硬度值，并做好记录。

（3）各组讨论并决定T12钢试样的加热温度、保温时间，调整好控温装置，然后将这套T12钢试样放入已升到规定温度的电炉中进行加热保温。然后进行水冷及油冷，测定它们的硬度值，并作好记录。最后将水淬后的T12钢分别放入200℃、400℃、600℃的不同温度的电炉中进行回火30min后出炉空冷，再测量硬度，并作好记录。

（4）注意应将各种不同方法热处理后的试样用砂纸磨去两端面的氧化皮（以免影响硬度数值），再测定硬度。每个试样至少3个实验点，再取一个平均值。

五、实验分析及结论

（1）实验目的。

（2）实验内容及结果。

（3）分析冷却速度及回火温度对钢性能的影响（含碳量相同的试样）。

（4）分析含碳量对钢性能的影响（处理方法相同）。

（5）如果实验数据与理论数据差别较大，试分析其原因。

六、注意事项

（1）本实验加热都为电炉，由于炉内电阻丝距离炉膛较近，容易漏电，所以电炉一定要接地，在放、取试样时必须先切断电源。

（2）往炉中放、取试样必须使用夹钳，夹钳必须擦干，不得沾有油和水。

（3）淬火时，试样要用钳子夹住，动作要迅速，并不断在水或油中搅动，以免影响热处理质量。

（4）淬火或回火后的试样均要用沙纸打磨，去掉氧化皮后再测定硬度值。

七、思考题

（1）45 钢常用的热处理是什么？它们的组织是什么？有何工程应用？

（2）退火状态的 45 钢试样分别加热到 $600\sim900℃$ 之间不同的温度后，在水中冷却，其硬度随加热温度如何变化？为什么？

（3）45 钢调质处理得到的组织和 T12 钢球化退火得到的组织在本质、形态、性能上有何差异？

第三章　机　械　设　计

实验九　皮带传动参数实验

一、实验目的

（1）该实验装置采用压力传感器和 A/D 采集并转换成主动带轮和从动带轮的驱动力矩和阻力矩数据，采用角位移传感器和 A/D 板采集并转换成主、从动带轮的转数，最后输入计算机进行处理作出滑动曲线和效率曲线，使学生了解带传动的弹性滑动和打滑对传动效率的影响。

（2）该实验装置配置的计算机软件，在输入实测主、从动带轮的转数后，通过数模计算作出带传动运动模拟，可清楚观察带传动的弹性滑动和打滑现象。

（3）利用计算机的人机交互性能，使学生可在软件说明书的指导下，独立自主地进行实验，培养学生的动手能力。

二、实验原理

该仪器的转速控制由两部分组成：一部分为由脉冲宽度调制原理所设计的直流电机调速电源；另一部分为电动机和发电机各自的转速测量电路、显示电路及各自的红外传感器电路。调速电源能输出电动机和发电机励磁电压，还能输出电动机所需的电枢电压，调节板面上"调速"旋钮，即可获得不同的电枢电压，也就改变了电动机的转速，通过皮带的作用，也就同时改变了发电机的转速，发电机输出不同的功率。发电机的电枢端最多可并接八个 40W 灯泡作为负载，改变面板上 A～H 的开关状态，即可改变发电机的负载量。转速测量及显示电路有左、右两组 LED 数码管，分别显示电动机和发电机的转速。在单片机的程序控制下，可分别完成"复位"、"查看"和"存储"功能，以及同时完成"测量"功能。通电后，该电路自动开始工作，个位右下方的小数点亮，即表示电路正在检测并计算电动机和发电机的转速；通电后或检测过程中，一旦发现测速显示不正常或需要重新启动测速时，可按"复位"键；当需要存储记忆所测到的转速时，可按"存储"键，一共可存储记忆最后存储的 10 个数据；如果按"查看"键，即可查看前一次存储的数据，再按可继续向前查看；在"存储"和"查看"操作后，如需继续测量，可按"测量"键，这样就可以同时测量电动机和发电机的转速。

三、实验设备

皮带传动实验台。

四、实验步骤

（1）打开计算机，单击"皮带传动"图标，进入皮带传动的界面；单击左键，进入皮带传动实验说明界面。

（2）在皮带传动实验说明界面下方单击"实验"键，进入皮带传动实验分析界面。

（3）启动实验台的电动机，待皮带传动运转平稳后，可进行皮带传动实验。

（4）在皮带传动实验分析界面下方单击"运动模拟"键，观察皮带传动的运动和弹性滑动及打滑现象。单击"稳定测试"键，稳定记录实时显示的皮带传动的实测结果。单击"实测曲线"键显示皮带传动滑动曲线和效率曲线。

（5）如果要打印皮带传动滑动曲线和效率曲线，在该界面下方单击"打印"键，打印机自动打印出皮带传动滑动曲线和效率曲线。

（6）实验结束，单击"退出"键，返回 Windows 界面。

五、实验操作注意事项

（1）通电前的准备：

1）面板上调速旋钮逆时针旋到底（转速最低）位置，连接地线。

2）加上一定的砝码使皮带张紧。

3）断开发电机所有负载。

（2）通电后，电动机和发电机转速显示的四位数码管亮。

（3）调节调速旋钮，使电动机和发电机有一定的转速，测速电路可同时测出它们的转速。

六、实验要求

（1）绘出皮带传动滑动曲线和效率曲线图。

（2）分析带传动中的弹性滑动和打滑现象产生的原因。

（3）分析并解释实验所得的弹性滑动曲线和效率曲线。

实验十 轴系组合创新实验

一、实验目的

（1）熟悉并掌握轴系设计中有关轴的结构设计的方法和步骤。

（2）掌握滚动轴承组合设计的基本方法。

（3）掌握轴上零部件的常用定位与固定方法。

（4）综合创新轴系结构设计方案。

二、实验设备

（1）组合式轴系结构设计分析实验：实验箱提供能进行减速器圆柱齿轮轴系、小圆锥齿轮轴系及蜗杆轴系结构设计实验的全套零件。

（2）测量及绘图工具：300mm 钢板尺、游标卡尺、内外卡钳、铅笔。

三、实验内容

（1）指导教师根据表 10-1 选择性安排每组的实验内容。

表 10-1 实 验 内 容

实 验 题 号	已 知 条 件			
	齿轮类型	载荷	转速	其他条件
1	小直齿轮	轻	低	
2		中	高	

实 验 题 号	已 知 条 件			
	齿轮类型	载荷	转速	其他条件
3	大直齿轮	中	低	
4		重	中	
5	小斜齿轮	轻	中	
6		中	高	
7	大斜齿轮	中	中	
8		重	低	
9	小锥齿轮	轻	低	锥齿轮轴
10		中	高	锥齿轮与轴分开
11	蜗杆	轻	低	发热量小
12		重	中	发热量大

（2）进行轴的结构设计与滚动轴承组合设计。每组学生根据实验题号的要求，进行轴系结构设计，解决轴承类型选择、轴上零件定位固定、轴承安装与调节、润滑及密封等问题。

四、实验步骤

（1）复习有关轴的结构设计与轴承组合设计的内容与方法（参看教材有关章节）。

（2）构思轴系结构方案：

1）根据齿轮类型选择滚动轴承型号。

2）确定支承轴向固定方式（两端固定、一端固定一端游动）。

3）根据齿轮圆周速度（高、中、低）确定轴承润滑方式（脂润滑、油润滑）。

4）选择端盖形式（凸缘式、嵌入式），并考虑端盖处密封方式（毡圈、皮腕、油沟）。

5）考虑轴上零件的定位与固定、轴承间隙调整等问题。

6）绘制轴系结构方案示意图。

（3）组装轴系部件。根据轴系结构方案，从实验箱中选取合适零件并组装成轴系部件，检查所设计组装的轴系结构是否正确。

（4）绘制轴系结构草图。

（5）测量零件结构尺寸（支座不用测量），并做好记录。

（6）将所有零件放入实验箱内的规定位置，交还所借工具。

（7）实验报告要求绘制轴系结构装配图。

五、思考题

（1）你所设计装拆的轴系中，轴的各段长度和直径是根据什么来确定的？

（2）提高轴系的回转精度和运转效率，可采取哪些措施来解决？

实验十一　螺栓组受力测试实验

一、实验目的

（1）测试螺栓组连接在翻转力矩作用下各螺栓所受的载荷。

（2）深化课程学习中对螺栓组连接受力分析的认识。

（3）初步掌握电阻应变仪的工作原理和使用方法。

二、工作原理

多功能螺栓组连接实验台被连接件机座和托架被双排共 10 个螺栓连接，连接面间加入垫片，砝码的重力通过双级杠杆加载系统增力作用到托架上，托架受到翻转力矩的作用，螺栓组连接受横向载荷和倾覆力矩联合作用，各个螺栓所受轴向力不同，它们的轴向变形也就不同。在各个螺栓上贴有电阻应变片，可在螺栓中段测试部位的任一侧贴一片，或在对称的两侧各贴一片，各个螺栓的受力可通过贴在其上的电阻应变片的变形，用电阻应变仪测得。

静态电阻应变仪主要由测量桥、桥压、滤波器、A/D 转换器、MCU、键盘、显示屏组成。测量方法：由 DC 2.5V 高精度稳定桥压供电，通过高精度放大器，把测量桥桥臂压差（μV 信号）放大，后经过数字滤波器，滤去杂波信号，通过 24 位 A/D 模数转换送入 MCU（即 CPU）处理，调零点方式采用计算机内部自动调零。送显示屏显示测量数据，同时配有 RS232 通信口，可以与计算机通信。

$$\Delta U_{BD} = \frac{E}{4K} \varepsilon$$

式中　　ΔU_{BD}——工作片平衡电压差；

　　　　E——桥压；

　　　　K——电阻应变系数；

　　　　ε——应变值。

通过应变仪测量出 ΔU_{BD} 的变化，测量出螺栓的应变量。电阻应变仪主要有测量桥、读数表、毫安表等。工作电阻应变片和补偿电阻应变片分别接入电阻应变仪测量桥的一个臂，当工作电阻片由于螺栓受力变形，长度变化 Δl 时，其电阻值也要变化 ΔR，并且 $\Delta R/R$ 正比于 $\Delta l/l$，ΔR 使测量桥失去平衡，使毫安表恢复零点，读出读数桥的调节量，即为被测螺栓的应变量。

多功能螺栓组连接试验台的托架上还安装有一测试齿块，它是用来做齿根应力测试实验的；机座上还固定有一测试梁，它是用来做梁的应力测试实验的。测试齿块与测试梁与本实验无关，在做本实验前应将测试齿块固定螺钉拧松。

三、实验设备和仪器

多功能螺栓组连接实验台，电阻应变仪，螺丝刀，扳手。

四、实验方法与步骤

1. 实验方法

（1）仪器连线。用导线从实验台的接线柱上把各螺栓的应变片引出端及补偿片的连线连接到电阻应变仪上。采用半桥测量的方法：如每个螺栓上只贴一个应变片，其连线如图 11-1 所示；如每个螺栓上对称两侧各贴严格应变片，其连线如图 11-2 所示。后者可消除螺栓偏心受力的影响。

（2）螺栓初预紧。抬起杠杆加载系统，不使加载系统的自重加到螺栓组连接件上。先将左端各螺母用手尽力拧紧，然后再把右端的各螺母也用手尽力拧紧。如果在实验前螺栓已经受力，则应将其拧松后再做初预紧。

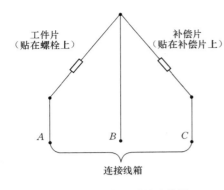 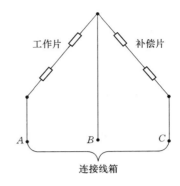

图 11-1　单片测量连线图　　　图 11-2　双片测量连线图

（3）应变测量点预调平衡。以各螺栓初预紧后的状态为初始状态，先将杠杆加载系统安装好，使加载砝码的重力通过杠杆放大，加到托架上；然后再进行各螺栓应变测量的"调零"（预调平衡），即把应变仪上各测量点的应变量都调到"零"读数。预调平衡砝码加载前，应松开测试齿块（即使载荷直接加在托架上，测试齿块不受力）；加载后，加载杠杆一般呈向右倾斜状态。

（4）螺栓预紧。实现预调平衡之后，再用扳手拧各螺栓左端螺母来加预紧力。为防止预紧时螺栓测试端受到扭矩作用产生扭转变形，在螺栓的右端设有一段 U 形断面，它嵌入托架接合面处的矩形槽中，以平衡拧紧力矩。在预紧过程中，为防止各螺栓预紧变形的相互影响，各螺栓应先后交叉并重复预紧，使各螺栓均预紧到相同的设定应变量［即应变仪显示值为 $\varepsilon = （280 \sim 320）\mu\varepsilon$］。为此，要反复调整预紧 3～4 次或更多。在预紧过程中，用应变仪来监测。螺栓预紧后，加载杠杆一般会呈右端上翘状态。

（5）加载实验。完成螺栓预紧后，在杠杆加载系统上依次增加砝码，实现逐步加载。加载后，记录各螺栓的应变值（据此计算各螺栓的总拉力）。注意：加载后，任一螺栓的总应变值（预紧应变＋工作应变）不应超过允许的最大应变值（$\varepsilon_{max} \leqslant 800\mu\varepsilon$），以免螺栓超载损坏。

2. 实验步骤

（1）检查各螺栓处于卸载状态。

（2）将各螺栓的电阻应变片接到应变仪预调箱上。

（3）在不加载的情况下，先用手拧紧螺栓组左端各螺母，再用手拧紧右端螺母，实现螺栓初预紧。

（4）在加载的情况下，在应变仪上各个测量点的应变量都调到"零"，实现预调平衡。

（5）用扳手交叉并重复拧紧螺栓组左端螺母，使各螺栓均预紧到相同的设定预应变量［应变仪显示值为 $\varepsilon = （280 \sim 320）\mu\varepsilon$］。

（6）依次增加砝码，实现逐步加载到 2.5kg，记录各螺栓的应变值。

（7）测试完毕，逐步卸载，并去除预紧。

（8）整理数据，计算各螺栓的总拉力，填写实验报告。

五、实验结果处理与分析

1. 螺栓组连接实测工作载荷图

根据实测记录的各螺栓的应变量，计算各螺栓所受的总拉力 F_{2i}

$$F_{2i} = E\varepsilon_i S$$

式中 E——螺栓材料的弹性模量，GPa；

S——螺栓测试段的截面积，m^2；

ε_i——第 i 个螺栓在倾覆力矩作用下的拉伸变量。

根据 F_{2i} 绘出螺栓连接实测工作载荷图。

2. 螺栓组连接理论计算受力图

砝码加载后，螺栓组受到横向力 Q 和倾覆力矩 M 的作用，即

$$Q = 75G + G_0$$

$$M = QL$$

式中 G——加载砝码重力，N；

G_0——杠杆系统自重折算的载荷（700N）；

L——力臂长（214mm）。

在倾覆力矩作用下，各螺栓所受的工作载荷 F_i：

$$F_i = \frac{M}{\sum\limits_{i=1}^{z} L_i} = F_{max} \frac{L_i}{L_{max}}$$

$$F_{max} = \frac{ML_{max}}{\sum\limits_{i=1}^{z} L_i^2} = \frac{1}{2 \times 2(L_1^2 + L_2^2)}$$

式中 Z——螺栓个数；

F_{max}——螺栓中的最大总拉力；

L_i——螺栓轴线到底板翻转轴线的距离。

螺栓组连接实验数据

一、测试记录

表 11-1　　　　　　　　测 试 记 录 表

螺栓号	1		2		3		4		5	
数据	ε_1	F_1	ε_2	F_2	ε_3	F_3	ε_4	F_4	ε_5	F_5
预调零										
预紧										
加载										
螺栓号	6		7		8		9		10	
数据	ε_6	F_6	ε_7	F_7	ε_8	F_8	ε_9	F_9	ε_{10}	F_{10}
预调零										
预紧										
加载										

理论计算，见表 11-2。

表 11-2 理 论 计 算 表

螺栓号	1	2	3	4	5	6	7	8	9	10
数据	F_1	F_2	F_3	F_4	F_5	F_6	F_7	F_8	F_9	F_{10}
预调零										
预紧										
加载										

二、螺栓组连接工作载荷图

表 11-3 螺栓组连接工作载荷表

实　　　测	理　论　计　算

三、思考题

(1) 螺栓组连接理论计算与实测的工作载荷间存在误差的原因有哪些？

(2) 实验台上的螺栓组连接可能的失效形式有哪些？

实验十二　滑动轴承测试实验

一、实验目的

(1) 观察径向滑动轴承液体动压润滑油膜的形成过程和现象。

(2) 测定和绘制径向滑动轴承径向油膜压力曲线，求轴承的承载能力。

(3) 观察载荷和转速改变时油膜压力的变化情况。

(4) 观察径向滑动轴承油膜的轴向压力分布情况。

(5) 了解径向滑动轴承的摩擦系数 f 的测量方法和摩擦特性曲线入的绘制方法。

二、实验原理

由直流电动机通过带传动驱动轴沿顺时针方向转动，由无级调速器实现轴的无级调速。在轴瓦的一个径向平面内沿圆周钻有 7 个小孔，每个小空沿圆周相隔 20°，每个小孔连接一个压力表，用来测量该径向平面内相应点的油膜压力，由此可绘制出径向油膜压力分布曲线。

三、实验设备

滑动轴承实验台。

四、实验步骤

(1) 在弹簧片的端部安装百分表，使其触头具有一定的压力值。

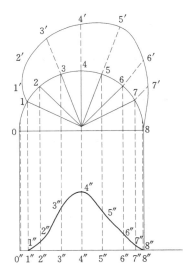

图 12－1 油压分布曲线
与承载曲线

（2）绘制径向油膜压力分布曲线与承载曲线。

1）启动电机，将轴的转速调整到一定值，注意观察从轴开始运转至 200r/min 时灯泡亮度的变化情况，待灯泡完全熄灭，此时滑动轴承已处于完全液体润滑状态。

2）用加载装置加载（约 400N）。

3）待各压力表的压力值稳定后，由左至右依次记录各压力表的压力值。

4）卸载、关机。

5）根据测出的各压力表的压力值按一定比例绘制出油压分布曲线与入承载曲线，如图 12－1 所示。

此图的具体画法是：沿着圆周表面从左至右画出角度分别为 30°、50°、70°、90°、110°、130°、150° 等，分别得出油孔点出 1、2、3、4、5、6、7 的位置。通过这些点与圆心 O 连线，在各连线的延长线上，将压力表（比如 0.1MPa＝5mm）测出的压力值画出压力线 1—1′、2—2′、…、7—7′。将 1′、2′、…、7′各点连成光滑曲线，此曲线就是所测轴承的一个径向截面的油膜径向压力分布曲线。

为了确定轴承的承载量，用 $P_i \sin\varphi_i$（$i＝1$、2、…、7）求得向量 1—1′、2—2′、…、7—7′在载荷方向（即 y 轴）的投影值。角度 φ_i 与 $\sin\varphi_i$ 的数值见表 12－1。

表 12－1　　　　　　　　　　　角度 φ_i 与 $\sin\varphi_i$ 的数值关系

φ_i（°）	30	50	70	90	110	130	150
$\sin\varphi_i$	0.500	0.766	0.9397	1.00	0.9397	0.766	0.500

然后将 $P_i \sin\varphi_i$ 这些平行于 y 轴的向量移到直径 0—8 上。为清楚起见，将直径 0—8 平移到图中 3—4 的下部，在直径 0″—8″ 上先画出轴承表面上油孔位置的投影点 1″、2″、…、7″，然后通过这些点画出上述相应各点压力在载荷方向的分量，即 1″、2″、…、7″，将各点平滑连接起来，所形成的曲线即为在载荷方向的压力分布。

（3）测量摩擦系数 f 与绘制摩擦特性曲线。

1）启动电机，逐渐使电机升速，在转速达到 250～300r/min 时，旋转螺杆，逐渐加到 700N（70kgf），稳定转速后减速。

2）依次记录转速 2～250r/min（250r/min、180r/min、120r/min、80r/min、60r/min、30r/min、20r/min、10r/min、2r/min），负载为 70kgf 时的摩擦力。

3）卸载，减速停机。

4）根据记录的转速和摩擦力的值，计算整理

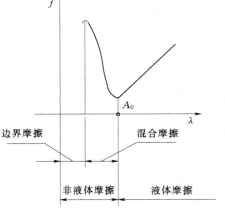

图 12－2　摩擦特性曲线

f 与 $u \times n/p$ 值，u 为油的动力黏度；n 为轴的转速；p 为压力，按一定比例绘制摩擦特性曲线，见图 12-2。

$$p = \frac{w}{Bd}$$

式中　w——轴上的载荷；w＝轴瓦自重＋外加载荷，自重为 40N；

　　　　B——轴瓦的宽度；

　　　　d——轴的直径（B＝110mm，d＝60mm）。

五、思考题

（1）载荷和转速的变化对油膜压力有何影响？

（2）载荷对最小油膜厚度有何影响？

第四章 微机原理与接口技术

实验十三 数据排序实验

一、实验目的

（1）了解 MCS51 系列单片机指令系统的操作功能及其使用，以深化对指令的理解，提高初学者对单片机指令系统各指令的运用能力。

（2）逐步熟悉汇编语言程序设计。

（3）通过实践积累经验，不断提高编程技巧。

二、实验原理

本程序采用冒泡的算法，即大数下沉，小数上浮的算法，给一组随机数存储在所指定的单元的数列排列，使之成为有序数列。所附参考程序的具体算法是将一个数与后面的每个数相比较，如果前一个数比后面的数大，则进行交换，如此依次操作，将所有的数都比较一遍，则最大的数就排在最后面，然后取第二个数，再进行下一轮比较，找出第二大的数据，将次最大的数放到次高位，如此循环下去，直到该组全部数据按序排列。其余几组数的排序算法同上。

三、实验仪器和用具

（1）硬件部分：该实验为软件实验，不需要设施（除个人电脑外）。

（2）软件部分：WAVE 系列软件模拟器以及相关的读写软件等。

四、实验方法与步骤

（1）打开 WAVE6000 编程软件模拟器，进入汇编语言的编程环境，新建文件，将自己编写的数据排序程序输入，确保无误后，保存以 .asm 为后缀名的文件。

（2）程序运行，打开"执行"菜单下面的子菜单"全速执行"等，如发现程序有错，根据指令系统、编程语法以及编程要求调试程序，直到程序运行成功；并自动生成以 .bin 为后缀名的执行文件，这样可得到以 .bin，.hex，.lst 等为后缀名的多个文件。

参考程序：设有两组数据，每组 10 个数，已经依次存放在片内 RAM 的 80H～89H、90H～99H 的单元。要求每组数均按由小到大的次序排队，排队后放回原存放区域。

设数据区的首址 50H 已存放在片内 RAM 的 7CH 单元。

```
            RG        0030H;
            MOV       60H,       ＃80H;
RANG:       MOV       R2,        ＃02H;
RAN1:       MOV       R3,        ＃09H;
RAN2:       MOV       A,         R3;
```

	MOV	R4,	A;	
	MOV	R0,	60H;	
RAN3:	MOV	A,	@R0;	
	MOV	R5,	A;	
INC	R0;			
MOV	A,	@R0;		
CLR	C;			
SUBB	A,	R5;		
JNC	RAN4;			
MOV	A,	R5;		
XCH	A,	@R0;		
DEC	R0;			
MOV	@R0,	A;		
INC	R0;			
RAN4:	DJNZ	R4,	RAN3;	
DJNZ	R3,	RAN2;		
MOV	A,	60H;		
ADD	A,	♯10H;		
MOV	60H,	A;		
DJNZ	R2,	RANG;		
MOV	60H,	♯80H;		
END				

五、实验分析及结论

实验运行前，打开数据存储器 DATA，在以首地址为 80H 的共 10 个 RAM 存储单元依次输入 10 个任意十六进制数，直到 89H 的存储单元，同时 90H 及以后的 10 个单元输入 10 个随机数。如图 13-1 所示，然后运行程序，得到排序后的运行界面，如图 13-2 所示。

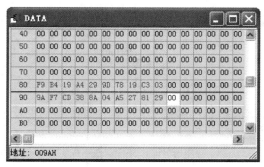

图 13-1　需要排序的数据

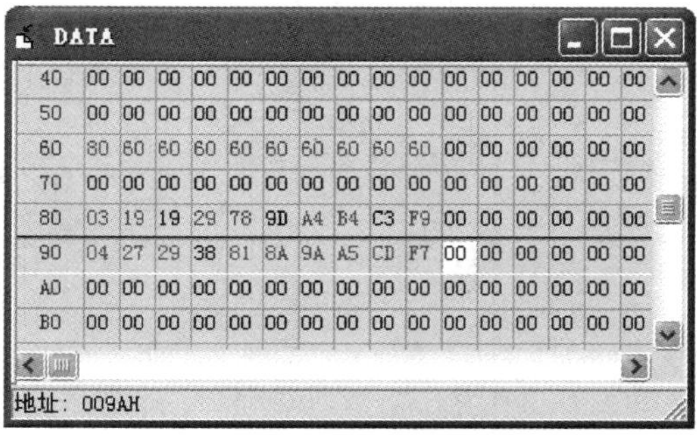

图 13-2　排序完成的两组数据

六、注意事项

（1）保存汇编语言的源程序时，需要以 .asm 为后缀名的文件。

（2）在关闭运行的 WAVE6000 编程软件模拟器之前，需要让程序停止运行才能关闭。

七、思考题

（1）将一组任意数从大到小排序，如何实现？

（2）如何对有符号的数进行相关的排序？

（3）手工将源程序译成机器码。

实验十四　继电器控制实验

一、实验目的

（1）学习 I/O 端口的使用方法。

（2）掌握继电器的控制的基本方法。

（3）了解用弱电控制强电的方法、相应硬件电路的设计，以及控制程序的编写。

（4）通过实践积累编程经验，剖析参考程序，熟悉汇编语言程序设计。

二、实验说明与实验原理

现代自动控制设备中，都存在一个电子电路的互相连接问题，一方面要使电子电路的控制信号能控制电气电路的执行元件（电动机、电磁铁、电灯等）；另一方面又要为电子线路和电气电路提供良好的电气隔离，以保护电子电路和人身的安全。继电器便能完成这一任务。

本电路的控制端 P1.0 引脚输出为高电平时，光电耦合器工作，三极管 9013 饱和导通，继电器常开触点吸合，同时 LED 灯被点亮。当控制端 P1.0 引脚输出为低电平时，继电器不工作。同时继电器电路中，需要在继电器的线圈两头加一个续流二极管 IN4001，以吸收继电器线圈断电时产生的反电动势。

继电器控制实验的硬件电路如图 14-1 所示。

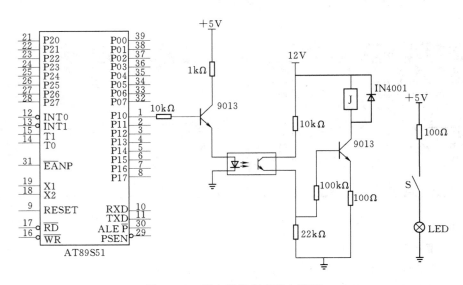

图 14-1　继电器控制实验电路图

三、实验仪器和用具

（1）硬件部分：个人电脑、KNTMCU—2型单片机开发实验装置，SP51仿真器。

（2）软件部分：WAVEV系列软件模拟器以及相关的读写软件等。

四、实验方法与步骤

（1）使用单片机最小应用系统1模块，用导线连接P1.0端口到继电器控制部件模块的控制口。

（2）安装好仿真器，用USB数据通信线连接计算机与仿真器，把仿真头插到模块的单片机插座中，打开模块电源。

（3）启动计算机，打开WAVE仿真软件。选择仿真器型号、仿真头型号、CPU类型；选择通信端口。在本实验以及以后的一系列硬件实验中，选择仿真器的型号为SP51，仿真头的型号为POD-S8X5X，CPU的类型为MCS51系列的任意一款；同时选择通信端口，在硬件的实验部分不使用WAVE软件模拟器。仿真器设置对话框如图14-2所示。

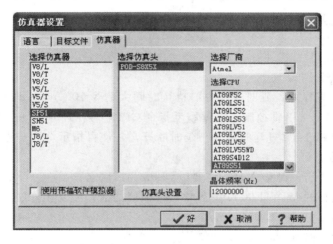

图14-2　仿真器设置对话框

（4）将所编写的程序保存扩展名为.asm源程序，编译无误后，全速运行程序。用P1.0作为控制输出口，接继电器电路，使继电器重复吸合与断开。观察发光二极管亮灭情况和听继电器开合的声音，在程序循环反复执行时，继电器重复延时吸合与延时断开。

参考程序为：

```
;硬件实验
;实验名称:继电器控制实验
;版本:TK DPJ-1
;实验说明:用P1口作为输出口,继电器常开触点吸合,同时LED灯被点亮

OUTPUT BIT P1.0;
    ORG 0000H
  AJMP LOOP;

  ORG 0030H
```

```
LOOP：
    CLR    OUTPUT；
    CALL   DELAY；
    SETB   OUTPUT；
    CALL   DELAY；
    LJMP   LOOP；
DELAY：
    MOV    R5，  ♯4H；
    MOV    R6，  ♯0FAH；
    MOV    R7，  ♯0FAH；
DLOOP：
    DJNZ   R7，  DLOOP；
    DJNZ   R6，  DLOOP；
    DJNZ   R5，  DLOOP；
    RET

    END
…
```

五、实验分析及结论

本实验的参考程序中，延时子程序的执行时间大约为 1000ms，即 1s，发光二极管和继电器由 P1 口的 P1.0 引脚控制，根据取反指令 CPL，使 P1.0 引脚轮流输出高电平与低电平，实现继电器每 1s 重复延时吸合与延时断开，并使得指示灯同步亮灭一次。

六、注意事项

（1）保存汇编语言的源程序时，需要以 .asm 为后缀名。

（2）在关闭运行的 WAVE6000 编程软件模拟器之前，需要让程序停止运行才能关闭。

七、思考题

（1）试用单片机的其他输入＼输出口控制继电器。

（2）光电隔离器是如何工作的，其工作原理如何？该光电耦合器的响应时间为多少微秒？绝缘电阻是否大于 $10^{10}\,\Omega$？能承受 2000V 的高压吗？

（3）本硬件电路可以采用低电平信号来控制码？如能，如何设计外部的硬件电路？

（4）继电器线圈的两端并联的二极管的功能是什么，是如何工作的？

（5）自己设计芯片 MCS51 系列的晶振频率电路。

（6）DJNZR6，DLOOP 的执行时间是一个机器周期还是两个机器周期？

实验十五　定时器/计数器实验

一、实验目的

（1）学习 80C51 内部定时器/计数器的初始化方法和各种工作方式的用法。

（2）进一步掌握定时器/计数器的中断处理程序的编写方法。

二、实验原理

8051 单片机定时器内部内部有两个 16 位的定时器 T0 和 T1，可用于定时或延时控制、对外部事件检测、计数等。定时器和计数器实质上是一样的，"计数"就是对外部输入脉冲的计数；所谓"定时"是通过计数内部脉冲完成的。图 15-1 是定时器 Tx（x 为 0 或 1，表示 T0 或 T1）的原理框图，图中的"外部引脚 Tx"是外部输入引脚的标识符，通常将引脚 P3.4、P3.5 用 T0、T1 表示。

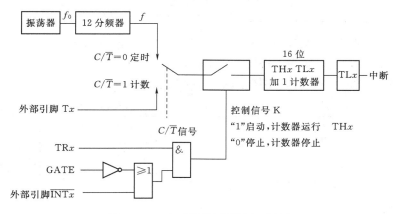

图 15-1　定时器/计数器原理框图

当控制信号 $C/\overline{T}=0$ 时，定时器工作在定时方式。加 1 计数器对内部时钟 f 进行计数，直到计数器计满溢出。f 是振荡器时钟频率 f_0 的 12 分频，脉冲周期为一个机器周期，即计数器计数的是机器周期脉冲的个数，以此来实现定时。

当控制信号 $C/\overline{T}=1$ 时，定时器工作在计数方式。加 1 计数器对来自"外部引脚 Tx"的外部信号脉冲计数（下降沿触发）。

控制信号 K 的作用是控制"计数器"的启动和停止，如图 15-1 所示，当 GATE=0 时，K=TRx，K 不受 $\overline{INTx}$ 输入电平的影响：若 TRx=1，允许计数器加 1 计数；若 TRx=0 计数器停止计数。当 GATE=1 时，与门的输出由 $\overline{INTx}$ 输入电平和 TRx 位的状态来确定：仅当 TRx=1，且引脚=1 时，才允许计数；否则停止计数。

8051 单片机的定时器主要由几个特殊功能寄存器 TMOD、TCON、TH0、TL0、TH1、TL1 组成。其中，THx 和 TLx 分别用来存放计数器初值的高 8 位和低 8 位，TMOD 用来控制定时器的工作方式，TCON 用来存放中断溢出标志并控制定时器的启、停。

TMOD 的地址为 89H，用于设定定时器 T0、T1 的工作方式。无位地址，不能位寻址，只能通过字节指令进行设置。复位时，TMOD 所有位均为"0"。其格式见表 15-1。

表 15-1　　　　　　　　　　　　定时器/计数器方式控制寄存器 TMOD

TMOD（89H）	D7	D6	D5	D4	D3	D2	D1	D0
功能	GATE	$C/\overline{T}$	M1	M0	GATE	$C/\overline{T}$	M1	M0
	定时器/计数器 1				定时器/计数器 0			

TMOD 的低 4 位为 T0 的工作方式字段，高 4 位为 T1 的工作方式字段，它们的含义是完全相同的。

（1）M1 和 M0 方式选择位对应关系见表 15-2。

表 15-2   定时器/计数器工作方式选择

M1	M0	工 作 方 式
0	0	方式 0：13 位定时器/计数器；
0	1	方式 1：16 位定时器/计数器；
1	0	方式 2：具有自动重装初值的 8 位定时器/计数器；
1	1	方式 3：定时器/计数器 0 分为两个 8 位定时器/计数器，定时器/计数器 1 无意义

    本实验中，定时器/计数器 0 工作时中断关闭，定时器/计数器 1 工作时中断开启，使得定时时间为 1min，使得发光二极管每 1min 亮一次、灭 1 次。

    本实验的实验效果的硬件电路图如图 15-2 所示。

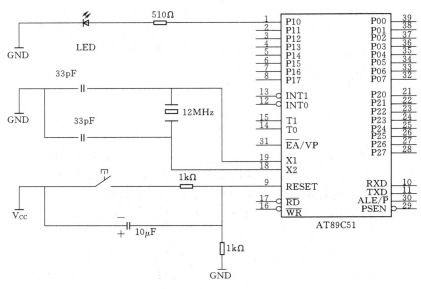

图 15-2   定时器实验测试电路图

三、实验仪器和用具

（1）硬件部分：个人电脑、KNTMCU—2 型单片机开发实验装置，SP51 仿真器。

（2）软件部分：WAVEV 系列软件模拟器以及相关的读写软件等。

四、实验方法与步骤

（1）打开 WAVE6000 编程软件模拟器，进入汇编语言的编程环境，新建文件，将自己编写的数据排序输入，确保无误后，保存为以 .asm 为后缀名的文件。

（2）启动程序，打开"执行"菜单下面的子菜单"全速执行"等，如发现程序有错，根据编程语法以及编程要求调试程序，直到程序运行成功；并自动生成以 .bin 为后缀名的执行文件。

（3）通过读写软件将执行程序写入仿真器，核对单片机的引脚与指示灯的连接是否正确，检查程序运行效果。

五、参考程序

;硬件实验

;实验名称:定时器计数器实验

```
        ORG     0000H；
        LJMP    0030H；
        ORG     001BH；
        SETB    F0；
        RETI；
        ORG     0030H；
        START：
        MOV     TMOD，＃51H；
REP：MOV     TH1，＃0E8H；
        MOV     TL1，＃090H；
        MOV     TH0，＃0FCH；
        MOV     TL0，＃18H；
        CLR     P3.5；
        MOV     IE，＃88H；
        SETB    TR1；
        SETB    TR0；
LOOP：
        JNB     TF0，＄；
        CLR     TF0；
        JBC     F0，ELSE；
        SETB    P3.5；
        MOV     TH0，＃0FCH；
        MOV     TL0，＃18H；
        CLR     P3.5；
        SJMP    LOOP；
ELSE：
        CPL     P1.0；
        SJMP    REP；
        END；
```

六、实验分析及结论

程序运行后，使得 8051 芯片内部的定时器/计数器 0 达到 1ms 的定时，定时器/计数器/计数 6000 次，在 P1.0 引脚输出周期为 12s 的方波，达到每隔 6s 亮一次，每隔 6s 灭一次的控制效果。

七、注意事项

（1）保存汇编语言的源程序时，需要以 .asm 为后缀名。

（2）在关闭运行的 WAVE6000 编程软件模拟器之前，需要让程序停止运行才能关闭。

（3）注意发光二极管硬件电路是否形成回路。

八、思考题

（1）定时器/计数器的软中断怎样实现，初始化怎样实现？联系相应的硬件电路进行分析。

（2）定时器/计数器在生产实践中主要用途是什么？

（3）试编写一程序，读出定时器 TH0、TL0 以及 TH1、TL1 的瞬态值。

实验十六　外 部 中 断 实 验

一、实验目的

（1）掌握外部中断技术的基本使用方法。

（2）掌握中断处理程序的编写方法。

二、实验原理

1. 中断源与中断系统内部结构

MCS—51 单片机的中断系统内部结构如图 15-1 所示。共有 6 个中断源，每个中断源可通过 IE 寄存器设置为中断开放或中断屏，通过 IP 寄存器设置为高级中断或低级中断。

如图 16-1 所示，MCS—51 单片机的 6 个中断源如下。

INT0：由 IT0 选择为低电平有效还是下降沿有效。此引脚上出现有效的中断信号时，中断标志 IE0 置 1，申请中断。

INT1：由 IT1 选择为低电平有效还是下降沿有效。此引脚上出现有效的中断信号时，中断标志 IE1 置 1，申请中断。

TF0：T0 溢出中断请求标志。当 T0 发生溢出时，置位 TF0，并向 CPU 申请中断。

TF1：T1 溢出中断请求标志。当 T1 发生溢出时，置位 TF1，并向 CPU 申请中断。

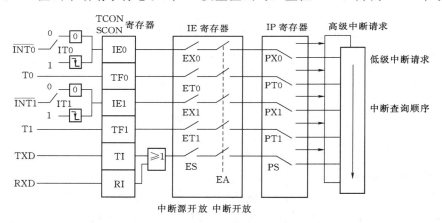

图 16-1　MCS—51 中断系统内部结构

RI、TI：串行口中断请求标志。当串行口接收完一帧数据时置位 RI 或当串行口发送完一帧数据时置位 TI，向 CPU 申请中断。

（1）外部中断。外部中断有电平触发和边沿触发两种形式，由特殊功能寄存器 TCON 中的 IT0、IT1 位控制。TCON 的地址为 88H，可位寻址，其格式见表 16-1。

表 16-1　　　　　　　　　　定时器/计数器控制寄存器 TCON

TCON（88H）	D7	D6	D5	D4	D3	D2	D1	D0
位地址	8FH	8EH	8DH	8CH	8BH	8AH	89H	88H
功能	TF1	TR1	TF0	TR0	IE1	IT1	IE0	IT0

ITO：外中断 0 触发方式控制位。IT0＝0，电平触发方式。IT0＝1，边沿触发方式。

IE0：外中断 0 中断请求标志位。

TF0：T0 溢出中断请求标志位。

IT1、IE1、TF1 与 IT0、IE0、TF0 类似。

（2）定时器 T0（T1）溢出中断标志 TF0（TF1）：当定时器 T0（T1）发生计数溢出时，由硬件将 TF0（TF1）置"1"，向 CPU 申请中断，CPU 响应中断后，由"硬件"自动清"0"。

（3）串行口中断。串行口的发送（TXD）和接收（RXD）中断标志位 TI 和 RI，存放在特殊功能寄存器 SCON 中的 D1 和 D0 位，RI 和 TI 由硬件置位、由软件清除。

2．中断控制

中断控制是指 MCS—51 提供给用户的中断控制手段，由中断允许控制寄存器 IE 和中断优先级控制寄存器 IP 组成。它们均是特殊功能寄存器，均可位寻址。

（1）中断允许控制寄存器 IE 地址为 A8H，可位寻址，每一位有相应的位地址。复位时，IE 被清"0"。在 MCS—51 系列单片机内部的 5 个中断源都可以屏蔽。用户可通过设置中断允许寄存器 IE 来控制中断的允许/屏蔽，中断允许控制寄存器 IE 的格式见表 16－2。

表 16－2　　　　　　　　　　　　中断允许控制寄存器 IE

IE（A8H）	D7	D6	D5	D4	D3	D2	D1	D0
位地址	AFH	AEH	ADH	ACH	ABH	AAH	A9H	A8H
功能	EA		ET2	ES	ET1	EX1	ET0	EX0

EX0：外中断 0 允许位；EX0＝1，允许外部中断 0 申请中断，EX0＝0 时禁止中断。

ET0：T0 中断允许位；ET0＝1，允许定时器/计数器 0 申请中断，ET0＝0 时禁止中断。

EX1：外中断 0 允许位；EX1＝1，允许外部中断 1 申请中断，EX1＝0 时禁止中断。

ET1：T1 中断允许位；ET1＝1，允许定时器/计数器 1 申请中断，ET1＝0 时禁止中断。

ES：串口中断允许位；ES＝1，允许串行接口申请中断，ES＝0 时禁止中断。

EA：CPU 中断允许（总允许）位。EA＝1，CPU 允许中断，EA＝0 时屏蔽一切中断请求。

（2）中断优先级控制 IP。在 MCS—51 系列单片机中，中断源的优先级分为两级。通过对中断优先级寄存器 IP 相应位置"1"或清"0"，实现对每个中断源高优先级中断或低优先级中断的设置。中断优先级寄存器 IP 地址为 B8H，可位寻址，每一位有相应的位地址，格式如表 16－3 所示。

表 16－3　　　　　　　　　　　　中断优先级寄存器 IP

IP（B8H）	D7	D6	D5	D4	D3	D2	D1	D0
位地址	BFH	BEH	BDH	BCH	BBH	BAH	B9H	B8H
功能			PT2	PS	PT1	PX1	PT0	PX0

PX0：外中断 0 优先级设定位；PX0＝1，外部中断 0 为高优先级，PX0＝0，为低优先级。

PT0：定时器/计数器 0 优先级设定位；PT0＝1，定时器/计数器 0 中断为高优先级，PT0＝0，为低优先级。

PX1：外中断 0 优先级设定位；PX1＝1，外部中断 1 为高优先级，PX1＝0，为低优先级。

PT1：定时器/计数器 1 优先级设定位；PT1＝1，定时器/计数器 1 中断为高优先级，PT1＝0，为低优先级。

PS：串行口中断优先级设定位；PS＝1，串行口中断为高优先级，PS＝0，为低优先级。

MCS－51 对同级中断源优先权的规定依次是：外部中断 0、定时器 T0、外部中断 1、定时器 T1、串行口中断、定时器 T2。

本实验的外部中断硬件电路图如图 16－2 所示。

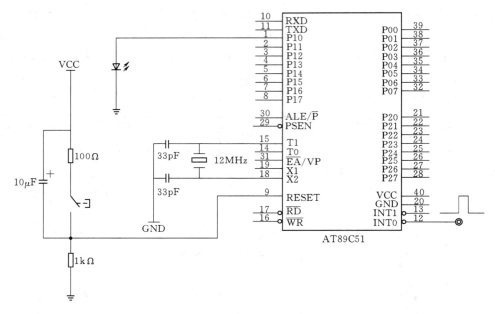

图 16－2　外部中断实验硬件电路图

三、实验仪器和用具

（1）硬件部分：个人电脑、KNTMCU—2 型单片机开发实验装置，SP51 仿真器。

（2）软件部分：WAVEV 系列软件模拟器以及相关的读写软件等。

四、实验方法与步骤

（1）使用单片机最小应用系统 1 模块，P1.0 接十六位逻辑电平显示模块的任意一位发光二极管，INT1 的引脚 P3.3 接单次脉冲输出端。

（2）安装好仿真器，用 USB 数据通信线连接计算机与仿真器，把仿真头插到模块的单片机插座中，打开模块电源。

（3）启动计算机，打开 WAVE 仿真软件，进入仿真环境。选择仿真器型号、仿真头型号、CPU 类型，选择通信端口。

（4）将所编写的外部中断源程序输入到 WAVE 软件模拟器，并保存到以 .asm 为后缀名的文件中，编译无误后，全速运行程序，连续按动单次脉冲产生电路的按键，发光二极管每按一次状态取反，即隔一次点亮。

（5）可把源程序编译成可执行文件，烧录到 89C51 芯片中。

（6）参考程序如下。

```
;硬件实验
;＊实验名称:外部中断实验
LED          BIT    P1.0;
LEDBUF       BIT    0;
ORG          0000H;
LJMP         START;
ORG          0013H;
LJMP         INTERRUPT;
ORG          0030H
INTERRUPT: PUSH    PSW;
             CPL     LEDBUF;
             MOV     C,      LEDBUF;
             MOV     LED,     C;
             POP     PSW;
             RETI;
START:       CLR     LEDBUF;
             CLR     LED;
             MOV     TCON,   #04H;
ORG          0060H
             MOV     IE, #84H;
             LJMP    $;
             END
```

五、实验分析及结论

（1）打开模块电源和总电源，点击开始按钮，点击"run"按钮运行程序。连续按动单次脉冲产生电源的按键，发光二极管每按一次状态取反，即按一次点亮，再按一次关断。

（2）程序写入仿真器之后，由于 INT1 接单次脉冲输出端，接外部脉冲引脚 P3.3 的按钮每按下一次，中断请求申请一次，通过中断服务程序的执行，与 P1.0 相连接的发光管亮（或灭）一次。

六、注意事项

（1）保存汇编语言的源程序时，需要以 .asm 为后缀名。

（2）在关闭运行的 WAVE6000 编程软件模拟器之前，需要让程序停止运行才能关闭。

（3）注意发光二极管硬件电路是否形成回路。

七、思考题

（1）各外部中断服务程序的入口地址分别是什么？初始化怎样实现？

（2）外部中断技术在生产实践中主要用途是什么？

（3）试求该实验能否调整发光二极管的亮—灭的速度？

（4）跳变触发与电平触发有什么区别？对于电平触发的外部中断，如何设计撤除中断请求的硬件电路？

（5）中断程序执行完成返回后，试求回到主程序对应的断点地址是多少？

实验十七　串行口通信实验

一、实验目的

（1）利用串行口，实现单片机间通信。了解串行通信的特点、原理和方法。

（2）熟悉串行接口电路硬件的外部接线，了解串行通信的一些技术问题。

二、实验原理

在串行通信中，数据是按位进行传输的，因此传输速率用每秒传输二进制数据的位数来表示，称为波特率（baud rate）。国际上规定的一个标准波特率系列，为 110bit/s、300bit/s、600bit/s、1200bit/s、1800bit/s、2400bit/s、4800bit/s、9600bit/s、19200bit/s，是最常用的波特率。

在串行通信中，数据是一位一位按顺序进行传送的，而计算机内部的数据是并行传输的。因此，当计算机向外发送数据时，必须先将并行数据转换为串行数据，然后再发送；反之，当计算机接收数据时，又必须先将串行数据转换为并行数据，然后再输入计算机内部。

接收数据时，串行数据由 RXD 端（Receive Data）经接收门进入移位寄存器，再经移位寄存器输出到接收缓冲器 SBUF，最后通过数据总线送到 CPU。发送缓冲器与接收缓冲器在物理上是相互独立的，但在逻辑上只有一个，共用地址单元 99H。对发送缓冲器只存在写操作，对接收缓冲器只能读操作。

接收和发送数据的速度由控制器发出的移位脉冲所控制，其与串行通信的波特率相一致。当接收缓冲器满或发送缓冲器空，将置位于 RI（接收中断）或 TI（发送中断）标志，若串行口中断允许（ES＝1），则向 CPU 产生串口中断。

MCS—51 的串行口有四种工作方式，用户可以通过对串行控制寄存器 SCON 编程来设定。其的地址为 98H，具有位地址，可位寻址，复位时为 00H，其格式如表 17－1 所示。

表 17－1　　　　　　　　　　　　**串行口控制寄存器 SCON**

SCON（98H）	D7	D6	D5	D4	D3	D2	D1	D0
位地址	9FH	9EH	9DH	9CH	9BH	9AH	99H	98H
功能	SM0	SM1	SM2	REN	TB8	RB8	TI	RI

SM0、SM1：串行口的方式选择位，见表 17－2。

SM2：方式 2 和方式 3 的多机通信控制位。

REN：允许串行接收位。

TB8：在方式 2 和方式 3 中，发送的第 9 位数据，需要时由软件置位或复位。

RB8：在方式 2 和方式 3 中，接收到的第 9 位数据；在方式 1 时，RB8 是接收到的停止位；在方式 0，不使用 RB8。

　　TI：发送中断标志。

　　RI：接收中断标志，RI 必须由软件清"0"。

表 17－2　　　　　　　　　　　　串行口通信方式的选择

SM1	SM2	工作方式	功　能　说　明
0	0	方式 0	移位寄存器方式（用于 I/O 扩展）
0	1	方式 1	8 位 UATR，波特率可变（由定时器 T1 溢出率控制）
1	0	方式 2	8 位 UATR，波特率为 $f_{osc}/64$ 或 $f_{osc}/32$
1	1	方式 3	9 位 UATR，波特率可变（由定时器 T1 溢出率控制）

　　特殊功能寄存器 PCON 的地址为 87H，没有位地址。PCON 的最高位是串行口波特率系数控制位 SMOD，当 SMOD 为"1"时使波特率加倍。PCON 的其他位为掉电方式控制位。

　　双机串口通信的硬件电路图如图 17－1 所示。

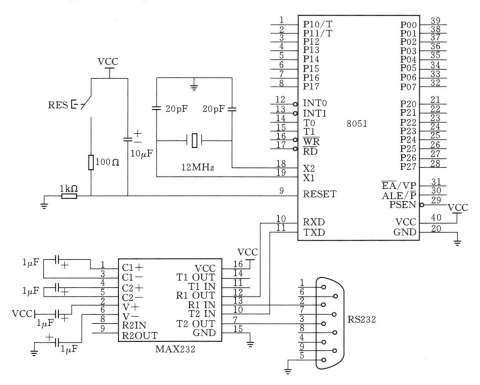

图 17－1　串行口通信的硬件电路图

三、实验器材

（1）硬件部分：个人电脑、KNTMCU—2 型单片机开发实验装置，SP51 仿真器。

（2）软件部分：WAVEV 系列软件模拟器以及相关的读写软件等。

四、实验步骤

（1）利用单片机最小应用系统 1，九孔串行线插入 232 总线串行口。232 总线串行口的两只短路帽打到"本地"端。断开电源，两台单片机串行口互连三条线，通信双方一方为接收；另一方为发送。

（2）安装好仿真器，用 USB 数据通信线连接计算机与仿真器，把仿真头插到模块的单片机插座中，打开模块电源。

（3）启动计算机，打开 WAVE 仿真软件，进入仿真环境。选择仿真器型号、仿真头型号、CPU 类型；选择通信端口。

（4）将编写好的通信源程序输入 WAVE 的仿真环境，编译无误后，全速运行程序。

（5）将另一台的单片机的发送与接收程序运行，完成两台单片机之间的双机通信任务。

（6）可把源程序编译成可执行文件，烧录到 89C51 芯片中。

实验参考程序如下。
;硬件实验
;实验名称:串行口通信实验

1. 发送程序

```
        ORG     4000H
ASTART: CLR     EA
        MOV     TMOD, ＃20H
        MOV     TH1, ＃0E8H
        MOV     TL1, ＃0E8H
        MOV     PCON, ＃00H
        SETB    TR1
        MOV     SCON, ＃50H
ATT1:   MOV     SBUF, ＃0AAH
AWAIT1: JBC     TI, ARR1
        SJMP    AWAIT1
ARR1:   JBC     RI, ARR2
        SJMP    ARR1
ARR2:   MOV     A, SBUF
        XRL     A, ＃0BBH
        JNZ     ATT1
ATT2:   MOV     R0, ＃30H
        MOV     R7, ＃10H
        MOV     R6, ＃00H
ATT3:   MOV     SBUF, @R0
        MOV  A, R6
        ADD  A, @R0
        MOV  R6, A
        INC  R0
AWAIT2: JBC     TI, ATT4
```

```
        SJMP      AWAIT2
ATT4：   DJNZ      R7, ATT3
        MOV       SBUF, R6
AWAIT3：JBC       TI, ARR3
        SJMP      AWAIT3
ARR3：   JBC       RI, ARR4
        SJMP      ARR3
ARR4：   MOV       A, SBUF
        JNZ       ATT2
AEND    RET
```

2. 接收程序

```
        ORG       4000H
BSTART：CLR       EA
        MOV       TMOD, ＃20H
        MOV       TH1, ＃0E8H
        MOV       TL1, ＃0E8H
        MOV       PCON, ＃00H
        SETB      TR1
        MOV       SCON, ＃50H
BRR1：   JBC       RI, BRR2
        SJMP      BRR1
BRR2：   MOV       A, SBUF
        XRL       A, ＃0AAH
        JNZ       BRR1
BTT1：   MOV       SBUF, ＃0BBH
BWAIT1：JBC       TI, BRR3
        SJMP      BWAIT1
BRR3：   MOV       R0, ＃30H
        MOV       R7, ＃10H
        MOV       R6, ＃00H
BRR4：   JBC       RI, BRR5
        SJMP      BRR4
BRR5：   MOV       A, SBUF
        MOV       @R0, A
        INC       R0
        ADD       A, R6
        DJNZ      R7, BRR4
BWAIT2：JBC       RI, BRR6
        SJMP      BWAIT2
BRR6：   MOV       A, SBUF
        XRL       A, R6
        JZ        BEND
        MOV       SBUF, ＃0FFH
```

```
BWAIT3：JBC      TI, BRR3
        SJMP     BWAIT3
BEND：  MOV      SBUF，＃00H
        RET
```

3. 中断接收程序

```
        ORG      4000H
MAIN：  AJMP     BSTART
        ORG      4023H
        AJMP     SINT
BSTART：MOV      TMOD，     ＃20H
        MOV      TH1，      ＃27H
        MOV      TL1，      ＃27H
        MOV      PCON，     ＃00H
        SETB     TR1
        MOV      SCON，     ＃50H
BRR1：  JBC      RI, BRR2
        SJMP     BRR1
BRR2：  MOV      A, SBUF
        XRL      A,＃0AAH
        JNZ      BRR1
BTT1：  MOV      SBUF，     ＃0BBH
BWAIT1：JBC      TI, BRR3
        SJMP     BWAIT1
BRR3：  MOV      R0，       ＃30H
        MOV      R7，       ＃10H
        MOV      R6，       ＃00H
        MOV      IE，       ＃0FFH
HERE：  AJMP     HERE
SINT：  MOV      A, SBUF
        CLR      RI
        MOV      @R0，A
        INC      R0
        ADD      A, R6
        MOV      R6, A
        DJNZ     R7, LOOP
        CLR      EA
BWAIT2：JBC      RI, BRR6
        SJMP     BWAIT2
BRR6：  MOV      A, SBUF
        XRL      A, R6
        JZ       BEND
        MOV      SBUF，＃0FFH
BWAIT3：JBC      TI, BRR3
```

```
        SJMP    BWAIT3
BEND:   MOV     SBUF, #00H
LOOP:   RETI
```

五、实验分析及结论

程序运行后，使得存储于上位机的数据存储器的数据传送到下位机，完成双机通信的任务；打开下位机的数据存储器RAM，在存储单元为30H为首地址查看，上位机系统上的数据是否传送过来。

六、注意事项

（1）保存汇编语言的源程序时，需要以.asm为后缀名。

（2）在关闭运行的WAVE6000编程软件模拟器之前，需要让程序停止运行才能关闭。

（3）编写程序时，波特率的设置要恰当。

（4）在连接双机的RS232的接线时，应该是上位机的第二脚（RXD）接下位机的第三脚（TXD），应该是上位机的第三脚（TXD）接下位机的第二脚（RXD）；双机的第五脚需要接地。

七、思考题

（1）如何提高双机通信实验的抗干扰能力？

（2）采用子程序调用的形式，编写双机通信程序？

（3）采用C语言编写两个单片机之间的双机通信程序？

（4）试编写一自发自收的单片机通信程序。

（5）试述RS232与RS485的区别与联系。

实验十八　模/数转换与数据采集实验

一、实验目的

（1）掌握A/D转换的工作原理，掌握单片机与A/D转换器的硬件电路及其对应的程序编写。

（2）将外部的模拟信号转换为计算机能够处理的数字信号。

（3）使得学生初步具备计算机数据采集系统的开发能力。

二、实验原理

A/D转换器的功能是将模拟量转化为数字量，一般要经过采样、保持、量化、编码四个步骤。连续的模拟信号经过离散化、量化之后，然后进行编码，即将量化后的幅值用一个数制代码与之对应，这个数制代码就是A/D转换器输出的数字量。A/D转换器的主要参数有：① 分辨率；② 转换时间与转换速率；③ 相对精度；④ 量程。

常规的ADC转换器为ADC0809的工作原理，ADC0809是CMOS工艺的8位逐次逼近型A/D转换器，它由8路模拟开关、地址锁存译码器、8位A/D转换器及三态输出锁存器构成，如图18-1所示。该芯片共有28个引脚，功能如下所示。

IN0～IN7：8路模拟信号输入端。

START：A/D转换启动信号的输入端，高电平有效。

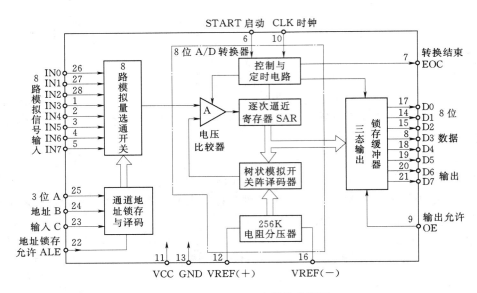

图 18-1　ADC0809 内部结构框图

ALE：地址锁存允许信号输入端，高电平将 A、B、C 三位地址送入内部的地址锁存器。

VREF（＋）和 VREF（－）：正、负基准电压输入端。

OE（输出允许信号）：A/D 转换后的数据进入三态输出数据锁存器，并在 OE 为高电平时由 D0～D7 输出，可由 CPU 读信号和片选信号产生。

EOC：A/D 转换结束信号，高电平有效，可作为 CPU 的中断请求或状态查询信号。

CLK：外部时钟信号输入端，典型值为 640kHz。

VCC：芯片＋5V 电源输入端，GND 为接地端。

A、B、C：8 路模拟开关的三位地址选通输入端，用于选择 IN0～IN7 的输入通道。

ADC0809 与 8051 单片机的硬件接口最常用有两种方式，即查询方式和中断方式。具体选用何种工作方式，应根据实际应用系统的具体情况进行选择。查询方式的硬件接口电路如图 18-2 所示。

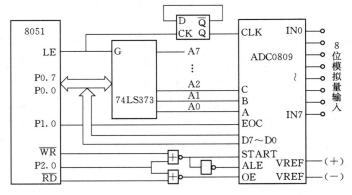

图 18-2　ADC0809 通过查询方式与 8051 的接口

三、实验仪器和用具

（1）硬件部分：个人电脑、KNTMCU—2型单片机开发实验装置，SP51仿真器。A/D转换ADC0809一块。

（2）软件部分：WAVE系列软件模拟器以及相关的读写软件等。

四、实验方法与步骤

（1）单片机最小应用系统1的P0口接A/D转换的D0～D7口，单片机最小应用系统1的Q0～Q7口接0809的A0～A7口，单片机最小应用系统1的WR、RD、P2.0、ALE、INT1分别接A/D转换的WR、RD、P2.0、CLK、INT1，A/D转换的IN接入+5V，单片机最小应用系统1的P2.1、P2.2连接到串行静态显示实验模块的DIN、CLK。

（2）安装好仿真器，用USB数据通信线连接计算机与仿真器，把仿真头插到模块的单片机插座中，打开模块电源。

（3）启动计算机，打开WAVE仿真软件，进入仿真环境。选择仿真器型号、仿真头型号、CPU类型；选择通信端口。

（4）将所编写的A/D转换源程序输入到WAVE软件模拟器，编译无误后，全速运行程序，5LED静态显示"AD××"，"××"为AD转换后的值，8位逻辑电平显示"××"的二进制值，调节模拟信号输入端的电位器旋钮，显示值随着变化，顺时针旋转值增大，AD转换值的范围是0～FFH。

（5）可把源程序编译成可执行文件，烧录到89C51芯片中。

参考程序如下。

```
;硬件实验
;实验名称：A/D转换实验
        DBUF0   EQU     30H；
        TEMP    EQU     40H；

        ORG     0000H
START： MOV     R0,     ＃DBUF0；
        MOV     @R0,    ＃0AH；
        INC     R0；
        MOV     @R0,    ＃0DH；
        INC     R0；
        MOV     @R0,    ＃11H；
        INC     R0；
        MOV     DPTR,   ＃0FEF3H；
        MOV     A,      ＃0；
        MOVX    @DPTR,  A ；启动所选通道的A/D转换
WAIT：  JNB     P1.0,   WAIT；
        MOVX    A,      @DPTR ；从ADC0809读得转换后的数值量
        MOV     P1,     A；
```

57

```
        MOV     B,      A;
        SWAP    A;
        ANL     A,      #0FH;
        XCH     A,      @R0;

        INC     R0;
        MOV     A,      B;
        ANL     A,      #0FH;
        XCH     A,      @R0;
        ACALL   DISP1;
        ACALL   DELAY;
        AJMP    START;

DISP1：
        MOV     R0,     #DBUF0;
        MOV     R1,     #TEMP;
        MOV     R2,     #5;
DP10：  MOV     DPTR,   #SEGTAB;
        MOV     A,      @R0;
        MOVC    A,      @A+DPTR;
        MOV     @R1,    A;
        INC     R0;
        INC     R1;
        DJNZ    R2,     DP10;
        MOV     R0,     #TEMP;
        MOV     R1,     #5;
DP12：  MOV     R2,     #8;
        MOV     A,      @R0;
DP13：  RLC     A;
        MOV     P2.1,   C;
        CLR     P2.2;
        SETB    P2.2;
        DJNZ    R2,     DP13;
        INC     R0;
        DJNZ    R1,     DP12;
        RET;
SEGTAB：
        DB  3FH, 6, 5BH, 4FH, 66H, 6DH ;
        DB  7DH, 7, 7FH, 6FH, 77H, 7CH ;
        DB  58H, 5EH, 79H, 71H, 0, 00H ;
DELAY： MOV     R4,     #0FFH;
AA1：   MOV     R5,     #0FFH;
AA：    NOP;
        NOP;
```

```
DJNZ    R5,     AA；
DJNZ    R4,     AA1；
RET；
END；
```

五、实验分析及结论

实验时，当 A/D 转换完成，EOC 的输出信号变为高电平，通过查询，从 ADC0809 芯片中读取所得到的数字信号，则外部的模拟信号被采集到系统里来，并显示所采集的数据。另外，也可打开 RAM 存储器，找到以 30H 为首地址单元，看所采集的信号为多少。

六、注意事项

（1）通过改变模拟量的大小，得出模拟信号与数字信号之间的变换关系。

（2）注意模拟信号与单片机双机接口之间的电平匹配。

（3）根据测量要求，选择相应的分辨率与转换速度的 A/D 芯片，以及转换的路数。

七、思考题

（1）如果需要提高采样的响应速度，如何处理？如何提高系统采样的准确度？

（2）根据检测要求，设计相应的硬件接口电路。

（3）ADC0809 的分辨率是多少？转换时间是多少？

（4）试采用中断的方式完成 A/D 转换的硬件电路与编写 A/D 转换的程序。

第五章 互 换 性 与 测 量 技 术

实验十九 用立式光学比较仪测量轴径

一、实验目的

（1）了解立式光学比较仪的结构及测量原理。

（2）熟悉测量技术中常用的度量指标和量块、量规的实际运用。

（3）掌握立式光学比较仪的调整步骤和测量方法。

二、实验原理

立式光学比较仪也称立式光学计，是一种精度较高且结构简单的光学仪器，适用于外尺寸的精密测量。

图 19-1 为立式光学比较仪的外形图，其主要由底座、立柱、横臂、直角形光管和工作台等几部分组成。

光学比较仪是利用光学杠杆放大原理进行测量的仪器，其光学系统如图 19-2（b）所示。照明光线经反射镜照射到刻度尺上，再经直角棱镜、物镜，照射到反射镜上。由于刻度尺位于物镜的焦平面上，故从刻度尺上发出的光线经物镜后成为一平行光束，若反射镜与物镜之间相互平行，则反射光线折回到焦平面，刻度尺象与刻度尺对称。若被测尺寸变动使测杆推动反射镜绕支点转动某一角度 α ［图 19-2（a）］，则反射光线相对于入射光线偏转 2α 角度，从而使刻度尺象产生位移 t ［图 19-2（c）］，它代表被测尺寸的变动量。物镜至刻度尺间的距离为物镜焦距 f，设 b 为测杆中心至反射镜支点间的距离，s 为测杆移动的距离，则仪器的放大比 K 为

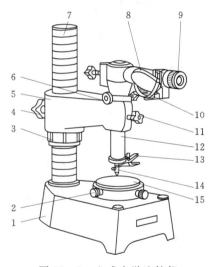

图 19-1 立式光学比较仪

1—底座；2—工作台调整螺钉（共4个）；3—横臂升降螺圈；4—横臂固定螺钉；5—横臂；6—细调螺旋；7—立柱；8—进光反射镜；9—目镜；10—微调螺旋；11—光管固定螺钉；12—光管；13—测杆提升器；14—测杆及测头；15—工作台

$$K=\frac{t}{s}=\frac{f\tan 2\alpha}{b\tan\alpha}$$

当 α 很小时，$\tan 2\alpha \approx 2\alpha$，$\tan\alpha \approx \alpha$，因此

$$K = \frac{2f}{b}$$

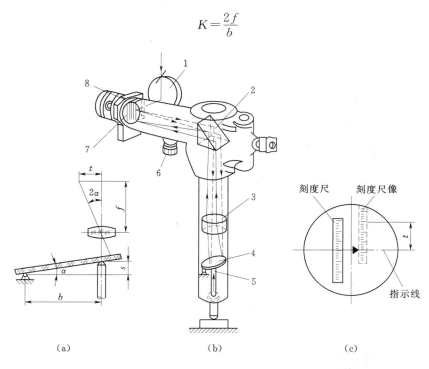

图 19-2　光学比较仪的系统图和原理图

1、4—反射镜；2—直角棱镜；3—物镜；5—测杆；6—微调螺旋；7—刻度尺像；8—刻度尺

光学计的目镜放大倍数为 12，$f=200\text{mm}$，$b=5\text{mm}$，故仪器的总放大倍数 n 为

$$n = 12K = 12\,\frac{2f}{b} = 12 \times \frac{2 \times 200}{5} = 960 \approx 1000$$

由此说明，当测杆移动一个微小的距离（0.001mm）时，经过了 1000 倍的放大后，就相当于在明视距离下看到移动了 1mm 一样。

三、实验仪器和用具

立式光学计、被测轴和相同尺寸量块各 1 组。

四、实验步骤

（1）选择测量头。根据被测零件表面的几何形状来选择测量头，使测量头与被测表面的接触面最小，即尽量满足点或线接触。测量头有球形、平面形和刀口形三种。测量平面或圆柱面零件时选用球形测头；测量球面零件时选用平面形测头；测量小圆柱面（小于 10mm 的圆柱面）工件时选用刀口形测头。

（2）按被测零件的基本尺寸组合量块。

（3）通过变压器接通电源。拧动 4 个螺钉 2，调整工作台的位置，使它与测杆的移动方向垂直（通常，实验室已调整好此位置，切勿再拧动任何一个螺钉）。

（4）将量块组放在工作台的中央，并使测头对准量块的上测量面的中心点，按下列步骤进行测量仪示值零位调整：

1）粗调整：松开螺钉 4，转动螺圈 3，使横臂缓缓下降，直到测量头也与量块测量面接触，且从目镜 9 的视场中看到刻线尺影像为止，然后拧紧螺钉 4。

　　2）细调整：松开螺钉 11，转动细调螺旋 6，使刻线尺零刻线的影像接近固定指示线（±10 格以内），然后拧紧螺钉。细调整后的目镜视场如图 19-3（a）所示。

　　3）微调整：转动微调螺旋 10，使零刻线影像与固定指示线重合。微调整后的目镜视场如图 19-3（b）所示。

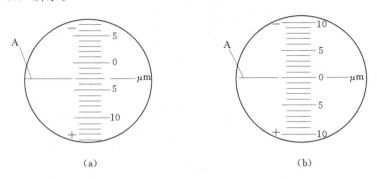

（a）　　　　　　　　　　　　　　　　（b）

图 19-3　目镜视场

（a）细调整后；（b）微调整后

A—固定指示线

　　4）按动测杆提升器 13，使测量头起落数次，检查示值稳定性。要求示值零位变动不超过 1/10 格，否则应查找原因，并重新调整示值零位，直到示值零位稳定不变，方可进行测量工作。

　　（5）测量轴径：按实验规定的部位（参看图 19-4，在三个横截面的两个相互垂直的径向位置上）进行测量，并将测量的结果填入实验报告中。

　　（6）根据被测零件的要求，判断被测零件的合格性。

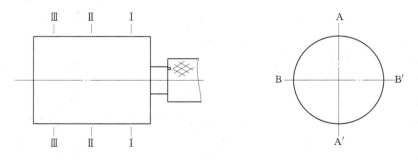

图 19-4　测量部位

五、实验分析与结论

　　测得的实际偏差加上基本尺寸则为实际尺寸。全部测量位置的实际尺寸应满足最大、最小极限尺寸的要求。考虑测量误差，工件公差应减少两倍测量不确定度的允许值（安全裕度值 A），即局部实际尺寸应满足上、下验收极限

$$EI(\mathrm{ei})+A \leqslant Ea(\mathrm{ea}) \leqslant ES(\mathrm{es})-A$$

式中　$EI(\mathrm{ei})$——孔（轴）的下偏差；

$ES(es)$——孔（轴）的上偏差；

$Ea(ea)$——孔（轴）的实际尺寸；

A——测量不确定度的允许值。

按轴、孔上述尺寸公差要求，判断其合格性，填入实验报告中。

六、注意事项

（1）测量前应先擦净零件表面及仪器工作台。

（2）操作要小心，不得有任何碰憧，调整时观察指针位置，不应超出标尺示值范围。

（3）使用量块时要正确推合，防止划伤量块测量面。

（4）取拿量块时最好用竹镊子夹持，避免用手直接接触量块，以减少手温对测量精度的影响。

（5）注意保护量块工作面，禁止量块碰撞或掉落地上。

（6）量块用后，要用航空汽油洗净，用绸布擦干并涂上防锈油。

（7）测量结束前，不应拆开块规，以便随时校对零位。

七、思考题

（1）用立式光学比较仪测量轴径属于绝对测量还是相对测量？

（2）什么是分度值、刻度间距？它们与放大比的关系如何？

（3）仪器的测量范围和刻度尺的示值范围有何不同？

实验二十　齿轮齿厚偏差的测量

一、实验目的

（1）熟悉齿轮卡尺的结构和使用方法。

（2）掌握齿轮分度圆公称弦齿高和公称弦齿厚的计算公式。

（3）熟悉齿厚偏差的测量方法。

二、实验原理

1. 齿厚偏差

齿轮齿厚偏差 ΔE_{sn} 是指在齿轮分度圆柱面上，实际齿厚与公称齿厚（齿厚理论值）之差。对于斜齿轮，指法向实际齿厚与公称齿厚之差。它是评定齿轮齿厚减薄量的指标。合格条件是：所测各齿的齿厚偏差 ΔE_{sn} 皆在齿厚上偏差 E_{sns} 与齿厚下偏差 E_{sni} 范围内（$E_{sni} \leqslant \Delta E_{sn} \leqslant E_{sns}$）。齿厚测量用齿轮卡尺测量，其结构是由垂直的两个游标卡尺构成，垂直的游标卡尺用来控制弦齿高，水平方向游标卡尺用来测量分度圆弦齿厚。读数方法与游标卡尺相同。

2. 分度圆公称弦齿高和公称弦齿厚的计算公式

按照定义，齿厚以分度圆弧长计值，但弧长不便于测量。因此，实际上是按分度圆上的弦齿高来测量弦齿厚。参看图 20-1，直齿轮分度圆上的公称弦齿高 h_{nc} 和公称弦齿厚 S_{nc} 的计算公式如下

$$h_{nc} = m\left\{1 + \frac{z}{2}\left[1 - \cos\left(\frac{180° + 4x\tan\alpha}{2z}\right)\right]\right\} \qquad (20-1)$$

$$S_{nc} = mz\sin\left(\frac{180° + 4x\tan\alpha}{2z}\right)$$

式中　m、z、α、x——齿轮的模数、齿数、标准压力角、变位系数。

三、实验仪器和用具

齿轮卡尺，外径千分尺，被测齿轮。

四、实验步骤（图 20-1）

（1）根据被测齿轮的模数 m、齿数 z 和标准压力角 α、变位系数 x，计算齿顶圆公称直径 d_a 和分度圆公称弦齿高 h_{nc}、公称弦齿厚 S_{nc}。

（2）用外径千分尺测量齿轮齿顶圆实际直径 $d_{a实际}$。按 $h_{nc} + \frac{1}{2}(d_{a实际} - d_a)$ 的数值调整游标测齿卡尺的垂直游标卡尺高度板的位置，然后将其加以固定。

（3）将游标测齿卡尺置于被测齿轮上，使垂直游标卡尺的高度板与齿轮齿顶可靠的接触。然后移动水平游标卡尺的量爪，使它和垂直游标卡尺的量爪分别与轮齿的右、左齿面接触（齿轮齿顶与垂直游标卡尺的高度板之间不得出现空隙），从水平游标卡尺上读出实际弦齿厚 S_{nca} 的数值。

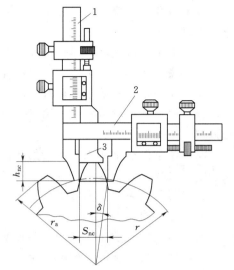

图 20-1　分度圆弦齿厚的测量

r—分度圆半径；r_a—齿顶圆半径；δ—齿厚中心角之半；1—垂直游标卡尺；2—水平游标卡尺；3—高度板

五、实验分析与结论

对齿轮圆周上均布的几个轮齿进行测量。测得的实际弦齿厚与公称弦齿厚之差即为齿厚偏差 ΔE_{sn}。取这些齿厚偏差中的最大值和最小值作为评定值，评定值与按齿轮图样标注的分度圆公称弦齿厚及上、下偏差比较，判断其合格性。

六、思考题

（1）测量齿轮齿厚偏差时，如果不计及齿顶圆直径的实际偏差，而按计算得到的弦齿高 h_{nc} 调整游标测齿卡尺的垂直游标卡尺，那将产生什么不良影响？

（2）齿轮齿厚偏差 ΔE_{sn} 可以用什么评定指标代替？

实验二十一　齿轮公法线长度偏差的测量

一、实验目的

（1）熟悉公法线千分尺的结构和使用方法。

（2）掌握齿轮公称公法线长度的计算公式。

（3）熟悉公法线长度的测量方法。

二、实验原理

参看图 21-1，公法线长度是指与两异名齿廓相切的两平行平面间的距离，两切点的连线是两齿面共同的法线，又是齿轮基圆的切线。公法线长度偏差 ΔE_w 是指实际公法线

长度 W_k 与公称公法线长度 W 之差。它是评定齿轮齿厚减薄量的指标。合格条件是：被测各条公法线长度的偏差皆在公法线长度上偏差 E_{ws} 与下偏差 E_{wi} 范围内（$E_{wi} \leqslant \Delta E_w \leqslant E_{ws}$）。

公法线千分尺的读数方法与普通千分尺相同，只是其测头形状为两个平面的圆盘。

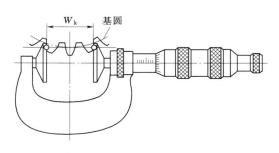

图 21-1　公法线千分尺

三、实验仪器和用具

公法线千分尺，齿轮、平板，无水乙醇、棉纱布。

四、实验步骤

（1）按公式计算（或查出）公称公法线长度 W

$$W = m(\cos\alpha)[\pi(k-0.5) + z(\mathrm{inv}\alpha)] + 2\chi m \sin\alpha$$

其中

$$\mathrm{inv}\alpha = \tan\alpha - \alpha$$

式中　m——齿轮模数；

　　　α——齿形角；

　　　k——跨齿数；

　　　z——齿数；

　　　χ——修正系数。

（2）计算跨齿数 k 值。当 $\alpha = 20°$ 时，跨齿数 $k = z/9 + 0.5$（取整数）。

（3）校对量具零位。用棉花浸汽油或无水酒精将两测量面擦净后，检查零位读数的正确性。记下零位示值误差，以其值反号作为修正值。

（4）测量公法线长度变动 ΔF_w。依次沿整个圆周测量所有公法线长度，其中最大读数与最小读数之差，即为公法线长度变动。

（5）测量公法线平均长度偏差 ΔE_w。在轮齿圆周三个等距位置上测出三个公法线长度（从已测得值选出即可），其平均长度与公称长度之差即 ΔE_w。

五、实验分析与结论

将测得的公法线长度所有读数取平均值，即为公法线平均长度。读数中最大值与最小值之差即为公法线长度变动 ΔF_w，按齿轮图样标注的技术要求，确定公法线长度上偏差 E_{ws}、下偏差 E_{wi} 以及公法线长度变动 ΔF_w，判断其合格性。

六、注意事项

测量公法线长度时应注意千分尺两个蝶形量砧的位置，见图 21-2。图 21-2（a）所示两个量砧与齿面在分度圆附近相切，位置正确；图 21-2（b）所示两个量砧与齿面分别在齿顶和齿根处相切，不好；图 21-2（c）所示两个量砧与齿面在齿顶处相接，图 21-2（d）所示两个量砧与齿底相接，都是错误的。

七、思考题

（1）与测量齿轮齿厚相比较，测量齿轮公法线长度有何优点？

（2）测量公法线长度时，两测头与齿面哪个部位相切最合理？为什么？

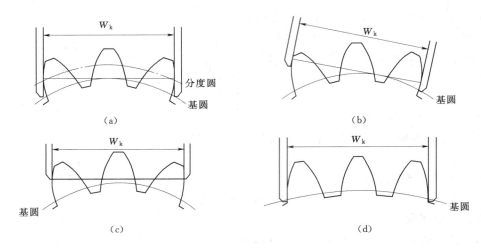

图 21-2 公法线长度测量示意图
（a）正确；（b）不好；（c）、（d）错误

实验二十二 用合像水平仪测量直线度误差

一、实验目的

（1）了解光学合像水平仪的结构、原理及使用方法。

（2）学习用光学合像水平仪测量直线度误差和数据处理的方法。

（3）加深对直线度公差与误差的定义及特征的理解。

二、实验原理

光学合像水平仪是用来测量平面和圆柱面对水平方向微小倾斜角的仪器，常用于测量导轨的直线度、平板的平面度和设备安装位置的正确性。其结构如图 22-1 所示，它的水准器是一个密闭的玻璃管，管内注入精馏乙醚，并留有一定量的空气，以形成气泡。管的内壁在长度方向具有一定的曲率半径。气泡在管中停住时，气泡的位置必然垂直于重力方向。就是说，当合像水平仪倾斜时，气泡本身并不倾斜，而始终保持水平位置。利用这个原理，将合像水平仪放在桥板上使用，便能测出实际被测直线上相距一个桥板跨距的两点间高度差，如图 22-2 所示。

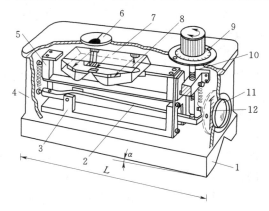

图 22-1 合像水平仪

1—底座；2—杠杆；3—支承；4—壳体；5—支承架；
6—放大镜；7—棱镜；8—水准器；9—微分筒；
10—测微螺杆；11—放大镜；12—刻线尺

测量时，合像水平仪水准器中的气泡两端经棱镜反射的两半像从放大镜观察。当桥板两端相对于自然水平面无高度差时，水准器处于水平位置，则气泡在水准器的中央，位于棱镜两边的对称位置上，因此从放大镜看到的两个像相合［图 22-3（a）］。如果桥板两端相对于自然水平面有高度差，则水平仪倾斜一个角度 α，因此气泡布在水准器的中央，从放大镜看到的两半像是错开的［图 22-3（b）］，产生偏移量 Δ。

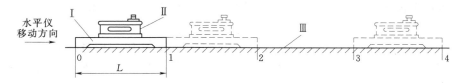

图 22-2　用合像水平仪测量直线度误差时的示意图
Ⅰ—桥板；Ⅱ—水平仪；Ⅲ—实际被测直线；L—桥板跨距；0，1，2，3，4—测点序号

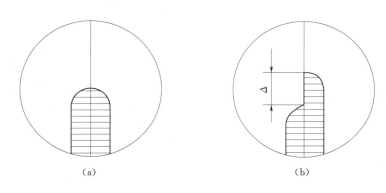

（a）　　　　　　　　　　　　（b）

图 22-3　气泡的两半像
（a）相合；（b）错开

为了确定气泡偏移量 Δ 的数值，转动测微螺杆使水准器倾斜一个角度 α，以使气泡返回棱镜两边的对称位置上。从放大镜中观察到气泡的两半像恢复成图 22-3（a）所示相合的两半像。偏移量 Δ 先从放大镜由刻线尺读数，它反映测微螺杆转动的整圈数；再从测微螺杆手轮（微分筒）的分度盘读数（该盘每格为刻线尺一格的 1%），它是螺杆转动不足一圈的细分读数。读数取值的正负由测微螺杆手轮指明。测微螺杆转动的格数 a、桥板跨距 L（mm）与桥板两端相对于自然水平面的高度差 h 之间的关系为

$$h = iaL = 0.01aL \ \mu m$$

三、实验仪器和用具

光学合像水平仪，仪器导轨，航空汽油、棉纱，桥板。

四、实验步骤

1. 准备工作

将被测表面用汽油擦洗干净，并分成 n 个相邻的测量段，根据分段长度选择桥板跨距 L。将分度值为 0.01mm/m 的光学合像水平仪放在桥板上，先后置于被测导轨的两端，使其大致调平。

2. 开始进行测量

按分段（跨距）从首点至终点依次测量。测量时要注意，每次移动桥板必须将后支点放在前支点处，记下相对测量值（ai）。测量过程中，不允许水平仪调换方向。必要时，

可以再从终点至首点依次进行测量。回测时桥板不要调头，取各相应测点两次读数的平均值作为该测点的测量值。

3. 数据处理

将测量读数值依次填入实验记录中，并进行数据处理。为了作图和计算方便，最好用简化读数。

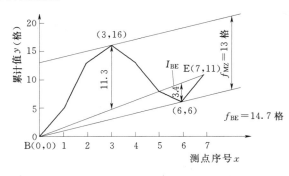

图 22 - 4 图解直线度误差值

五、实验分析与结论

（1）按两端点连线法图解直线度误差值。如图 22 - 4 所示，在坐标纸上用横坐标轴 x 表示测量间隔（各测点的序号），用纵坐标轴 y 表示测量方向上的数值。将它们分别按缩小和放大的比例把各测点标在坐标纸上，然后把各测点连成一条误差折线，该折线可以表示实际被测直线。在误差折线上，连接其两个端点 B、E，得到两端点连线 l_{BE}。从误差折线上找出各测点中相对于两端点连线的最高点和最低点。从坐标纸上分别量取这两个测点至两端点连线的 y 坐标距离，它们的代数差即为直线度误差值 f_{BE}。

（2）按最小条件图解直线度误差值。如图 22 - 4 所示，从误差折线上确定低—高—低相间的三个极点。过两个低极点（或两个高极点）作一条直线，再过高极点（或低极点）作一条平行于上述直线的直线，包容这条误差折线，从坐标纸上量取这两条平行线间的 y 坐标距离，它的数值即为直线度误差值 f_{MZ}。

（3）将求得的直线度误差值与图样标注的公差值比较，判断其合格性。

六、思考题

按最小条件法和两端点连线法评定直线度误差有何区别？

实验二十三 平面度误差的测量

一、实验目的

（1）了解指示表的结构，并熟悉使用它和平板测量平面度误差。

（2）熟悉按对角线平面法和最小条件处理平面度误差测量数据的方法。

二、实验原理

平面度误差是指实际被测表面对其理想平面的变动量，理想平面的位置应符合最小条件。平面可看成由许许多多直线组成，这就可用几个有代表性的直线的直线度误差来综合反映该平面的平面度误差。通常，按一定方向的直线测量实际表面的几个有代表性的直线，并以这些被测直线的直线度误差和它们的相互关系来确定该表面的平面度误差。

测量平面度误差时，所测直线和测点的数目根据被测平面的大小来决定，均匀布线和布点通常采用图 23 - 1 所示的三种方式，测量按图中箭头所示的方向依次进行。最外的测点应距工作面边缘 5～10mm。

本实验用指示表测量平面度误差。测量装置如图 23-2 所示。

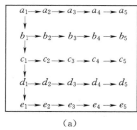 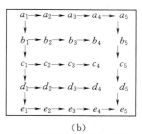 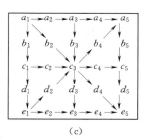

(a)　　　　　　　　　　　(b)　　　　　　　　　　　(c)

图 23-1　测量平面度误差时的布点方式

(a)、(b) 网格布点；(c) 对角线布点

三、实验仪器和用具

指示表、量块、测量架、被测零件。

四、实验步骤

（1）将被测件支承在平板上，如图 23-2 所示，调整千斤顶，使被测量面内一条对角线的两端点等高，再调整另一个对角线的两端点等高。

（2）以平板为测量基准，按选定的布点方式，用百分表在被测面内测量，将读数记在实验报告中。

（3）用对角线平面法和最小条件法求解平面度误差值。

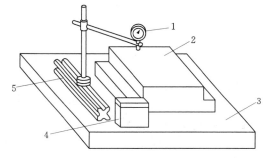

图 23-2　用指示表测量平面度误差

1—指示表；2—被测零件；3—平板；

4—量块组；5—测量架

五、实验分析与结论

将用对角线平面法和最小条件法求解的平面度误差值与图样标注的公差值比较，判断其合格性。

六、思考题

按最小条件法和对角线平面法评定平面度误差各有何特点？

实验二十四　径向和端面圆跳动测量

一、实验目的

（1）掌握径向和端面圆跳动的测量方法。

（2）加深对径向和端面圆跳动的定义的理解。

二、实验原理

跳动公差是为了便于检测而规定的形位公差项目，它兼有表示形状、方向和位置的综合精度要求，故称为综合公差。

本实验采用跳动测量仪测量盘形零件的径向和端面圆跳动。该测量仪的外形如图 24-1 所示，它主要由底座和两个顶尖座组成。测量时，将被测零件安装在心轴上（被测零件的基准孔与心轴间成无间隙配合），用该心轴模拟体现被测零件的基准轴线。然后，把心轴安装在测量仪的两个顶尖座的顶尖之间。测量时，将被测零件绕基准轴线回转，指示表的测头必须垂直于被测外圆柱面上 [图 24 - 1 (a)] 和沿轴向置于端面上 [图 24 - 1 (b)]。通常应在被测表面上不同的截面内测量，取各截面或方向中最大跳动值作为被测表面的跳动值。

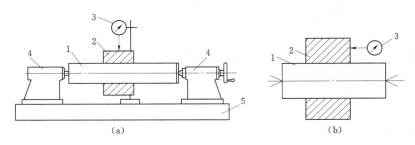

图 24 - 1　圆跳动测量示意图

(a) 测量径向跳动；(b) 测量端面圆跳动

1—心轴；2—被测零件；3—指示表；4—顶尖座（两个）；5—底座

三、实验仪器和用具

跳动测量仪、指示表，被测零件、心轴。

四、实验步骤（图 24 - 1）

（1）将心轴擦洗干净，安装在跳动测量仪两顶尖之间，锁紧仪器底座螺钉，转动顶尖调试装置，达到接触间隙为最佳状态，方可进行测量。

（2）径向圆跳动的测量。将指示表装在表架上，调整指示表测杆，使其垂直并通过工件轴线，测头与工件外圆表面最高点接触，并压缩指针 1～2 圈，紧固表架后，转动被测零件一周，记下最大最小读数之差，即为该测量平面上的径向圆跳动。按上述方法，测量若干个截面，取各截面上测得的跳动量中的最大值作为该工件的径向圆跳动。

（3）端面圆跳动的测量。将指示表测杆与两顶尖连线（公共基准）平行，使测头与轴的端面接触并适当压缩，转动被测工件一周，记下最大最小读数之差，即为该测量圆柱面上的端面圆跳动。按上述方法，测量若干个圆柱面，取各测量圆柱面跳动量的最大值作为该工件的端面圆跳动。

五、实验分析与结论

将测量读数值（最大值）与图样标注的公差值比较，判断其合格性。

六、思考题

（1）径向圆跳动测量能否代替同轴度误差测量？能否代替圆度误差测量？

（2）端面圆跳动能否完整反映出被测端面对基准轴线的垂直度误差？

实验二十五　袖珍式粗糙度仪（TR100）测量表面粗糙度

一、实验目的

（1）了解袖珍式粗糙度仪测量表面粗糙度的原理。

（2）掌握袖珍式粗糙度仪测量表面粗糙度 R_a、R_z 值的方法。

（3）加深对表面不平度高度 R_z、轮廓算术平均偏差 R_a 值的理解并掌握测量方法。

二、实验原理

1. 实验仪器

袖珍式粗糙度仪（TR100）具有测量精度高、测量范围宽、操作简便、便于携带、工作稳定等特点，可以广泛应用于各种金属与非金属的加工表面的检测，该仪器是传感器和主机一体化的袖珍式仪器，具有手持式特点，更适合在生产现场使用。袖珍式粗糙度仪结构如图 25-1 所示。

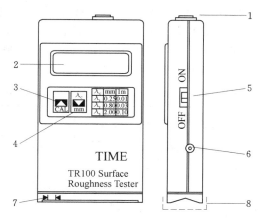

图 25-1　袖珍式粗糙度仪结构图
1—启动按钮；2—液晶屏幕；3—按钮1；
4—按钮2；5—电源开关；6—充电插口；
7—测试区域；8—测头保护盖

（1）仪器主要性能指标：

测量参数：	R_a、R_z
扫描长度（mm）：	6
取样长度（mm）：	0.25、0.8、2.5
评定长度（mm）：	1.25、4.0、5.0
测量范围（μm）：	R_a：0.05～10.0，R_z：0.1～50
示值误差：	±15%
示值变动性：	<12%

（2）仪器主要功能：

1）可选择测量参数 R_a、R_z。

2）可选择取样长度。

3）具有校准功能。

4）自动检测电池电压并报警。

5）充电功能，可边充电边工作。

2. 测量原理

当传感器在驱动器的驱动下沿被测表面作匀速直线运动时，其垂直于工作表面的触针随工作表面的微观起伏作上下运动，触针的上下运动被转换为电信号，将该信号进行放大、滤波，经 A/D 转换为数字信号，再经 CPU 处理计算出 R_a、R_z 值并显示。

三、实验仪器与用具

袖珍式粗糙度仪（TR100）1 台，被测工件 1 个。

四、实验方法与步骤

（1）将电源开关置于"ON"，在"嘀"的一声后进入测量状态（取样长度将保持上次关机前的状态）。

（2）按选择按钮 2 可以依次选择 0.25mm、0.8mm、2.5mm 各档（取样长度的选择请参阅表 25-1）。

（3）按选择按钮1可以选择测量参数 R_a 或 R_z。

（4）取下测头保护盖，将仪器测试区域部位对准被测区域，按启动按钮，传感器移动，在"嘀、嘀"两声后测量结果由液晶屏幕显示。

（5）关闭电源，盖上测头保护盖。

表 25-1　　　　　　　　　　　取 样 长 度 推 荐 值

R_a（μm）	R_z（μm）	取样推荐长度（mm）
>40～80	>160～320	
>20～40	>80～160	8
>10～20	>40～80	
>5～10	>20～40	2.5
>2.5～5	>10～20	
>1.25～2.5	>6.3～10	
>0.63～1.25	>3.2～6.3	0.8
>0.32～0.63	>1.6～3.2	
>0.25～0.32	>1.25～1.6	
>0.20～0.25	>1.0～1.25	
>0.16～0.20	>0.8～1.0	
>0.125～0.16	>0.63～0.8	
>0.1～0.125	>0.5～0.63	
>0.08～0.1	>0.4～0.5	
>0.063～0.08	>0.32～0.4	0.25
>0.05～0.063	>0.25～0.32	
>0.04～0.05	>0.2～0.25	
>0.032～0.04	>0.16～0.2	
>0.025～0.032	>0.125～0.16	
>0.02～0.025	>0.1～0.125	
>0.016～0.02	>0.08～0.1	
>0.0125～0.016	>0.063～0.08	
>0.01～0.0125	>0.05～0.062	0.08
>0.008～0.01	>0.04～0.05	
>0.0063～0.008	>0.032～0.04	
≤0.0063	≤0.032	

注意：在传感器移动过程中，尽量做到置于工件表面的仪器放置平稳，以免影响该仪器的测量精度；另在传感器回到原来位置以前，仪器不会响应任何操作，直到一次完整的测量过程以后，才允许再次测量。

五、实验分析与结论

按计算出的 R_z、R_a 值判断被测表面的粗糙度的合格性，实测 R_z、R_a 值在允许 R_z、

R_a 值之间为合格。

六、注意事项

（1）测试时应避免碰撞、剧烈震动、重尘、潮湿、油污、强磁场等情况。

（2）每次测量完毕，要及时关掉电源，以保持电池能量，并应及时对电池进行充电。

（3）充电时，要注意控制充电时间，一般以 $10\sim15h$ 为宜，要防止因超长时间的过充电而对电池造成损害。

（4）传感器是仪器的精密部件，切记精心维护。每次使用完毕，要将仪器的保护盖轻轻盖好。避免对传感器造成剧烈的振动。

（5）随机标准样板应精心保护，以免划伤后造成校准仪器失准。

（6）实验过程中，若设备、仪器有异常现象及时向指导教师报告，便于妥善处理。

七、思考题

（1）袖珍式粗糙度仪（TR100）的测量原理是什么？

（2）袖珍式粗糙度仪（TR100）测量表面粗糙度的原理和方法与光切显微镜测量有什么区别？各有何特点？

实验二十六　轴类零件形位误差测量

一、实验目的

（1）了解轴类零件的检测项目及形位误差测量的仪器设备原理、使用方法。

（2）掌握轴类零件形位误差测量的测量方法及数据处理方法。

（3）加深对轴类零件圆度、圆柱度、同轴度、直线度、素线平行度、圆跳动、径向全跳动定义的理解。

二、实验原理

轴类零件是应用较多的两大类机械零件，对于轴类零件，检测项目一般包括各种尺寸、形位误差、表面粗糙度等项目的测量，本实验主要测量轴类零件各种形位误差。

本实验采用 XW—250 多功能形位误差测量仪测量轴类零件各种形位误差。该量仪的外形如图 26-1 所示，它主要由底座和两个顶尖座组成，高精度双顶尖支承是保证本仪器具有较高回转精度的关键结构。轴类零件以其中心孔定位，盘套类零件以与零件相配的测量心轴上的中心孔定位，左顶尖为固定死顶尖，右顶尖为弹簧顶尖。左顶尖装有刻度盘，刻度盘用以指示被测件的圆周分度位置，以获得等距布点的数据（最多布点数为 144）。底座上有平面度精度较高的平导轨和直线度精度高的侧导轨，侧导轨对两顶尖确定的回转轴线具有高精度的平行度。底座与拖板通过齿轮齿条机构传动，转动手轮，齿轮齿条机构驱动拖板沿导轨平稳移动。用沿底座的刻度尺指示拖板位置，以取得被测件轴向布点的数据。

测量时，以顶尖支承定位被测零件，被测件回转时各测点位置可由仪器刻度盘读出；装在拖板上的指示表或传感器可由齿轮齿条机构带动，沿仪器侧导轨作平行于顶尖轴线的直线运动，其测头的轴向位置可由仪器上的刻度尺读出。

本仪器有两个重要的测量基准：一是仪器的回转轴线；二是与顶尖轴线平行的侧导

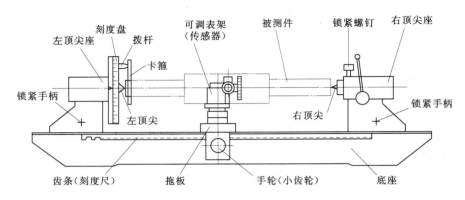

图 26-1 轴类零件形位误差测量示意图

轨。由于两顶尖本身的高精度因此仪器回转轴线的径向回转精度高，为本仪器除素线直线度以外的所有形位误差测量项目提供了精度保证。而仪器的侧导轨直线度及对顶尖轴线的平行度制造精度也较高，必要时还可进行误差分离，以此为测量基准的圆柱度、素线直线度、素线平行度及径向全跳动等项目的测量精度提供了保证。

仪器工作时，在被测零件各截面上测量出各测点对回转轴线——测量基准的半径差值，或在轴截面内测量出素线上各测点对平行于顶尖轴线的侧导轨——测量基准直线的变动量，经过数据处理即可得到各所测项目的形状或位置误差。

该测量仪仅作为偏摆检查仪使用时，因仪器具有上述两项高精度测量基准，且可以测径向全跳动。

三、实验仪器和用具

（1）XW—250 多功能形位误差测量仪、指示表或传感器。

（2）被测轴类零件。

四、实验步骤

（一）安装被测零件

在被测件轴的左端装上卡箍（仪器提供），将被测件安装在两顶尖上支承定位，拧紧左、右顶尖座下方的锁紧手柄。安装被测件时，右顶尖的弹簧压力应适当，安装好后用右顶尖座上方的锁紧螺钉锁紧。调节拨杆的位置，使卡箍通过拨杆与刻度盘相连。

（二）调整传感器（指示表）的初始位置

将传感器或指示表装卡在拖板上方可调表架的夹持器上并夹紧。调节夹持器使传感器或指示表处于应有的方位（如垂直或平行于被测轴线），通过可调表架调整传感器或指示表上下、前后位置，使测量头轴线与回转轴线共面，并使传感器（指示表）对零，锁紧相应手柄。

（三）各项形位误差的测量方法步骤

1. 圆度测量

在被测回转体（圆柱面或圆锥面）拟测的截面上偶数均布若干测点（测点数最少为24），以刻度盘上零度为第一测点，记录该测点的半径差值。

转动刻度盘，依次记录各预定测点的半径差值。刻度盘转动一周，数据记录完毕。

如上测出的同一径向截面中最大半径差就是该截面的圆度误差，测量多个径向截面，取其中最大值为被测零件的圆度误差。记录完毕后将该截面的圆度误差值及有关数据填入表中，并可绘出被测截面的轮廓图形。

2. 圆柱度测量

在被测圆柱面上等距布置若干个截面（截面数不应少于3），在各截面上偶数均布若干测点（测点数最少为24），从第一截面开始自零度起依次测量各测点半径差数据。

在传感器（指示表）位置不作任何调整的情况下，移动拖板将传感器（指示表）移至下一个被测截面，仍从零度起依次测量该截面各测点数据。如此依次测量完毕各截面的数据。

将该圆柱面的圆柱度误差及有关数据填入表中，并可绘出被测圆柱面圆柱度的图形。

用电感测微仪进行较高精度的圆柱度测量时，为减少导轨平行度误差对测量精度的影响，可用误差分离的方法分离导轨平行度误差，提高圆柱度的测量精度。分离导轨误差的测量步骤见圆柱度测量评定程序。

3. 同轴度测量

在被测零件的基准部位和被测部位上分别布置若干个测量截面（截面间距等距、不等距均可），在各截面上偶数均布若干测点（测点数最少为8）。

首先从零度开始，依次采入基准部位第一个被测截面各测点的数据（半径差值），移动拖板将传感器（指示表）移至第二个测量截面，仍从零度开始依次测量各测点数据，如此测量完毕基准各截面的数据。

再从零度开始依次测量被测部位第一个被测截面各测点的数据。移动拖板如此依次测量被测部位各截面各测点的数据。

将被测件同轴度误差值（同轴度误差为各径向截面测得的最大读数差中的最大值）及有关数据填入表中，并可绘出同轴度误差图形。

4. 轴线直线度测量

在被测零件上布置若干个截面（截面间距等距、不等距均可），在各截面上偶数均布若干个测点（测点数最少为8）。

依次测量各截面自零度开始的各测点的数据（半径差值），直至全部数据测量完毕。

将被测件有关数据填入表中，并可绘出轴线直线度误差曲线，得到轴线直线度误差。

公共轴线的同轴度测量与本节轴线直线度测量方法完全相同。

5. 素线直线度测量

在被测圆柱面的拟测素线上均布若干点（点数不应少于3）。

测量第一点的数据，移动拖板依次测量其余测点的数据直至数据测量完毕。

将被测件有关数据填入表中，并可绘出该素线的直线度误差图形。得到该素线的直线度误差。

如上测量若干条素线，以在各素线上测得的直线度误差值中的最大者为该圆柱面的素线直线度误差。

在用电感测微仪进行较高精度的素线直线度测量时，为减少导轨直线度误差对测量精度的影响，可用误差分离的方法通过分离导轨平行度误差来分离导轨直线度误差，提高素线直线度的测量精度。分离导轨误差的测量步骤见直线度测量评定程序。

6. 素线平行度测量

在被测圆柱面截面内拟测的两平行素线上分别均布若干点（点数不应少于3）。

在基准素线上测量第一测点的数据，移动拖板依次测量其余各测点的数据；转动刻度盘，使被测零件回转180°，从第一测点开始，依次测量被测素线上各测点的数据。

将被测件素线平行度误差值及有关数据填入表中，并可绘出素线平行度误差图形。

如上测量若干组平行线，以在各组平行线上测得的平行度误差值中的最大者为该圆柱面素线平行度误差。

在用电感测微仪进行较高精度的素线平行度误差测量时，为减小导轨平行度误差对测量精度的影响，可用误差分离的方法分离导轨平行度误差，提高素线平行度的测量精度。分离导轨误差的测量步骤见平行度（线对线）测量评定程序。

7. 圆跳动测量

测量径向圆跳动应使测头轴线与被测件轴线垂直；测端面圆跳动应使测头轴线与被测件轴线平行；测斜向圆跳动应使测头轴线与被测件素线垂直。

转动刻度盘，使零件回转一周，零件回转一周中，读取指示计的最大最小读数值，其差值即为相应的圆跳动值。

如上测量若干个位置，以在各个位置测得的跳动量中的最大者为被测件的圆跳动值。

当采用XW—5多功能形位误差数据采集及处理系统时，亦对各跳动值进行半自动数据采集及处理。

8. 径向全跳动测量

在被测圆柱面上布置若干个截面，在第一截面上测量最大、最小读数值。

在传感器（指示表）位置不作任何调整的情况下，移动拖板将传感器（指示表）移至下一截面，读取或采入该截面最大、最小读数值。如此依次采集完毕各截面的最大、最小读数值。

找出各截面所有读数值中的最大值和最小值，其差值即为径向全跳动值。当不用数据采集及处理系统时，亦可和人工进行计算，确定径向全跳动值。

在用电感测微仪进行较高精度的径向全跳动测量时，为减小导轨平行度误差对测量精度的影响，可用误差分离的方法分离导轨平行度误差，提高径向全跳动的测量精度。分离导轨误差的测量步骤见全跳动测量程序。

五、实验分析与结论

将测量读数值（最大值）与图样标注的公差值比较，判断其合格性。

六、注意事项

（1）合金顶尖为关键零件，其工作表面绝对禁止磕碰。

（2）侧导轨为仪器关键部位，精度高，须注意保护。

（3）经常保持侧导轨、平导轨的清洁及润滑。

（4）每次测量前顶尖和中心孔接触处要擦净、上油润滑。

（5）安装被测件要拧紧顶尖座下方的手柄，以防止顶尖座后滑，被测件掉在导轨上碰伤被测件和砸伤导轨。

（6）装卡被测件时，右顶尖的弹簧压力应适当，不可太松，亦不宜过紧。装卡好后注意将右顶尖座上方的锁紧螺钉拧紧，以免产生附加的轴径径向回转误差，影响测量精度。

（7）测量时，无论是转动分度盘还是移动拖板，均应单向驱动。

（8）测量架前方配重板上有两个较大的调节螺丝，用以调节压紧滚动轴承的弹簧压力。适当调节两个螺丝，可使拖板正反两个方向运动平稳、示值变差最小。

（9）合金顶尖使用后磨损或有损坏，不能用市场上的合金顶尖直接替用，须用原厂家顶尖更换。

第六章 热 工 理 论

实验二十七 强迫对流管簇管外放热系数测定实验

一、实验目的

(1) 了解热工实验的基本方法和特点。

(2) 学会翅片管束管外放热和阻力的实验研究方法。

(3) 巩固和运用传热学课堂讲授的基本概念和基本知识。

(4) 培养学生独立进行科研实验的能力。

二、实验内容

(1) 熟悉实验原理和实验装置，学习正确使用测量温度、压差、流速、热量等参数的仪表。

(2) 正确安排实验，测取管外放热和阻力的有关实验数据。

(3) 用威尔逊方法整理实验数据，求得管外放热系数的无因次关联式，同时，也将阻力数据整理成无因次关联式的形式。

(4) 对实验设备、实验原理、实验方案和实验结果进行分析讨论。

三、实验原理

(1) 翅片管是换热器中常用的一种传热元件，由于扩展了管外传热面积，故可使光管的传热热阻大大下降，特别适用于气体侧换热的场合。

(2) 空气（气体）横向流过翅片管束时的对流放热系数除了与空气流速及物性有关外，还与翅片管束的一系列几何因素有关，其无因次函数关系可表示如下

$$Nu = f\left(Re、Pr、\frac{H}{D_0}、\frac{\delta}{D_0}、\frac{B}{D_0}、\frac{P_t}{D_0}、\frac{P_1}{D_0}、N\right) \qquad (27-1)$$

$$Nu = \frac{\alpha D_0}{\lambda}$$

$$Re = \frac{D_0 U_m}{\gamma} = \frac{D_0 G_m}{\eta}$$

$$Pr = \frac{\nu}{\alpha} = \frac{C\mu}{\lambda}$$

$$G_m = U_m \rho$$

式中　　　Nu——努塞尔数；

Re——雷诺数；

Pr——普朗特数；

H、δ、B——翅片高度、厚度和翅片间距；

P_t、P_l——翅片管的横向管间距和纵向管间距；

N——流动方向的管排数；

D_0——光管外径；

U_m——最窄流通截面处的空气流速，m/s；

G_m——最窄流通截面处的质量流速，kg/(m²·s)；

λ、ρ、μ、γ、α——气体的特性值。

此外，放热系数还与管束的排列方式有关，有两种排列方式：顺排和叉排，由于在叉排管束中流体的紊流度较大，故其管外放热系数会高于顺排的情况。

对于特定的翅片管束，其几何因素都是固定不变的，这时，式（27-1）可简化为

$$Nu = f(Re、Pr) \tag{27-2}$$

对于空气，Pr 数可看做常数，故

$$Nu = f(Re) \tag{27-3}$$

式（27-3）可表示成指数方程的形式

$$Nu = CRe^n \tag{27-4}$$

式中　C、n——实验关联式的系数和指数。

这一形式的公式只适用于特定几何条件下的管束，为了在实验公式中能反映翅片管和翅片管束的几何变量的影响，需要分别改变几何参数进行实验并对实验数据进行综合整理。

（3）对于翅片管，管外放热系数可以有不同的定义公式，可以以光管外表面为基准定义放热系数，也可以以翅片管外表面积为基准定义。为了研究方便，此处采用光管外表面积作为基准，即

$$\alpha = \frac{Q}{n\pi D_0 L(T_a - T_{w0})} \tag{27-5}$$

式中　Q——总放热量，W；

n——放热管子的根数；

$\pi D_0 L$——一支管的光管换热面积，m²；

T_a——空气平均温度，℃；

T_{w0}——光管外壁温度，℃；

α——单位为 W/(m²·℃)。

（4）如何测求翅片管束平均管外放热系数 α 是实验的关键。如果直接由式（27-5）来测求 α，势必要测量管壁平均温度 T_{w0}，这是一项很困难的任务。采用一种工程上更通用的方法，即威尔逊方法测求管外放热系数，这一方法的要点是先测求出传热系数，然后从传热阻中减去已知的各项热阻，即可间接地求出管外放热热阻和放热系数。即

$$\frac{1}{\alpha} = \frac{1}{K} - \frac{1}{\alpha_i} - R_w \tag{27-6}$$

式中　α_i——管内流体对管内壁的放热系数，可由已知的传热规律计算出来；

R_w——管壁的导热公式计算之；

K——翅片管的传热系数。

K 可由实验求出

$$K = \frac{Q}{n\pi D_0 L(T_v - T_a)} \qquad (27-7)$$

式中　T_v——管内流体的平均温度。

应当指出，当管内放热系数 $\alpha_i \gg \alpha$ 时，管内热阻 $\frac{1}{\alpha_i}$ 将远远地小于管外热阻 $\frac{1}{\alpha}$，这时，α_i 的某些计算误差将不会明显地影响管外放热系数 α 的大小。

（5）为了保证 α_i 有足够大的数值，一般实验管内需采用蒸汽冷凝放热的换热方式。本实验系统中，采用简易热管作为传热元件，将实验的翅片管做成简易热管的冷凝段，即简易热管内部的蒸汽在翅片管内冷凝，放出汽化潜热，透过管壁，传出翅片管外，这就保证了翅片管内的冷凝过程。这时，管内放热系数 α_i 可用 Nusselt 层流膜层凝结原理公式进行计算，即

$$\alpha_i = 1.88 \left(\frac{4\Gamma}{\mu}\right)^{-\frac{1}{3}} \left(\frac{\lambda^3 \rho^2 g}{\mu^2}\right)^{\frac{1}{3}} \qquad (27-8)$$

其中
$$\Gamma = \frac{Q}{rn\pi D_i} \qquad (27-9)$$

式中　Γ——单位冷凝宽度上的凝液量，kg/(s·m)；

　　　r——汽化潜热，J/kg；

　　　D_i——管子内径。

式（27-8）中第 2 个括号中物理量为凝液物性的组合。

圆筒壁的导热热阻为

$$R_w = \frac{1}{2\pi\lambda_w} \ln \frac{D_0}{D_i} \qquad (27-10)$$

应当注意，式（27-6）中的各项热阻都是以光管外表面积为基准的。

四、实验设备

实验的翅片管束安装在一台低速风洞中，实验装置和测试仪表如图 27-1 所示。试验装置由有机玻璃风洞、加热管件、风机支架、测试仪表等四部分组成。

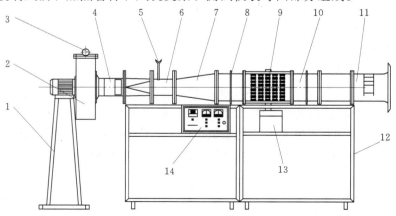

图 27-1　实验风洞系统简图

1—风机支架；2—风机；3—风量调节手轮；4—过渡管；5—测压管；6—测速段；

7—过渡管；8—管簇后测压管；9—实验管段；10—管簇前测压管；

11—吸入管；12—支架；13—加热元件；14—控制盘

有机玻璃风洞由带整流隔栅的入口段、整流丝网、平稳段、前测量段、工作段、后测量段、收缩段、测速段、扩压段等组成。工作段和前、后测量段的内部横截面积为300mm×300mm。工作段的管束及固定管板可自由更换。

试验管件由两部分组成：单纯翅片管和带翅片的简易试验热管，但外形尺寸是一样的，采用顺排排列，翅片管束的几何特点见表27-1。

表 27-1 翅片管束的几何特点

翅片管内径 D_i (mm)	翅片管外径 D_0 (mm)	翅片高度 H (mm)	翅片厚度 δ (mm)	翅片间距 B (mm)	横向管间距 P_t (mm)	纵向管间距 P_l (mm)	管排数 N
20	25.5	9.75	0.2	2.7	75	80	5

4 根简易试验热管组成一个横排，可以放在任何一排的位置上进行实验。一般放在第3 排的位置上，因为实验数据表明，自第 3 排以后，各排的放热系数基本保持不变。所以，这样测求的放热指数代表第 3 排及以后各排管的平均放热系数。

简易试验热管的加热段由专门的电加热器进行加热，电加热器的电功率由电流表、电压表进行测量。每一支热管的内部插入一支 E 型热电偶用以测量热管内冷凝段的蒸汽温度 T_v；电加热器的箱体上也安装一支热电偶，用以确定箱体的散热损失。热电偶的电动势也可由 UJ33a 型或 UJ36 型手动电位差计进行测量。

空气流的进出口温度由数显表配热电偶测量，也可用 0.1℃的玻璃管温度计进行测量，入口处安装一支，出口处可安装两支，以考虑出口截面上气流温度的不均匀性。空气流经翅片管束的压力降由斜倾式压差计测量，管束前后的静压测孔都是 4 个，均布在前后测量段的壁面上。空气流的速度和流量由安装在测速收缩段上的毕托管和倾斜式压差计测量。

五、实验步骤

（1）熟悉实验原理，实验设备。

（2）调试检查测温、测速、测热等各仪表，使其处于良好工作状态。

（3）将四排加热管上的接有热电偶的上盖拔出使其能够冒气即可。接通电加热器电源，将电功率控制在 2～3kW 之间，加热至四排加热管均有水蒸气冒出后，盖上接有热电偶的上盖，开动引风机。注意：

1）盖上接有热电偶的上盖时，不要让水蒸气烫着手。

2）引风机需在空载或很小的开度下启动。

（4）调整引风机的阀门来控制实验工况的空气流速，一般空气风速应从小到大逐渐增加。实验中，根据毕托管压差读值，可改变 6～7 个风速值，这样，就有 6～7 个实验工况。

（5）在每一个实验工况下，待确认设备处于稳定状态后，进行所有物理量的测量和记录，将测量的数值记录到预先准备好的数据记录表格中。

（6）进行实验数据的计算和整理，将结果逐项记入数据整理表格中。在整理数据时，可以用手算程序，也可以用预先安排好的计算机程序。

（7）对实验结果进行分析和讨论。

应注意，当所有工况的测量结束以后，应先切断电加热器电源，待 10min 之后，再关停引风机。

六、数据整理

数据的整理可按下述步骤进行。

（1）算风速和风量。测量截面的风速

$$U_{测} = \sqrt{\frac{2g\Delta h}{\rho}} \qquad (27-11)$$

式中　Δh——压差，mmH_2O 或 $kg \cdot f/m^2$；

　　　ρ——空气密度，kg/m^3。

单位换算关系数 $\qquad\qquad g = 9.8\,\dfrac{kgm}{kgfs^2}$

故得出速度的单位为 m/s。

风量 $\qquad\qquad\qquad M_a = U_{测} F_{测}\, \rho_{测}$

其中：测量截面积 $F_{测} = 0.3m \times 0.3m$，测量截面处的密度由出口空气温度 T_{a2} 确定。

（2）空气侧吸热量

$$Q_1 = M_a C_{pa}(T_{a2} - T_{a1}) \qquad (27-12)$$

（3）电加热器功率

$$Q_2 = IV$$

（4）加热器箱体散热。因箱体温度很低，散热量小，可由自然对流计算

$$Q_3 = \alpha_c F_b (T_w - T_0)$$

式中　α_c——自然对流散热系数，可近似取 $\alpha_c = 5W/(m^2 \cdot ℃)$ 进行计算；

　　　F_b——箱体散热面积（实测）；

　　　T_w——箱体温度；

　　　T_0——环境温度。

（5）计算热平衡误差

$$\Delta = \frac{Q_1 - (Q_2 - Q_3)}{Q_1} \qquad (27-13)$$

（6）计算翅片管束最窄流通截面处的流速和质量流速

$$U_m = \frac{U_{测}\, F_{测}}{F_{窄}} \quad m/s$$

$$G_m = U_m \rho \quad kg/(m^2 \cdot s)$$

（7）计算 R_e 数

$$R_e = \frac{D_0 G_m}{\mu}$$

（8）计算传热系数

$$K = \frac{Q_1}{n\pi D_0 L(T_v - T_a)} \quad W/(m^2 \cdot ℃) \qquad (27-14)$$

（9）计算管内凝结液膜放热系数。由式（27-8）进行计算，对于以水为工质的热管，

液膜物性值都是管内温度 T_v 的函数，因此，式（27-8）可简化为

$$\alpha_i = (245623 + 3404T_v - 9.677T_v^2)\left(\frac{Q_1}{nD_i}\right)^{-\frac{1}{3}} \qquad (27-15)$$

（10）计算管壁热阻，由式（27-9）计算。

（11）由式（27-6）计算管外放热系数。

（12）计算 $Nu = \dfrac{\alpha D_i}{\lambda}$。

（13）在双对数坐标纸上标绘 Nu—Re 关系曲线，并求出其系数和指数。也可由计算机程序求 Nu—Re 的回归方程。

此外，空气流过管束的阻力 ΔP 一般随 Re 数的增加而急剧增加，同时，与流动方向上的管排数成正比，一般用式（27-16）表示

$$\Delta P = f\frac{NG_m^2}{2g\rho} \qquad (27-16)$$

式中　f——摩擦系数。

在几何条件固定的条件下，f 仅仅是 Re 数的函数，即

$$f = CRe^m \qquad (27-17)$$

式（27-17）中的系数 C 和指数 m 可由实验数据在双对数坐标上确定。

七、讨论

（1）测求的管外放热系数 α 包括了几部分热阻？

（2）所求实验公式的应用条件和范围是什么？应用威尔逊方法需保证什么条件？

（3）每支实验热管的管内温度 T_v 不尽相同，这对放热系数 α 的精确性有何影响？

（4）分析实验误差原因和改进措施。

（5）通过实验，掌握了哪些实验技能？巩固了哪些基本概念？

八、附记

（1）本实验所需实验时数大约 6 学时。在进行充分预习实验指导书的条件下，实验约 4 学时，数据整理 2 学时。

（2）实验应用的基础知识较多，要在课程的后期进行安排。

（3）因为本实验台的实验元件都是可以更换的，可以满足各种不同的实验要求，因而也适用于研究性的实验研究，也可为工业传热元件进行性能标定。

实验二十八　雷 诺 数 实 验

一、实验目的

（1）观察液体在不同流动状态时流体质点的运动规律。

（2）观察流体由层流变紊流及由紊流变层流的过渡过程。

（3）测定液体在圆管中流动时的下临界雷诺数 Re_{c2}。

二、实验原理及实验设备

1. 实验原理

流体在管道中流动，有两种不同的流动状态，其阻力性质也不同。在实验过程中，保

持水箱中的水位恒定，即水头 H 不变。如果管路中出口阀门开启较小，在管路中就有稳定的平均速度 V，微开红色水阀门，这时红色水与自来水同步在管路中沿轴线向前流动，红色水呈一条红色直线，其流体质点没有垂直于主流方向的横向运动，管内红色直线没有与周围的液体混杂，层次分明地在管道中流动。此时，在流速较小而黏性较大和惯性力较小的情况下运动，为层流运动。如果将出口阀门逐渐开大，管路中的红色直线出现脉动，流体质点还没有出现相互交换的现象，流体的流动呈临界状态。如果将出口阀门继续开大，出现流体质点的横向脉动，使红色线完全扩散与自来水混合，此时流体的流动呈紊流运动。

雷诺用实验说明流动状态不仅和流速 v 有关，还和管径 d、流体的动力粘滞系数 μ、密度 ρ 有关。以上四个参数可组合成一个无因次数，叫做雷诺数，用 Re 表示。

雷诺数

$$Re = \frac{\rho V d}{\mu} = \frac{V d}{\nu} \qquad (28-1)$$

根据连续方程

$$AV = Q, V = \frac{Q}{A} \qquad (28-2)$$

流量 Q 用体积法测出，即在 Δt 时间内流入计量水箱中流体的体积 ΔV

$$Q = \frac{\Delta V}{\Delta t} \qquad (28-3)$$

$$A = \frac{\pi d^2}{4} \qquad (28-4)$$

式中　A——管路的横截面积；

　　　d——管路直径；

　　　V——流速；

　　　ν——水的黏度。

2. 实验设备

雷诺数及文丘里流量计，如图 28-1 所示。

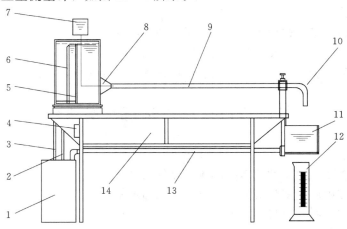

图 28-1　雷诺数及文丘里流量计实验台

1—水箱及潜水泵；2—上水管；3—溢流管；4—电源；5—整流栅；6—溢流板；7—墨盒；
8—墨针；9—实验管；10—调节阀；11—接水箱；12—量杯；13—回水管；14—实验桌

三、实验步骤

（1）准备工作：将水箱充水至隔板溢流流出，将进水阀门关小，继续向水箱供水，以保持水位高度 H 不变。

（2）缓慢开启阀门，使玻璃管中水稳定流动，并开启红色阀门，使红色水以微小流速在玻璃管内流动，呈层流状态。

（3）开大出口阀门，使红色水在玻璃管内的流动呈紊流状态，再逐渐关小出口阀门，观察玻璃管中出口处的红色水刚刚出现脉动状态但还没有变为层流时，测定此时的流量。重复三次，即可算出下临界雷诺数。

四、数据记录及处理

1. 数据记录

数据记录见表 28 - 1。

表 28 - 1　　　　　　　　　　　　　数 据 记 录 表

次数	ΔV （m³）	T （s）	Q （m³/s）	V_c （m/s）	Re_{c2}
1					
2					
3					

$D=$ _____ mm　水温 ＝ _____ ℃

2. 数据处理

$$Re_{c2} = \frac{V_c d}{\nu}$$

实验二十九　文丘里流量计实验

一、实验目的

（1）熟悉伯努利方程和连续方程的应用。

（2）测定文丘里流量计的流量系数。

二、实验原理

如图 29 - 1 所示为一文丘里管。文丘里管前 1—1 断面及喉管处 2—2 断面，该两处截面面积分别为 A_1、A_2，两处流速分别为 V_1、V_2。

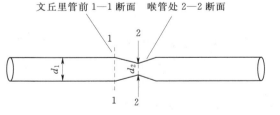

文丘里管前 1—1 断面　喉管处 2—2 断面

图 29 - 1　文丘里管

当理想不可压流体定常地流经管道时，列 1、2 两截面的伯努利方程为

$$\frac{P_1}{\gamma} + \frac{V_1^2}{2g} = \frac{P_2}{\gamma} + \frac{V_2^2}{2g} \tag{29 - 1}$$

连续方程为

$$A_1 V_1 = A_2 V_2 \tag{29 - 2}$$

由式（29-2）可得

$$V_2 = \left(\frac{d_1}{d_2}\right)^2 V_1$$

将 V_2 代入式（29-1），解出 V_1 为

$$V_1 = \sqrt{\frac{2g}{\left(\frac{d_1}{d_2}\right)^4 - 1} \frac{P_1 - P_2}{\gamma}}$$

如将静压 P_1 和 P_2 用液柱高度 h_1、h_2 表示，则有

$$P_1 = \gamma h_1, \quad P_2 = \gamma h_2, \quad h_1 - h_2 = \Delta h$$

代入上式则有

$$V_1 = \sqrt{\frac{2g\Delta h}{\left(\frac{d_1}{d_2}\right)^4 - 1}} \tag{29-3}$$

通过文丘里管的理论流量为

$$Q' = V_1 A_1 = \frac{\pi}{4} d_1^2 \sqrt{\frac{2g\Delta h}{\left(\frac{d_1}{d_2}\right)^4 - 1}}$$

考虑到实际流体在流动过程中有损失及其他一些因素的影响，上式应乘以一个修正系数 C_d，得到实际流量计算式为

$$Q = C_d \frac{\pi}{4} d_1^2 \sqrt{\frac{2g\Delta h}{\left(\frac{d_1}{d_2}\right)^4 - 1}} \tag{29-4}$$

式中　C_d——流量系数（无因次），一般 $C_d < 1$；

　　　　d_1——文丘里管直管段直径，20mm；

　　　　d_2——文丘里管喉部（最小截面处）直径，7mm；

　　　　Δh——测压管水柱差。

三、实验设备

雷诺数及文丘里流量计实验台见图 29-2。

四、实验方法与步骤

（1）测记各有关常数。

（2）打开水泵，调节进水阀门，全开出水阀门，使压差达到测压计可测量的最大高度。

（3）测读压差，同时用体积法测量流量。

（4）逐次关小调节阀，改变流量 7～9 次，注意调节阀门应缓慢。

（5）把测量值记录在实验表格内，并

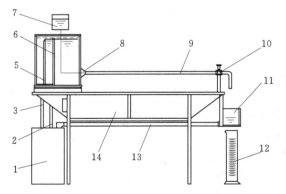

图 29-2　雷诺数及文丘里流量计实验台

1—水箱及潜水泵；2—上水管；3—溢流管；4—电源开关；
5—溢流板；6—整流栅；7—墨盒；8—实验管段；
9—文丘里管；10—调节阀；11—接水箱；
12—量杯；13—回水管；14—实验桌

进行有关计算。

（6）如测管内液面波动时，应取平均值。

五、实验结果

已知数据及计算公式

$d_1 = 14mm$，$d_2 = 8mm$，$t = $ _____ ℃，$\nu = $ _____ m^2/s（由温度查表）

计量水箱长度 $A = 20cm$，计量水箱宽度 $B = 20cm$。

$$V_1 = \frac{Q}{A_1} = \frac{4Q}{\pi d_1^2} \qquad （流量用体积法测出）$$

$$R_e = \frac{V_1 d_1}{\nu}$$

$$C_d = \frac{Q}{Q'}$$

$$\Delta h = \bar{h}_3 - \bar{h}_4$$

结果填入表 29-1 和表 29-2。

表 29-1 流量测量数据表

次数	水箱长度（m）	水箱宽度（m）	计量高度（m）	测量时间（s）	测量体积（m³）	测量流量 Q（m³/s）
1						
2						
3						
4						
5	0.2	0.2				
6						
7						
8						
9						

表 29-2 数据记录及计算表

次数	R_e	$\bar{h}_1$	$\bar{h}_2$	$\bar{h}_3$	$\bar{h}_4$	$\bar{h}_5$	$\bar{h}_6$	Δh（mm）	计算流量 Q'（m³/s）	流量系数 C_d
1										
2										
3										
4										
5										
6										
7										
8										
9										

W 取文丘里管流量系数 C_d 的平均值得：$\bar{C}_d = $ _____ 。

实验三十 沿程水头损失实验

一、实验目的

（1）掌握管道沿程阻力系数 λ 的测量技术。

（2）通过测定不同雷诺数 Re 时的沿程阻力系数 λ，从而掌握 λ 与 Re 等的影响关系。

二、实验设备

实验设备见图 30-1。

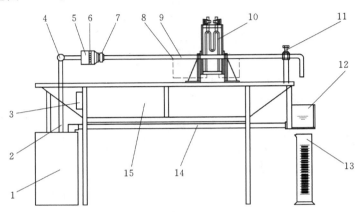

图 30-1 实验设备

1—水箱（内置潜水泵）；2—供水管；3—电源；4—供水分配管；5—稳压筒；6—整流栅板；

7—更换活节；8—测压嘴；9—实验管道；10—差压计；11—调节阀门；

12—调整及计量水箱；13—量杯；14—回水管；15—实验桌

三、实验原理

实际（黏性）流体流经管道时，由于流体与管壁以及流体本身的内部摩擦，使得流体能量沿流动方向逐渐减少，损失的能量称为沿程阻力损失。

影响沿程阻力损失的因素有管长 L、管径 d、管壁粗糙度 Δ、流体的平均流速 V、密度 ρ、黏度 μ 以及流态等。由于黏性流体的复杂性，只用数学分析方法是很难找出它们之间的关系式的，必须配以实验研究和半经验理论。根据量纲分析方法，得出的沿程阻力损失 h_f 表达式为

$$h_f = f\left(Re, \frac{\Delta}{d}\right)\frac{L}{d}\frac{V^2}{2g} \tag{30-1}$$

令

$$\lambda = f\left(Re, \frac{\Delta}{d}\right)$$

则有

$$h_f = \lambda \frac{L}{d}\frac{V^2}{2g} \tag{30-2}$$

式中　λ——沿程阻力系数，$\lambda = f\left(Re, \dfrac{\Delta}{d}\right)$ 表示 λ 是雷诺数 Re 和管壁相对粗糙度 Δ/d 的函数。

用差压计测出 h_f；用体积法测得流量，并算出断面平均流速 V，即可求得沿程阻力系数 λ。

四、实验步骤及要求

（1）本实验设备共有粗、中、细不同管径的三组实验管，每组做 6 个实验点。

（2）本实验设备共有粗、中、细不同管径的三组实验管，可选其中一根管组进行实验，每组做 6 个实验点。

（3）把不进行实验管组的进水阀门关闭。

（4）开启实验管组的进水阀门，使压差达到最大高度，作为第一个实验点。

（5）测读水柱高度，并计算高度差。

（6）用体积法测量流量，并测出水温。

（7）做完第一个点后，再逐次减小进水阀门的开度，依次做其他实验点。

（8）做完一根管组后，其他管组可按上述步骤进行实验。

（9）将粗、中、细管道的实验点制成 $\lg Re$—$\lg 100\lambda$ 曲线。

五、实验数据及处理

1. 记录有关常数

粗管 $d_1 = 0.02$m，中管 $d_2 = 0.014$m，细管 $d_3 = 0.010$m，三管的长度 $L_1 = L_2 = L_3 =$ 1m。实验过程中：水温 $t = $ _____℃，黏度 $\mu = $ _____ m^2/s，水的密度 $\rho = $ _____ kg/m^3。

2. 记录测量值（表 30 - 1）

表 30 - 1　　　　　　　　　　流 量 测 量 数 据 表

类别	次数	水箱长度 (m)	水箱宽度 (m)	计量高度 (m)	测量时间 (s)	测量体积 (m³)	测量流量 Q (m³/s)
粗管	1	0.2	0.2				
	2						
	3						
	4						
	5						
	6						
中管	1	0.2	0.2				
	2						
	3						
	4						
	5						
	6						
细管	1	0.2	0.2				
	2						
	3						
	4						
	5						
	6						

3. 数据计算（表 30 - 2）

表 30 - 2　　　　　　　　　　　　　　数 据 计 算 表

类别	次数	h_1 (m)	h_2 (m)	Δh_{Hg} (m)	Δh_{H_2O} (m)	T (s)	Q (m³/s)	V (m/s)	Re	lgRe	λ	lg100λ
粗管	1											
	2											
	3											
	4											
	5											
	6											
中管	1											
	2											
	3											
	4											
	5											
	6											
细管	1											
	2											
	3											
	4											
	5											
	6											

4. 绘制曲线

依据表 30 - 2 中的数据绘制出 lgRe—lg100λ 曲线。

六、结果分析及思考题

依据 lgRe—lg100λ 曲线进行分析。

（1）如在同一管道中以不同液体进行实验，当流速相同时，其水头损失是否相同？

（2）若同一流体经两个管径相同、管长相同，而粗糙度不同的管路，当流速相同时，其水头损失是否相同？

（3）有两根直径、长度、绝对粗糙度相同的管路，输送不同的液体，当两管道中液体雷诺数相同时，其水头损失是否相同？

为实验方便，附上水的黏度与温度关系表，见表 30 - 3。

表 30 - 3　　　　　　　　　　　　　　　　水的黏度与温度的关系表

温度 (℃)	μ ($\times 10^3$ Pa·s)	ν ($\times 10^6$ m²/s)	温度 (℃)	μ ($\times 10^3$ Pa·s)	ν ($\times 10^6$ m²/s)
0	1.792	1.792	40	0.656	0.661
5	1.519	1.519	45	0.599	0.605
10	1.308	1.308	50	0.549	0.556
15	1.140	1.141	60	0.469	0.477
20	1.005	1.007	70	0.406	0.415
25	0.894	0.897	80	0.357	0.367
30	0.801	0.804	90	0.317	0.328
35	0.723	0.727	100	0.284	0.296

实验三十一　气体定压比热测定实验

一、实验目的

（1）了解气体比热测定装置的基本原理和构思。

（2）熟悉本实验中的测温、测压、测热、测流量的方法。

（3）掌握由基本数据计算出比热值和求得比热公式的方法。

（4）分析本实验中产生误差的原因及减小误差的可能途径。

二、实验装置及原理

1. 实验装置

如图 31-1 所示，本实验装置由流量计、比热仪本体、电功率调节器及测量系统四部分组成。其中比热仪本体包括多层杜瓦瓶、电加热器、均流网、绝热垫、旋流片、混流网及出口温度计，如图 31-2 所示。

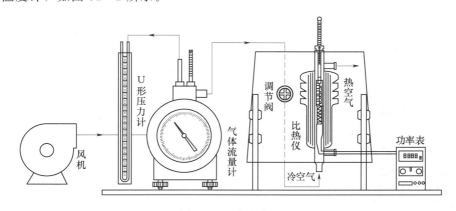

图 31-1　实验装置

2. 实验原理

实验时被测空气（也可以是其他气体）由风机经流量计送入比热仪主体，经加热、均流、旋流、混流后流出，在此过程中，分别测定：

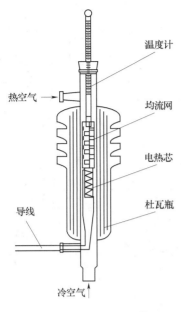

温度计

热空气 →

均流网

电热芯

杜瓦瓶

导线

冷空气 ↑

图 31-2 比热仪本体

（1）气体在流量计出口处的干、湿球温度 t_0、t_w。

（2）气体流经比热仪主体的进、出口温度 t_1、t_2。

（3）气体的体积流量 $\dot{V}$。

（4）电热器的输入功率 W。

（5）实验时相应的大气压力 B。

（6）流量计出口处的表压 Δh。

有了这些数据，并查用相应的物性参数表，即可计算出被测气体的定压比热 C_P（气体的流量由节流阀控制，气体的出口温度由输入电热器的功率调节，本比热仪可测定 300℃ 以下气体的定压比热）。

三、实验步骤和数据处理

（1）接通电源和测量仪表，选择所需要的出口温度计插入混流网的凹槽中。

（2）摘下流量计上的温度计，开动风机，调节节流阀，使流量保持在额定值附近。测出流量计出口处的干球温度 t_0 和湿球温度 t_w。

（3）将温度计插回流量计，调节节流阀，使流量保持在额定值附近，逐渐提高电热器功率，使出口温度升至预计温度，可以根据下式预先估计所需电功率

$$W = 12 \frac{\Delta t}{\tau}$$

式中 W——电热器输入电功率，W；

Δt——进、出口气体温度差，℃；

τ——每流过 10L 空气所需时间，s。

（4）待出口温度稳定后（出口温度在 10min 内无变化或只有微小变化，即可视为稳定）读出下列数据：

1）每 10L 空气通过流量计所需时间（τ，s）。

2）比热仪的出口温度（t_2，℃）。

3）比热仪的进口温度（t_1，℃）。

4）当时大气压力（B，mmHg）。

5）流量计出口处的表压（Δh，mmH$_2$O）。

6）电热器的输入功率（W，W）。

（5）根据流量计出口处空气的干、湿球温度，从湿空气的干湿图中查出含湿量（d，g/kg 干空气）并根据下式计算出水蒸气的压力成分

$$r_w = \frac{\dfrac{d}{622}}{1 + \dfrac{d}{622}}$$

（6）根据电热器消耗的电功率，可算出电热器单位时间内放出的热量

$$\dot{Q} = \frac{W}{4.1868 \times 1000} \quad \text{kJ/s}$$

（7）干空气（质量）流量为

$$\dot{G}_{\mathrm{g}} = \frac{(1-r_{\mathrm{w}})\left(B+\dfrac{\Delta h}{13.6}\right)\times\dfrac{10^4}{735.56}\times\dfrac{10}{1000\tau}}{29.27(t_0+273.15)} = \frac{4.6447\times10^{-3}(1-r_{\mathrm{w}})\left(B+\dfrac{\Delta h}{13.6}\right)}{\tau(t_0+273.15)} \quad \mathrm{kg/s}$$

（8）水蒸气（质量）流量为

$$\dot{G}_{\mathrm{w}} = \frac{r_{\mathrm{w}}\left(B+\dfrac{\Delta h}{13.6}\right)\times\dfrac{10^4}{735.56}\times\dfrac{10}{1000\tau}}{47.06(t_0+273.15)} = \frac{2.8889\times10^{-3}r_{\mathrm{w}}\times\left(B+\dfrac{\Delta h}{13.6}\right)}{\tau(t_0+273.15)} \quad \mathrm{kg/s}$$

（9）水蒸气所吸收的热（流）量为

$$\dot{Q}_{\mathrm{w}} = \dot{G}_{\mathrm{w}}\int_{t_1}^{t_2}(0.4404+0.0001167t)\mathrm{d}t$$

$$= \dot{G}_{\mathrm{w}}\left[0.4404(t_2-t_1)+0.00005835(t_2^2-t_1^2)\right] \quad \mathrm{kcal/s}$$

（10）干空气的定压比热为

$$C_{\mathrm{p}} = \frac{\dot{Q}_{\mathrm{g}}}{\dot{G}_{\mathrm{g}}(t_2-t_1)} = \frac{\dot{Q}-\dot{Q}_{\mathrm{w}}}{\dot{G}_{\mathrm{g}}(t_2-t_1)} \quad \mathrm{kJ/(kg\cdot ℃)}$$

＊疑难解答

1. 公式及数据

（1）$1\mathrm{J}=0.24\mathrm{cal}$，$1\mathrm{cal}=4.1868\mathrm{J}$，$1\mathrm{kcal}=1000\mathrm{cal}=1$ 千卡

（2）$1\mathrm{mmHg}=13.6\mathrm{mmH_2O}$，1 工程大气压 $1\mathrm{at}=735.6$，$\mathrm{mmHg}=10^4\mathrm{kgf/m^2}$

（3）通用气体常数　$R_{\mathrm{m}}=8314.3\mathrm{J/(kmol\cdot K)}$

重力加速度　$g=9.80665\mathrm{m/s^2}$

干空气分子量　$u=28.97\mathrm{kg/kmol}$

水蒸气分子量　$u=18\mathrm{kg/kmol}$

那么：

1kg 干空气气体常数

$$R = \frac{R_{\mathrm{m}}}{u} = \frac{8314.3}{28.97} = 287.05\mathrm{J/(kg\cdot K)} = \frac{287.05}{9.806} = 29.27\left[\mathrm{kgf\cdot m/(kg\cdot K)}\right]$$

1kg 水蒸气气体常数

$$R = \frac{R_{\mathrm{m}}}{u} = \frac{8314.3}{18} = 461.5\mathrm{J/(kg\cdot K)} = \frac{461.5}{9.806} = 47.062\left[\mathrm{kgf\cdot m/(kg\cdot K)}\right]$$

2. r_{w} 推导

其定义式为

$$d = 1000\frac{m_{\mathrm{w}}}{m_{\mathrm{a}}} = 1000\frac{\varrho_{\mathrm{w}}}{\rho_{\mathrm{a}}}$$

因为

$$P_{\mathrm{w}}V = m_{\mathrm{w}}R_{\mathrm{w}}T \qquad m_{\mathrm{w}} = \frac{P_{\mathrm{w}}V}{R_{\mathrm{w}}T}$$

所以

$$P_{\mathrm{a}}V = m_{\mathrm{a}}R_{\mathrm{a}}T \qquad m_{\mathrm{a}} = \frac{P_{\mathrm{a}}V}{R_{\mathrm{a}}T}$$

$$d = 1000\frac{m_{\mathrm{w}}}{m_{\mathrm{a}}} = 1000\frac{P_{\mathrm{w}}VR_{\mathrm{a}}T}{R_{\mathrm{w}}TP_{\mathrm{a}}V} = 1000\frac{P_{\mathrm{w}}}{P_{\mathrm{a}}}\frac{R_{\mathrm{a}}}{R_{\mathrm{w}}} = 1000\frac{u_{\mathrm{w}}}{u_{\mathrm{a}}}\frac{P_{\mathrm{w}}}{P_{\mathrm{a}}}$$

又

$$u_{\mathrm{w}} = 18.06\mathrm{kg/kmol} \qquad u_{\mathrm{a}} = 28.97\mathrm{kg/kmol}$$

故
$$d = 1000 \times \frac{18.06}{28.97} \frac{P_\mathrm{w}}{P_\mathrm{a}} \approx 622 \frac{P_\mathrm{w}}{P_\mathrm{a}}$$

由于
$$P_\mathrm{a} + P_\mathrm{w} = P_{总} = B + \Delta h \tag{31-1}$$

$$d = 622 \frac{P_\mathrm{w}}{P_\mathrm{a}} \tag{31-2}$$

式（31-1）和式（31-2）联立求解可得

$$P_\mathrm{w} = \frac{\dfrac{d}{622}}{1 + \dfrac{d}{622}} \times (B + \Delta h) \quad 即水蒸气的压力成分为：$$

$$r_\mathrm{w} = \frac{\dfrac{d}{622}}{1 + \dfrac{d}{622}} , P_\mathrm{a} = \left(1 - \frac{\dfrac{d}{622}}{1 + \dfrac{d}{622}} \right) \times (B + \Delta h)$$

即干空气的压力成分为：

$$r_\mathrm{a} = 1 - \frac{\dfrac{d}{622}}{1 + \dfrac{d}{622}}$$

实验三十二　阀门局部阻力系数的测定实验

一、实验目的

（1）掌握管道沿程阻力系数和局部阻力系数的测定方法。

（2）了解阻力系数在不同流态，不同雷诺数下的变化情况。

（3）测定阀门不同开度时（全开、约30°、约45°三种）的阻力系数。

（4）掌握三点法、四点法量测局部阻力系数的技能。

二、实验仪器

实验仪器见图32-1。

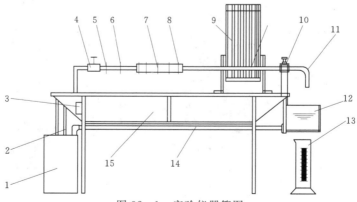

图32-1　实验仪器简图

1—水箱；2—供水管；3—水泵开关；4—进水阀门；5—细管沿程阻力测试段；6—突扩；
7—粗管沿程阻力测试段；8—突缩；9—测压管；10—实验阀门；11—出水调节阀门；
12—计量箱；13—量筒；14—回水管；15—实验桌

三、阀门阻力实验原理

阀门阻力实验原理见图 32 - 2。

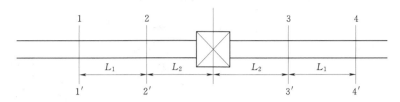

图 32 - 2　阀门的局部水头损失测压管段

对 1—1′、4—4′两断面列能量方程式，可求得阀门的局部水头损失及 2（L_1+L_2）长度上的沿程水头损失，以 h_{w1} 表示之，则

$$h_{w1}=\frac{p_1-p_4}{\gamma}=\Delta h_1$$

对 2—2′、3—3′两断面列能量方程式，可求得阀门的局部水头损失及（L_1+L_2）长度上的沿程水头损失，以 h_{w2} 表示之，则

$$h_{w2}=\frac{p_2-p_3}{\gamma}=\Delta h_2$$

所以阀门的局部水头损失 h_1 应为

$$h_1=2\Delta h_2-\Delta h_1$$

亦即

$$\xi\frac{v^2}{2g}=2\Delta h_2-\Delta h_1$$

故阀门的局部水头损失系数为

$$\xi=(2\Delta h_2-\Delta h_1)\frac{2g}{v^2}$$

式中　v——管道的平均流速。

四、实验步骤及要求

（1）本实验共进行三组实验：阀门全开、开启 30°、开启 45°，每组实验做三个实验点。

（2）开启进水阀门，使压差达到测压计可量测的最大高度。

（3）测读压差，同时用体积法量测流量。

（4）每组三个实验点和压差值不要太接近。

（5）绘制 $d=f(\xi)$ 曲线。

五、实验数据及处理

1. 数据记录与计算（表 32 - 1）

2. 绘制曲线

依据表 32 - 1 中的数据绘制出 $d=f(\xi)$ 曲线。

表 32 - 1　　　　　　　　　阀门局部阻力系数的测定实验数据表

阀门开度	次数	h_1 (cm)	h_2 (cm)	Δh_1 (cm)	h_1 (cm)	h_2 (cm)	Δh_2 (cm)	$2\Delta h_2 - \Delta h_1$ (cm)	W (cm³)	T (s)	Q (cm³/s)	V (cm/s)	ξ
全开	1												
	2												
	3												
30°	1												
	2												
	3												
45°	1												
	2												
	3												

六、问题讨论

（1）同一开度，不同流量下，ξ 值应为定值亦或变值，为什么？

（2）不同开度时，如把流量调至相等，ξ 值是否相等？

实验三十三　突扩突缩局部阻力损失实验

一、实验目的

（1）掌握三点法、四点法量测局部阻力系数的技能。

（2）通过对圆管突扩局部阻力系数的表达公式和突扩突缩局部阻力系数的经验公式的实验验证与分析，熟悉用理论分析法和经验法建立函数式的途径。

（3）加深对局部阻力损失机理的理解。

二、实验原理

如图 33 - 1 所示，写出局部阻力前后两断面的能量方程，根据推导条件，扣除沿程水头损失可得如下方程。

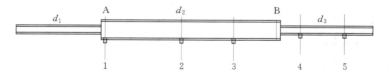

图 33 - 1　突扩突缩的局部水头损失测压管段

1. 突然扩大

采用三点法计算，A 点为突扩点。下式中 h_{f1-2} 由 h_{f2-3} 按流长比例换算得出

$$h_{ie} = [(Z_1 + P_1/\gamma) + au_1^2/2g] - [(Z_2 + P_2/\gamma) + au_2^2/2g] + h_{f1-2}$$

$$\xi_e = h_{ie}/(au_1^2/2g)$$

理论　　　　　　　　　　　　　　$$\xi_e = (1 - A_1/A_2)^2$$

$$h_{ie} = \xi_e = (1 - A_1/A_2)^2 = au_1^2/2g$$

2. 突然缩小

采用四点法计算，下式中 B 点为突缩点，h_{f3-B} 由 H_{f2-3} 换算得出，h_{fB-4} 由 h_{f4-5} 换算

得出。

实测

$$h_{fs} = \left[(Z_3 + P_3/\gamma) + au_3^2/2g\right] - h_{f3-B} - \left[(Z_4 + P_4/\gamma) + au_4^2/2g\right] + h_{fB-4}$$

$$\xi_s = \frac{h_{fs}}{au_4^2/2g}$$

经验

$$\xi_s = 0.5(1 - A_4/A_3)$$

$$h_{is} = \xi_{ss} = au_4^2/2g$$

三、实验方法与步骤

（1）测记实验有关常数。

（2）打开水泵，排出实验管道中滞留气体及测压管气体。

（3）打开出水阀至最大开度，等流量稳定后，测记测压管读数，同时用体积法计量流量。

（4）打开出水阀开度 3～4 次，分别测记测压管读数及流量。

四、实验原始数据记录

1. 有关常数记录表（表 33-1）

表 33-1　　　　　　　　　　　　　有 关 常 数 记 录 表

管径 d_1（cm）		管径 d_2（cm）		管径 d_3（cm）	
$l_{1-2} =$ 　　cm		$l_{2-3} =$ 　　cm		$l_{3-B} =$ 　　cm	
$l_{B-4} =$ 　　cm		$l_{4-5} =$ 　　cm			
$\zeta'_e = \left(1 - \dfrac{A_1}{A_2}\right)^2$			$\zeta'_s = 0.5\left(1 - \dfrac{A_5}{A_3}\right)$		

2. 实验数据记录与计算（表 33-2、表 33-3）

表 33-2　　　　　　　　　　　　　实 验 数 据 计 算 表

次序	流量（cm³/s）			测压管读数（cm）					
	体积	时间	流量	1	2	3	4	5	6

表 33 - 3 实 验 数 据 计 算 表

阻力形式	次序	流量 (cm^3/s)	前断面		后断面		h_j (cm)	ξ	h_1 (cm)
			$\dfrac{av^2}{2g}$ (cm)	E (cm)	$\dfrac{av^2}{2g}$ (cm)	E (cm)			
突然扩大									
突然缩小									

五、实验分析与讨论

（1）分析比较突扩与突缩在相应条件下的局部损失大小关系。

（2）结合流动演示的水力现象，分析局部阻力损失机理和产生突扩与突缩局部阻力损失的主要部位在哪里？怎样减小局部阻力损失？

六、注意要点

（1）本实验台的实验有几种算法，请讲课教师根据具体情况，选择计算方式。

（2）本实验指导书仅提供给所购设备的任课教师参考。

实验三十四　液体导热系数测定实验

一、实验目的

（1）用稳态法测量液体的导热系数。

（2）了解实验装置的结构和原理，掌握液体导热系数的测试方法。

二、工作原理

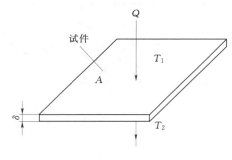

图 34 - 1　工作原理图

如图 34 - 1 所示，平板试件（这里是液体层）的上表面受一个恒定的热流强度 q 均匀加热

$$q = Q/A \quad W/m^2 \qquad (34-1)$$

根据傅立叶单向导热过程的基本原理，单位时间通过平板试件面积 A 的热流量 Q 为

$$Q = \lambda \left(\frac{T_1 - T_2}{\delta} \right) A \quad W \qquad (34-2)$$

从而，试件的导热系数 λ 为

$$\lambda = \frac{Q\delta}{A(T_1 - T_2)} \quad W/(m \cdot K) \qquad (34-3)$$

式中　A——试件垂直于导热方向的截面积，m^2；

　　　T_1——被测试件热面温度，℃；

T_2——被测试件冷面温度，℃；

δ——被测试件导热方向的厚度，m。

三、实验装置

装置如图 34-2 所示，主要由循环冷却水槽、上下均热板、测温热器件及其温度显示部分、液槽等组成。

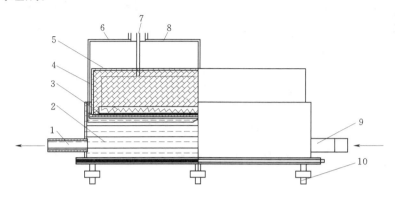

图 34-2 实验装置简图

1—循环水出口；2—均流循环水槽；3—被测液体；4—加热热源；5—绝热保温材料；

6—冷面测温器件；7—加热电源；8—热面测温器件；

9—循环水进口；10—调整水准的螺丝

为了尽量减少热损失，提高测试精度，本装置采取以下措施：

（1）设隔热层，使绝大部分热量只向下部传导。

（2）为了减小由于热量向周围扩散所引起的误差，取电加热器中心部分（直径 $D = 0.15\text{m}$）作为热量的测量和计算部分。

（3）在加热器底部设均热板，以使被测液体热面温度（T_1）更趋均匀。

（4）设循环冷却水槽，以使被测液体冷面温度（T_2）恒定（与水温接近）。

（5）被测液体的厚度 δ 是通过放在液槽中的垫片来确定的，为防止液体内部对流传热的发生，一般取垫片厚度 $\delta \leqslant 2 \sim 3\text{mm}$ 为宜。

四、实验步骤

（1）将选择好的三块垫片按等腰三角形均匀地摆放在液槽内（约为均热板接近边缘处）。

（2）将被测液体缓慢地注入液槽中，直至淹没垫片约 0.5mm 为止，然后旋转装置底部的调整螺丝，并观察被测液体液面，应是被测液体液面均匀淹没三块垫片。

（3）将上热面加热器轻轻放在垫片上。

（4）连接温度计及加热电源插头。

（5）接通循环冷却水槽上的进出水管，并调节水量。

（6）接通电源，拉出 电压设定 电位器，显示屏出现 显示设定电压 ，并显示已设定电压值。如不调整可推进 电压设定 即可。如要调整约等 5s 后屏幕显示 修改设定电压 时可调整电压到其预定值（电压最大值 30V）后推进 电压设定 即可。

拉出 温度设定 电位器，显示出现 显示设定温度，并显示已设定最高温度。调整方法同 电压设定（注意热面温度不得高于被测液体的闪点温度）。当热面温度加热到设定温度时本机将会自动停止加热。

（7）按下 启动/停止 键。启动/停止 键指示灯亮，加热电源输出。再按 启动/停止 键，启动/停止 键指示灯暗，加热电源停止输出。水泵 键操作方法同 启动/停止 键。

（8）按钮功能。

按 功能/确认 键后显示如下：

请选择
选择自动换屏
换屏时间设定

按 +/选择 键，选择自动换屏 或 换屏时间设定。如选 选择自动换屏，按 功能/确认 键显示如下：

按 +/选择 键，选择单项数据 或 选择全部数据。

选择单项数据（巡检状态）

选择全部数据（同屏显示全部数据）

确定选项后按 功能/确认 确认。

如选 换屏时间设定，按 功能/确认 键显示如下：

显示时间设定
换屏时隔： 秒
全屏显示： 秒

换屏时隔（5～99s 默认值 5s）

全屏显示（5～99s 默认值 5s）

用 +/选择 键或 −/手动 键设定时间。按 功能/确认 键确认。

对比度

调节液晶屏对比度。

−/手动键

当进入换屏时隔或者全屏显示时，由此键和 +/选择 键来调整时间，非此两状态此键将取消自动换屏功能转入手动选择。

（9）每隔 5min 左右从温度读数显示器记下被测液体冷面、热面的温度值（℃）。建议将它们记入表 34−1 中，并标出各次的温差 $\Delta T = T_1 - T_2$。当连续四次温差值的波动≤1℃时，试验即可结束。

（10）试验完毕后，先按 启动/停止 键，启动/停止 键指示灯暗，加热电源停止输出。待水泵运行一段时间后，再按 水泵 键，关闭水泵，切断电源、水源。

若发现 T_1 一直在升高（降低），可降低（提高）输入电压或增加（减少）循环冷却水槽的水流速度。

表 34 - 1　　　　　热面、冷面温度 T_1，T_2 读数记录表

测　次	1	2	3	4	5	…	备注
T（min）	0	5	10	15	20	…	
T_1（℃）							
T_2（℃）							
ΔT（℃）							

五、数据整理及结果

（1）有效导热面积 A

$$A = \frac{\pi D^2}{4} \quad \text{m}^2 \tag{34-4}$$

（2）平均传热温差 $\overline{\Delta T}$

$$\overline{\Delta T} = \frac{\sum_1^4 (T_1 - T_2)}{4} \quad ℃ \tag{34-5}$$

（3）单位时间通过面积 A 的热流量 Q

$$Q = VI \quad \text{W} \tag{34-6}$$

（4）液体的导热系数 λ

$$\lambda = \frac{Q\delta}{A\,\overline{\Delta T}} \quad \text{W/(m·K)} \tag{34-7}$$

式中　D——电加热器热量测量部位的直径（取 $D = 0.15\text{m}$），m；

　　　T_1——被测液体热面温度，℃ 或 K；

　　　T_2——被测液体冷面温度，℃ 或 K；

　　　V——热量测量部位的电位差，V；

　　　I——通过电加热器电流，A；

　　　δ——被测液体厚度，m。

液体导热系数测试计算例题

一、测试记录

被测液体：　　　　　　　　　润滑油

液体厚度：　　　　　　　　　$\delta = 0.003\text{m}$

有效导热面积的计算直径：　　$D = 0.29\text{m}$

电加热器的输入电压：　　　　$V = 20\text{V}$

加热器工作电流：　　　　　　$I = 2.5\text{A}$

热面、冷面温度 T_1、T_2 读数记录表

测次	1	2	3	4	5	备注
时间（时：分）	10：10	10：20	10：30	10：40	10：50	
T_1（℃）	71	66.0	65.0	65.5	65.5	
T_2（℃）	29	29.5	29.0	30.0	29.5	
ΔT（℃）		36.5	36.0	35.5	36.0	

二、数据处理

$$\overline{\Delta T} = \frac{\sum_{1}^{4}(T_1 - T_2)}{4} = 36（℃）$$

$$\lambda = \frac{20 \times 2.5 \times 0.003}{\frac{\pi 0.29^2}{4} \times 36} = 0.063[W/(m \cdot ℃)]$$

测试时间： 年 月 日

实验三十五 导热系数 λ 的测定实验

一、实验目的
测定金属、橡皮、空气的导热系数。

二、实验原理
导热系数 λ 的计算公式是根据法国数学家、物理学家约瑟夫·傅里叶给出的导热方程式推导出来的，见下式（推导略）

$$\lambda = mC \frac{\Delta\theta}{\Delta t} \times \frac{h}{\theta_1 - \theta_2} \times \frac{1}{\pi R^2}$$

式中 λ——样品的导热系数，W/(m·℃)；

  m——散热铜盘的质量，kg；

  C——铜的比热容，$C=377J/(kg \cdot ℃)$；

  h——样品的厚度，m；

  R——样品圆盘半径，m；

  θ_1——稳态时样品上平面的温度，℃；

  θ_2——稳态时样品下平面的温度，℃；

  θ——$\Delta\theta = \theta_3 - \theta_2$，℃，$\theta_3$ 对应的毫伏数比 θ_2 对应的毫伏数大 1mV 左右；

  Δt——指从 θ_3 冷却到 θ_2 所使用的时间，s。

三、实验装置
本实验所用实验装置为稳态法导热系数测定仪，它包括：带电热板的发热盘、试验样品、螺旋头、样品支架、冷却风扇、铜—康铜热电偶（T 型）、冰点恒温槽、数字毫伏计、散热盘等。

四、实验步骤
（1）用天平称出散热盘的质量 m（kg），用游标卡尺测出样品的厚度及半径（单位均为 m）。

（2）将样品放在散热盘上，然后调整三个螺旋头，将发热盘、样品、散热盘三者对齐贴紧。

（3）将两个铜—康铜热电偶（T 型）的热端分别插入发热盘与散热盘的小孔中，抹上硅油，保证接触良好；热电偶（T 型）的冷端分别插入浸于冰水混合物的玻璃管中，并将数字电压表按极性接好。

（4）接上各处电源，开启数字电压表，开启风扇；由于在做稳态法时要使温度稳定约需 1h，为了缩短实验时间，可先将热板电源拨到 220V 挡，加热几分钟以后，待 $E\theta_1$ 达到 4.00mV 时，即可将开关拨到 110V 挡，待 $E\theta_1$ 到 3.50mV 左右（85 ℃左右），通过手动调节电热板电压：220V 挡、110V 挡、0V 挡，使 $E\theta_1$ 在 3.50mV±0.03mV（±0.07℃）范围内波动，同时每隔 2min 记录下样品上、下圆盘的温度对应的毫伏数 $E\theta_1$、$E\theta_2$，待 $E\theta_2$ 的数值在 10min 内不变，即可认为已达到稳定状态，记下此时的 $E\theta_1$、$E\theta_2$。

（5）在读得稳定状态时的 $E\theta_1$、$E\theta_2$ 后，将样品抽出去，让发热盘的底面与散热盘的上平面直接接触，使散热盘的温度上升到比 $E\theta_2$ 高 1mV 左右（相当于高 20℃左右），再将发热盘移开，复上圆盘样品，让散热盘冷却，此时风扇仍处于工作状态，用秒表从温度为 $E\theta_3$ 时开始读数，待温度下降到 $E\theta_2$ 时停表，那么散热盘在 $E\theta_2$ 的冷却速率 $\dfrac{\Delta\theta}{\Delta t}=\dfrac{\theta_3-\theta_2}{\Delta t}$ 就可以求出，代入前述公式即可求出待测样品的导热系数 λ。

五、实验条件及实验数据

大气压力 $P_b=$ 　　　 Pa

室温 $t_0=$ 　　　 ℃

$m=0.945kg$；

$C=377J/(kg\cdot℃)$；

$h=0.008m$；

$R=0.065m$；

$E\theta_1=$ 　　　 mV；$\theta_1=$ 　　　 ℃；

$E\theta_2=$ 　　　 mV；$\theta_2=$ 　　　 ℃；

$E\theta_3=$ 　　　 mV；$\theta_3=$ 　　　 ℃；

$\Delta t=$ 　　　 s。

实验三十六　中温辐射时物体黑度的测定实验

一、实验目的

用比较法定性地测定中温辐射时物体的黑度系数 ε。

二、原理概述

由几个物体组成的换热系统中，利用净辐射法可以求出物体 i 面的净辐射换热量 $Q_{net.i}$

$$Q_{net.i}=Q_{abs.i}-Q_{ei}$$

$$= d_i \sum_{k=1}^{n} \int_{F_K} E_{effk} \psi_{(dk)i} d_{F_K} - \varepsilon_i E_{bi} F_i \qquad (36-1)$$

式中 $Q_{net.i}$——i 面的净辐射换热量；

$\quad\quad Q_{abs.i}$——i 面从其他表面的吸热量；

$\quad\quad Q_{ei}$——i 面本身的辐射热量；

$\quad\quad \varepsilon_i$——i 面的黑度系数；

$\quad\quad \psi_{(dk)i}$——K 面对 i 面的角系数；

$\quad\quad E_{effk}$——K 面的有效辐射力；

$\quad\quad E_{bi}$——i 面的辐射力；

$\quad\quad d_i$——i 面的吸收率；

$\quad\quad F_i$——i 面的面积。

根据本实验的实际情况，可以认为：

（1）热源 1、传导筒 2 为黑体。

（2）热源 1、传导筒 2、待测物体（受体）3，它们表面上的温度均匀。

1—热源；2—传导筒；3—待测物体（受体）

因此式（36-1）可写成

$$Q_{net.3} = \alpha_3 (E_{b1} F_1 \psi_{1.3} + E_{b2} F_2 \psi_{2.3} - \varepsilon_3 E_{b3} F_3)$$

因为 $F_1 = F_3$，$\alpha_3 = \varepsilon_3$，$\psi_{3.2} = \psi_{1.2}$，又根据角系的互换性：

$$F_2 \psi_{2.3} = F_3 \psi_{3.2}$$

则

$$q_3 = \frac{Q_{net.3}}{F_3} = \varepsilon_3 (E_{b1} \psi_{1.3} + E_{b2} \psi_{1.2}) - \varepsilon_3 E_{b3}$$

$$= \varepsilon_3 (E_{b1} \psi_{1.3} + E_{b2} \psi_{1.2} - E_{b3}) \qquad (36-2)$$

由于受体 3 与环境主要以自然对流方式换热，因此

$$q_3 = \alpha (t_3 - t_f) \qquad (36-3)$$

式中 α——换热系数；

$\quad\quad t_3$——待测物体（受体）的温度；

$\quad\quad t_f$——环境温度。

由式（36-2）、式（36-3）可得

$$\varepsilon_3 = \frac{\alpha (t_3 - t_f)}{E_{b1} \psi_{1.3} + E_{b2} \psi_{1.2} - E_{b3}} \qquad (36-4)$$

当热源 1 和传导筒 2 的表面温度一致时，$E_{b1} = E_{b2}$，并考虑，体系 1、2、3 为封闭系统，则

$$\psi_{1.3} + \psi_{1.2} = 1$$

由此式（36-4）可写成

$$\varepsilon_3 = \frac{\alpha (t_3 - t_f)}{E_{b1} - E_{b3}} = \frac{\alpha (t_3 - t_f)}{\alpha_b (T_1^4 - T_3^4)} \qquad (36-5)$$

式中 σ_b——斯蒂芬—玻尔茨曼常数,$\sigma_b = 5.67 \times 10^{-8}\,\mathrm{W/(m^2 \cdot K^4)}$。

对不同待测物体（受体）a、b 的黑度 ε 为

$$\varepsilon_a = \frac{\alpha_a(T_{3a} - T_f)}{\sum(T_{1a}^4 - T_{3a}^4)}$$

$$\varepsilon_b = \frac{\alpha_b(T_{3b} - T_f)}{\sum(T_{1b}^4 - T_{3b}^4)}$$

设 $\alpha_a = \alpha_b$，则

$$\frac{\varepsilon_a}{\varepsilon_b} = \frac{T_{3a} - T_f}{T_{3b} - T_f} \frac{T_{1b}^4 - T_{3b}^4}{T_{1a}^4 - T_{3a}^4} \tag{36-6}$$

当 b 为黑体时，$\varepsilon_b \approx 1$，那么式（36-6）可写成

$$\varepsilon_a = \frac{T_{3a} - T_f}{T_{3b} - T_f} \frac{T_{1b}^4 - T_{3b}^4}{T_{1a}^4 - T_{3a}^4} \tag{36-7}$$

三、实验装置

本实验装置为黑度系数测定仪，它包括：热源、传导体、受体、铜-康铜热电偶、传导左电压表、传导右电压表、热源电压表、热源电压旋钮、传导左电压旋钮、传导右电压旋钮、测温接线柱、测温转换开关、电源开关等。

热源腔体具有一个测温热电偶，传导腔体有两个热电偶，受体有一个热电偶。它们都可以通过琴键开关来切换。

四、实验方法和步骤

本仪器用比较法测定物体的黑度，具体方法是：通过对三组加热器加热电压的调整（热源一组，传导体两组），使热源和传导体的测温点恒定在同一温度上，然后分别将"待测"（受体为待测物体，具有原来的表面状态）和"黑体"（受体仍为待测物体，但表面熏黑）两种状态的受体在恒温条件下，测出受到辐射后的温度，就可以按公式计算出待测物体的黑度。

具体步骤如下：

（1）将热源腔体和受体腔体（使用具有原来表面状态的物体作为受体）靠紧传导体。

（2）用导线将仪器上的接线柱子与电位差计上的"未知"接线柱"＋"、"－"按极性接好。

（3）接通电源，调整热源、传导左、传导右的调整旋钮，使其相应的电压表调整至红色位置。加热约 40min，通过测温转换开关测试热源、传导左、传导右的温度。并根据测得的温度，微调相应电压旋钮，使三点温度尽量一致。

（4）系统进入恒温后（各测点温度基本接近，且在 5min 内各点温度波动小于 ±3℃），开始测试受体温度，当受体温度在 5min 内的变化小于 ±3℃时，记下一组数据，"待测"受体实验结束。

（5）取下受体，将受体冷却后，用松脂或蜡烛将受体熏黑，然后重复以上实验，测得第二组数据。

将两组数据代入前述公式，即可得出待测物体的黑度 $\varepsilon_{受}$。

五、注意事项

（1）热源及传导体的温度不宜超过 200℃。

（2）每次做原始状态试验时，建议用汽油或酒精把待测物体表面擦干净，否则，试验结果将有较大出入。

六、实验所用公式

根据式（36-6）本实验所用公式为

$$\frac{\varepsilon_{受}}{\varepsilon_0}=\frac{\Delta T_{受}(T_{源}^4-T_0^4)}{\Delta T_0(T_{源}^{\cdot 4}-T_{受}^4)} \tag{36-8}$$

式中　ε_0——相对黑体的黑度，该值可假定为1；

　　　$\varepsilon_{受}$——待测物体（受体）的黑度；

　　$\Delta T_{受}$——受体与环境的温差，$\Delta T_{受}=T_{受}-T_{环}$；

　　ΔT_0——黑体与环境的温差（熏黑时），$\Delta T_0=T_0-T_{环}$；

　　　$T_{源}$——受体为相对黑体时（熏黑时）热源的绝对温度；

　　　$T_{源}^{\cdot}$——受体为被测物体时（光面时）热源的绝对温度；

　　　T_0——相对黑体的绝对温度（熏黑时）；

　　　$T_{受}$——待测物体（受体）的绝对温度（光面时）。

七、实验举例

1. 实验数据

实验数据见表36-1。

表 36-1　　　　　　　　　　　　　实 验 数 据 表

序号	热源 $T_{源}$ (mV)	传导 (mV)		受体（紫铜光面）$T_{受}$ (mV)	备注
		1	2		
1	9.50	9.50	9.70	3.12	
2	9.52	9.52	9.56	3.02	
3	9.52	9.51	9.71	3.03	
平均（℃）	215.2			76.0	室温为：25℃，所用热电偶是：铜-康铜热电偶（T型）
序号	热源 $T_{源}$ (mV)	传导 (mV)		受体（紫铜熏面）$T_{受}$ (mV)	
		1	2		
1	9.51	9.60	9.71	4.54	
2	9.52	9.66	9.72	4.50	
3	9.53	9.65	9.71	4.53	
平均（℃）	215.4			117.6	

2. 实验结果

$\Delta T_{受}=T_{受}-T_{环}=(76.0+273.15)-(25+273.15)=51.0(\text{K})$

$\Delta T_0=T_0-T_{环}=(117.6+273.15)-(25+273.15)=92.5(\text{K})$

$T_{源}=215.4+273.15=488.5(\text{K})$

$T_0=117.6+273.15=390.7(\text{K})$

$T_{源}^{\cdot}=215.2+273.15=488.3(\text{K})$

$T_{受}=76.0+273.15=349.1(\text{K})$

将以上数据代入式（36-8）得

$$\varepsilon_{\text{受}}=\varepsilon_0\times\frac{51.0}{92.5}\times\frac{488.5^4-390.7^4}{488.3^4-349.1^4}=0.41\varepsilon_0$$

在假定 $\varepsilon_0=1$ 时，受体紫铜（原来表面状态）的黑度 $\varepsilon_{\text{受}}$ 为 0.41。

实验三十七　顺逆流传热温差实验

一、实验目的

（1）通过实验可使学生进一步了解顺流、逆流时传热温差的不同计算方法以及它们对传热的影响。

（2）熟悉有关热工测量仪表的使用方法。

二、实验装置

本实验采用顺逆流传热温差试验台，其简图如图 37-1 所示。它包括：热水流量调节阀、热水螺旋板、套管、列管启闭阀门组、冷水流量计、换热器进口压力表、数显温度计、琴键转换开关、电压表、电流表、开关组、冷水出口压力计、冷水螺旋板、套管、列管启闭阀门组、逆顺流转换阀门组、冷水流量调节阀等。

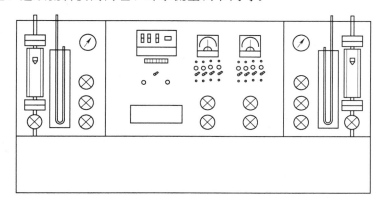

图 37-1　实验装置简图

（1）本装置为热水—冷水换热，可进行套管式换热器顺逆流传热温差实验。

（2）实验系统整体组装，底部装有轮子，移动方便，用户接电源和上、下水即可工作。

（3）基本参数：

1）换热面积：$F=0.22\text{m}^2$。

2）电加热器总功率：$N=7.5\text{kW}$。

（4）外型尺寸：长×宽×高＝1000mm×450 mm×1100 mm。

三、实验方法

1.设备安装

（1）接电源（380V，四线，50Hz）及上、下水（均可用胶管连接）。

（2）安装温度计。

（3）将循环水箱充满水。

2．工况调节

（1）打开电源开关，开启循环水泵，观察水循环正常后打开电加热器，待热水温度达到试验温度时（一般为 60～80℃），打开冷水开关，并使冷水经换热器换热后由出口流出。应根据实验要求，调整各冷水阀门，形成所需要的顺向传热或逆向传热工况。

（2）视所需实验工况，并考虑电加热器加热能力，适当调节热水、冷水流量和电加热器功率，待工况稳定后即可进行实验。

3．实验方法

（1）热水、冷水进出口温度用精度不低于 1.5℃ 的水银温度计测量。

（2）热水、冷水流量用玻璃转子流量计测量。

（3）为提高试验的准确性，可每隔 5～10min 读取一次数据，取 4 次数据的平均值作为测定结果。

（4）实验结束后首先关闭电加热器，5min 后关闭循环水泵及冷水开关，最后切断电源。

四、数据整理

热水侧放热量 $\qquad Q_1 = C_{pr}G_r(T_1 - T_2)$ W

冷水侧吸热量 $\qquad Q_2 = C_{pL}G_L(t_2 - t_1)$ W

平均换热量 $\qquad Q = \dfrac{Q_1 + Q_2}{2}$ W

热平衡误差 $\qquad \Delta = \dfrac{Q_1 - Q_2}{Q} \times 100\%$

传热系数 $\qquad K = \dfrac{Q}{F\Delta t}$ W/(m² · ℃)

式中 C_{pL}、C_{pr}——冷水、热水的定压比热，J/(kg · ℃)；

$\qquad G_L$、G_r——冷水、热水的流量，kg/s；

$\qquad T_1$、T_2——热水的进、出口温度，℃；

$\qquad t_1$、t_2——冷水的进、出口温度，℃；

$\qquad F$——换热器换热面积，m²；

$\qquad \Delta t$——对数传热温差，℃。

其中

$$\Delta_{顺流} = \frac{(T_1 - t_1) - (T_2 - t_2)}{\ln \dfrac{T_1 - t_1}{T_2 - t_2}} \quad ℃$$

$$\Delta_{逆流} = \frac{(T_1 - t_2) - (T_2 - t_1)}{\ln \dfrac{T_1 - t_2}{T_2 - t_1}} \quad ℃$$

五、注意事项

冬季设备存放地点如有可能结冰，需将系统中的水全部放净，以免损坏设备。

实验三十八　空气绝热指数 **K** 的测定实验

一、实验目的

（1）测定空气的绝热指数 K 及空气的定压比热 C_P 与定容比热 C_V。

（2）熟悉以绝热膨胀、定容加热基本热力过程为工作原理的测定绝热指数 K 的实验方法。

（3）演示刚性容器充放气过程的热力过程现象。

二、实验装置及测试原理

空气绝热指数测定装置如图 38-1 所示，它是利用气囊往有机玻璃容器内充气，待容器内的气体压力稳定以后，通过 U 形管压力计（或倾斜式微压计）测出其压力 P_1；然后突然打开阀门并立即关闭，在此过程中空气绝热膨胀，在测压计上显示出膨胀后容器内的空气压力 P_2；然后持续一定的时间，使容器中的空气与实验环境中的空气进行热交换，最后达到平衡，即容器中的空气温度与环境温度一致，此时测压计上显示出温度平衡后容器中的空气压力 P_3。根据绝热过程方程式 PV^K =定值，得

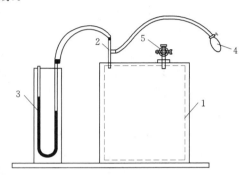

图 38-1　实验装置示意图

1—有机玻璃容器；2—充气及测压三通；3—U 形管压力计；4—气囊；5—放气阀门

$$\frac{P_2}{P_1}=\left(\frac{V_1}{V_2}\right)^K \tag{38-1}$$

又根据状态方程 $PV=\left(\dfrac{m}{u}\right)R_m T$ 有

$$P_1V_1=RT_1 \tag{38-2}$$

$$P_2V_2=RT_2 \tag{38-3}$$

$$P_3V_3=RT_3 \tag{38-4}$$

而 $V_3=V_2$ $T_3=T_1$ 由此式（38-4）为

$$P_3V_2=RT_1 \tag{38-5}$$

由式（38-2）与式（38-5）得

$$\frac{V_1}{V_2}=\frac{P_3}{P_1} \tag{38-6}$$

将式（38-6）代入式（38-1）得 $\dfrac{P_2}{P_1}=\left(\dfrac{P_3}{P_1}\right)^K$

因此绝热指数

$$K = \frac{\lg\left(\dfrac{P_2}{P_1}\right)}{\lg\left(\dfrac{P_3}{P_1}\right)}$$

又由 $C_P = C_V + R$，$K = \dfrac{C_P}{C_V}$，两式联立求解可得：

$$C_P = \frac{KR}{K-1}, \quad C_V = \frac{R}{K-1}$$

三、实验方法及步骤

（1）记录下此时的大气压力 P_a 及环境温度 t_0。

（2）关闭阀门 5。

（3）用气囊往容器内缓慢充气（否则会冲出液体），压差控制在 $150\sim200\text{mmH}_2\text{O}$ 为宜（考虑量程与误差），待稳定后记录下此时的压差 Δh_1。

（4）突然打开阀门并立即关闭，空气绝热膨胀后，在测压计上显示出膨胀后的气压，记录此时的 Δh_2。

（5）持续一定的时间后，容器内的空气温度与测试现场的温度一致，记录下此时反映容器内空气压力的压差值 Δh_3。

（6）一般要求重复三次试验（减小误差），取其测试结果的平均值（注意起点要一致）。

四、数据记录及处理

1. 数据记录

将实验数据记录于表 38－1。

2. 数据处理

因为

$$P_1 = P_a + \Delta H_1 \quad P_2 = P_a + \Delta H_2 \quad P_3 = P_a + \Delta H_3$$

故

$$K = \frac{\lg\left(\dfrac{P_2}{P_1}\right)}{\lg\left(\dfrac{P_3}{P_1}\right)} \quad C_P = \frac{KR}{K-1} \quad C_V = \frac{R}{K-1}$$

表 38－1 数 据 记 录 表

次序 \ 数据	Δh_1 (mmH$_2$O)	Δh_2 (mmH$_2$O)	Δh_3 (mmH$_2$O)	备 注
1				
2				大气压力 $P_a =$　　 Pa
3				环境温度 $t_0 =$　　 ℃
平均值 ΔH				

五、测试结果的分析

（1）分析影响测试结果的因素。

（2）讨论测试方法存在的问题。

六、注意事项

（1）气囊往往会漏气，充气后必须用夹子将胶皮管夹紧。

（2）在试验过程中，测试现场的温度要求基本保持恒定，否则很难测出可靠的实验数据。

实验三十九 CO_2 临界状态观测及 $P—V—t$ 关系测定实验

一、实验目的

（1）了解 CO_2 临界状态的观测方法，增加对临界状态概念的感性认识。

（2）增强对课堂所讲的工质热力状态、凝结、汽化、饱和状态等基本概念的理解。

（3）掌握 CO_2 的 $P—V—t$ 关系测定方法，学会用实验测定实际气体状态变化规律的方法和技巧。

（4）学会活塞式压力计、恒温器等热工仪器的正确使用方法。

二、实验内容

（1）测定 CO_2 的 $P—V—t$ 关系。在 $P—V$ 坐标系中绘出低于临界温度（$t=20℃$）、临界温度（$t=31.1℃$）和高于临界温度（$t=50℃$）的三条等温曲线，并与标准实验曲线及理论计算值相比较，分析其差异原因。

（2）测定 CO_2 在低于临界温度（$t=20℃$、$27℃$）、饱和温度和饱和压力之间的对应关系，并与图 39-4 中的 $t_s—P_s$ 曲线相比较。

（3）观测临界状态：

1）临界状态附近气液两相模糊的现象。

2）气液整体相变现象。

3）测定 CO_2 的 P_c、V_c、t_c 等临界参数，并将实验所得的 V_c 值与理想气体状态方程和范德瓦尔方程的理论值相比较，简述其差异原因。

三、实验设备及原理

整个实验装置由压力台、恒温器和实验台本体及其防护罩等三大部分组成，如图 39-1 所示，实验台本体如图 39-2 所示。

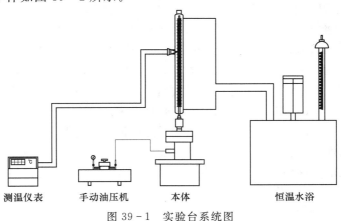

测温仪表   手动油压机   本体   恒温水浴

图 39-1 实验台系统图

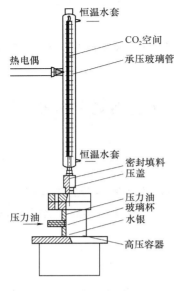

热电偶

压力油

恒温水套
CO₂空间
承压玻璃管
恒温水套
密封填料
压盖
压力油
玻璃杯
水银
高压容器

图 39 - 2　试验台本体

对简单可压缩热力系统，当工质处于平衡状态时，其状态参数 P、V、t 之间有：$F(P，V，t)=0$ 或 $t=f(P，V)$。

本实验就是采用定温方法来测定 CO_2 的 $P—V—t$ 关系，从而找出 CO_2 的 $P—V—t$ 关系。

实验中，压力台油缸送来的压力由压力油传入高压容器和玻璃杯上半部，迫使水银进入预先装了 CO_2 气体的承压玻璃管容器，CO_2 被压缩，其压力通过压力台上的活塞杆的进、退来调节。温度由恒温器供给的水套里的水温来调节。

实验工质 CO_2 的压力值，由装在压力台上的压力表读出；温度由插在恒温水套中的温度计读出；比容首先由承压玻璃管内 CO_2 柱的高度来测量，而后再根据承压玻璃管内径截面不变等条件换算得出。

四、实验步骤

（1）按图 39 - 1 装好实验设备，并开启实验本体上的日光灯（目的是易于观察）。

（2）恒温器准备及温度调节：

1）把水注入恒温器内，距离盖 30～50mm。检查并接通电路，启动水泵，使水循环对流。

2）把温度调节仪波段开关拨向调节，调节温度旋扭设置所要调定的温度，再将温度调节仪波段开关拨向显示。

3）视水温情况，开、关加热器，当水温未达到要调定的温度时，恒温器指示灯是亮的，当指示灯时亮时灭时，说明温度已达到所需的恒温。

4）观察温度，其读数的温度点温度与设定的温度一致时（或基本一致），则可（近似）认为承压玻璃管内的 CO_2 的温度处于设定的温度。

5）当需改变实验温度时，重复 2）～4）即可。

注：当初始水温高于实验设定温度时，应加冰进行调节。

（3）加压前的准备。因为压力台的油缸容量比容器容量小，需要多次从油杯里抽油，再向主容器管充油，才能在压力表显示压力读数。压力台抽油、充油的操作过程非常重要，若操作失误，不但加不上压力，还会损坏试验设备。所以，务必认真掌握，其步骤如下：

1）关压力表及其进入本体油路的两个阀门，开启压力台油杯上的进油阀。

2）摇退压力台上的活塞螺杆，直至螺杆全部退出。这时，压力台油缸中抽满了油。

3）先关闭油杯阀门，然后开启压力表和进入本体油路的两个阀门。

4）摇进活塞螺杆，使本体充油。如此反复，直至压力表上有压力读数为止。

5）再次检查油杯阀门是否关好，压力表及本体油路阀门是否开启。若均已调定后，即可进行实验。

（4）做好实验的原始记录。

1) 设备数据记录：仪器、仪表的名称、型号、规格、量程等。

2) 常规数据记录：室温、大气压、实验环境情况等。

3) 承压玻璃管内 CO_2 质量不便测量，而玻璃管内径或截面积（A）又不易测准，因而实验中采用间接办法来确定 CO_2 的比容，认为 CO_2 的比容与其高度是一种线性关系。具体方法如下：

a. 已知 CO_2 液体在 20℃，9.8MPa 时的比容 V（20℃，9.8MPa）$= 0.00117\mathrm{m^3/kg}$。

b. 实际测定实验台在 20℃，9.8MPa 时的 CO_2 液柱高度 Δh_0（m）（注意玻璃管水套上刻度的标记方法）。

c. 因为 V（20℃，9.8MPa）$= \dfrac{\Delta h_0 A}{m} = 0.00117$（$\mathrm{m^3/kg}$）

故
$$\frac{m}{A} = \frac{\Delta h_0}{0.00117} = K \quad \mathrm{kg/m^2}$$

式中　K——玻璃管内 CO_2 的质面比常数。

所以，任意温度、压力下 CO_2 的比容为

$$V = \frac{\Delta h}{m/A} = \frac{\Delta h}{K} \quad \mathrm{m^3/kg}$$

其中
$$\Delta h = \mid h - h_0 \mid$$

式中　h——任意温度、压力下水银柱高度；

h_0——承压玻璃管内径顶端刻度。

（5）测定低于临界温度 $t = 20℃$ 时的等温线。

1) 将恒温器调定在 $t = 20℃$，并保持恒温。

2) 压力从 4.41MPa 开始，当玻璃管内水银柱上升后，应足够缓慢地摇进活塞螺杆，以保证等温条件。否则，将来不及平衡，使读数不准。

3) 按照适当的压力间隔取 h 值，直至压力 $P = 9.8$MPa。

4) 注意加压后 CO_2 的变化，特别是注意饱和压力和饱和温度之间的对应关系以及液化、汽化等现象。要将测得的实验数据及观察到的现象一并填入表 39-1。

5) 测定 $t = 25℃$、27℃ 时其饱和温度和压力的对应关系。

（6）测定临界参数，并观察临界现象。

1) 按上述方法和步骤测出临界等温线，并在该曲线的拐点处找出临界压力 P_c 和临界比容 V_c，并将数据填入表 39-1。

2) 观察临界现象。

a. 整体相变现象。由于在临界点时，汽化潜热等于零，饱和汽线和饱和液线合于一点，所以这时汽液的相互转变不是像临界温度以下时那样逐渐积累，需要一定的时间，表现为渐变过程，而这时当压力稍有变化时，汽、液是以突变的形式相互转化的。

b. 汽、液两相模糊不清的现象。处于临界点的 CO_2 具有共同参数（P、V、t），因而不能区别此时 CO_2 是气态还是液态。如果说它是气体，那么，这个气体是接近液态的气体；如果说它是液体，那么这个液体又是接近气态的液体。下面就来用实验证明这个结论。因为这里处于临界温度下，如果按等温线过程进行，使 CO_2 压缩或膨胀，那么，管内是什么也看不到的。现在，按绝热过程来进行。首先在压力等于 7.64MPa 附近，突然

降压 CO_2 状态点由等温线沿绝热线降到液区，管内 CO_2 出现明显的液面。这就是说，如果这时管内的 CO_2 是气体的话，那么，这种气体离液区很接近，可以说是接近液态的气体；当在膨胀之后，突然压缩 CO_2 时，这个液面又立即消失了。这时 CO_2 液体离气区也是非常接近的，可以说是接近气态的液体。既然此时的 CO_2 既接近气态，又接近液态，所以能处于临界点附近。可以这样说：临界状态究竟如何，就是饱和汽、液分不清。这就是临界点附近，饱和汽、液模糊不清的现象。

（7）测定高于临界温度 $t=50℃$ 时的定温线，将数据填入表 39-1。

表 39-1　　　　　　　　　　　CO_2 等温实验原始记录

$t=20℃$				$t=31.1℃$ （临界）				$t=50℃$			
P (MPa)	Δh	$V=\Delta h/K$	现象	P (MPa)	Δh	$V=\Delta h/K$	现象	P (MPa)	Δh	$V=\Delta h/K$	现象
进行等温线实验所需时间（min）											

五、实验结果处理和分析

（1）按表 39-1 的数据，如图 39-3 所示在 $P—V$ 坐标系中画出三条等温线。

（2）将实验测得的等温线与图 39-3 所示的标准等温线比较，并分析它们之间的差异及原因。

（3）将实验测得的饱和温度与压力的对应值与图 39-4 给出的 $t_s—P_s$ 曲线相比较。

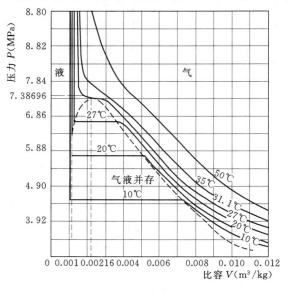

图 39-3　标准曲线

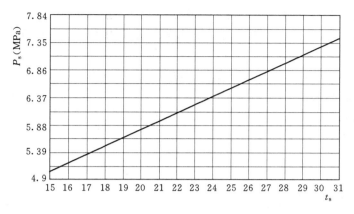

图 39 - 4　t_s—P_s 曲线

（4）将实验测定的临界比容 V_c 与理论计算值一并填入表 39 - 2，并分析它们的差异及其原因。

表 39 - 2　　　　　　　　　　　　　临界比容 V_c　　　　　　　　　　　　单位：m³/kg

标准值	实验值	$V_c=RT_c/P_c$	$V_c=3/8$	RT/P_c
0.00216				

实验四十　可视性饱和蒸汽压力和温度的关系实验

一、实验目的

（1）通过观察饱和蒸汽压力和温度变化的关系，加深对饱和状态的理解，从而树立液体温度达到对应于液面压力的饱和温度时，沸腾便会发生的基本概念。

（2）通过对实验数据的整理，掌握饱和蒸汽 P—t 关系图表的编制方法。

（3）学会温度计、压力表、调压器和大气压力计等仪表的使用方法。

（4）能观察到小容积和金属表面很光滑（汽化核心很小）的饱态沸腾现象。

二、实验设备（图 40 - 1）

三、实验方法与步骤

（1）熟悉实验装置及使用仪表的工作原理和性能。

（2）将电功率调节器调节至电流表零位，然后接通电源。

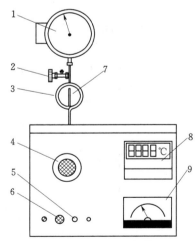

图 40 - 1　实验设备简图

1—压力表（-0.1～0～1.5MPa）；2—排气阀；3—缓冲器；4—可视玻璃及蒸汽发生器；5—电源开关；6—电功率调节器；7—温度计（100～250℃）；8—可控数显温度仪；9—电流表

（3）调节电功率调节器，并缓慢加大电流，待蒸汽压力升至一定值时，将电流降低0.2A 左右保温，待工况稳定后迅速记录下水蒸气的压力和温度。重复上述实验，在 0～1.0MPa（表压）范围内实验不少于 6 次，且实验点应尽量均匀分布。

（4）实验完毕以后，将调压指针旋回零位，并断开电源。

（5）记录室温和大气压力。

四、数据记录和整理

1. 记录和计算

结果填入表 40－1。

表 40－1　　　　　　　　　　**数 据 记 录 表**

实验次数	饱和压力（MPa）			饱和温度（℃）		误　差		备注
	压力表读数 P'	大气压力 B	绝对压力 $P=P'+B$	温度计读数 t'	理论值 t	$\Delta t = t - t'$（℃）	$\dfrac{\Delta t}{t} \times 100\%$	
1								
2								
3								
4								
5								
6								
7								
8								

2. 绘制 P—t 关系曲线

将实验结果点绘在直角坐标纸上，清除偏离点，绘制曲线如图 40-2 所示。

3. 总结经验公式

将实验曲线绘制在双对数坐标纸上，如图 40-3 所示，则基本呈一直线，故饱和水蒸气压力和温度的关系可近似整理成下列经验公式

$$t = 100 \sqrt[4]{P}$$

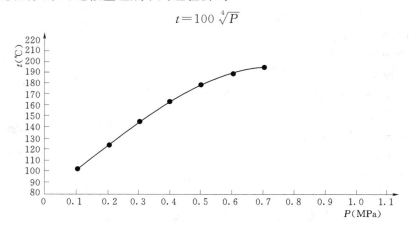

图 40-2　饱和水蒸气压力和温度的关系曲线

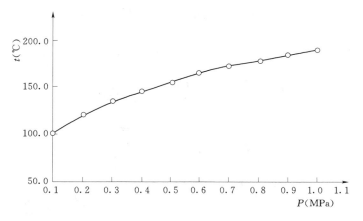

图 40-3　饱和水蒸气压力和温度的关系对数坐标曲线

4. 误差分析

通过比较发现测量值比标准值低 1% 左右，引起误差的原因可能有以下几个方面：

（1）读数误差。

（2）测量仪表精度引起的误差。

（3）利用测量管测温所引起的误差。

五、注意事项

（1）实验装置通电后必须有专人看管。

（2）实验装置使用压力为 1.0MPa（表压），切不可超压操作。

实验四十一　喷　管　实　验

一、用途和特点

本实验台主要用于《工程热力学》教学中"喷管临界状态的观察"实验，具有如下特点：

（1）可方便地装上渐缩喷管或缩放喷管，观察气流沿喷管各截面的压力变化。

（2）可在各种不同工况下（初压不变，改变背压），观察压力曲线的变化和流量的变化，从中着重观察临界压力和最大流量现象。

（3）除供定性观察外，还可作初步的定量实验。压力测量采用精密真空表，精确度为 0.4 级。流量测量采用低雷诺数锥形孔板流量计，适用的流量范围宽，可从流量接近为零到喷管的最大流量，精度优于 2 级。

（4）采用真空泵为动力，大气为气源。具有初压初温稳定，操作安全，功耗和噪声较小，试验气流不受压缩机械的污染等优点。喷管用有机玻璃制作，形象直观。

（5）采用一台真空泵，可同时带两台实验台对配给的渐缩、缩放喷管做全工况观测。因装卸喷管方便，本实验台还可用作其他各种流道喷管和扩压管的实验。

二、设备结构

整个实验装置包括实验台和真空泵。实验台由进气管、孔板流量计、喷管、测压探针、真空表及其移动机构、调节阀、真空罐等几部分组成，如图 41-1 所示。

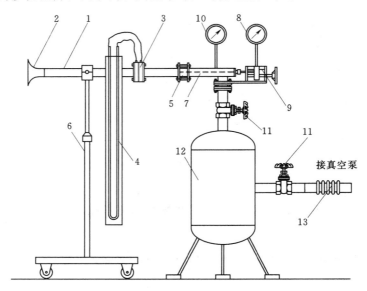

图 41-1　喷管实验台

1—进气管；2—空气吸气口；3—孔板流量计；4—U 形管压差计；5—喷管；6—三轮支架；

7—测压探针；8—可移动真空表；9—手轮螺杆机构；10—背压真空表；

11—背压用调节阀；12—真空罐；13—软管接头

进气管为 $\phi 57 \times 3.5$ 无缝钢管，内径 $\phi 50$。空气从吸气口进入进气管，流过孔板流量计。孔板孔径 $\phi 7$，采用角接环室取压。流量的大小可从 U 形管压差计读出。喷管用有机玻璃制成。配给渐缩喷管和缩放喷管各一只。根据实验的要求，可松开夹持法兰上的固紧螺丝，向左推开进气管的三轮支架，更换所需的喷管。喷管各截面上的压力是由插入喷管内的测压探针（外径 $\phi 1.2$）连至"可移动真空表"测得，它们的移动通过手轮螺杆机构实现。由于喷管是透明的，测压探针上的测压孔（$\phi 0.5$）在喷管内的位置可从喷管外部看出，也可从装在可移动真空表下方的针在喷管轴向坐标板（在图中未画出）上所指的位置来确定。喷管的排气管上还装有背压真空表背压用调节阀调节。真空罐直径 $\phi 400$，起稳定压力的作用。罐的底部有排污口，供必要时排除积水和污物之用。为减小震动，真空罐与真空泵之间用软管连接。

在实验中必须测量四个变量，即测压孔在喷管内的不同截面位置 X，气流在该截面上的压力 P、背压 P_b、流量 m，这些量可分别用位移指针的位置、可移动真空表、背压真空表以及 U 形管压差计的读数来显示。

本实验台配套的仪器设备选型如下：

真空泵：1401 型　排气量 3200L/min。

三、使用说明

（1）实验的内容和方法。图 41-2、图 41-3 所示为缩放喷管的压力曲线和流量曲线。虚线表示理想气流，实线表示实际气流。先介绍理想曲线，然后简要说明实际曲线偏离理想曲线的主要现象和原因。

首先是由于气流有黏性摩擦，在壁面附近形成边界层。随着流程 X 的延长，边界厚度加厚，减小了实际流通面积。所以，实际流量总是小于理论流量，边界层还使压力的分布发生一些变化。

对于渐缩喷管的超临界工况（$P_b < P_c$），由于出口处边界层被"抽吸"，使临界截面稍向前移。对于缩放喷管的几种亚设计工况，偏离更为显著。

对于 $P_a < P_b < P_f$ 工况，由于扩大段中边界层的增长和分离，形成复杂的情况，压力的跃升变得比较平缓，不像理论上的正激波那样陡峭。

对于 $P_b > P_t$ 工况，流量系数明显下降。在图 41-2 上可见，f 点下移，d 点上移。

其次，气流中含有水分，当气流在缩放喷管中具备深度膨胀的条件，由于温度急剧降低，水分将凝结，放出潜热加热气流，使压力曲线形成一个小的突跃。

另外，喷管流道在加工时不可避免地会有一些误差（控制在公差范围内，未标公差的尺寸，按 7 级精度公差）。喷管在使用一段时间后会附着一层污垢（可根据情况定期清洗），由于流道尺寸的变化，势必引起压力分布和流量的变化。

（2）在进行定量实验时，必须测量喷管的初压 P_1 和初温 t_1（因进气管中气流速度很低，在最大流量时其数量级为 1m/s，可近似认为 P_1、t_1 即是气流的总压和总温）。这两个参数可通过对大气状态的测量得出。初温 t_1 等于大气温 t_a，但初压 P_1 将略低于大气压力 P_a，流量越大，低得越多。这主要是由于在进气管中装了测量流量的孔板，气体流过孔板将有压力损失。

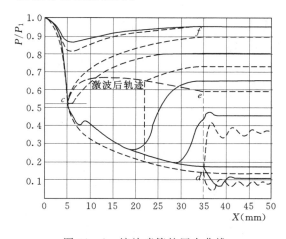

图 41-2　缩放喷管的压力曲线

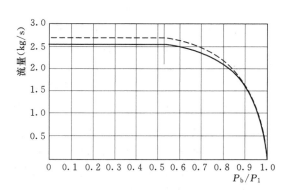

图 41-3　缩放喷管的流量曲线

根据经验公式的计算和实测，气体流过本实验台孔板装置的压力损失（$P_a - P_1$），约为角接取压 U 形压差计读数 ΔP 的 97%。因此，喷管的初压可按下式计算

$$P_1 = P_a - 0.97 \Delta P$$

也可以直接利用进气管上预留的测压管口接上 U 形压差计进行实测。

根据上式，喷管的一个重要特征参数 $P_c = 0.528 P_1$，它在真空表上的读数应为

$$P_c'（真空度）= 0.472 P_a + 0.51 \Delta P$$

在计算时注意采用相同的压力单位。

孔板流量计流量的计算公式为

$$m = 1.373 \times 10^{-4} \sqrt{\Delta P} \varepsilon \beta \gamma \quad kg/s$$

$$\varepsilon = 1 - 2.873 \times 10^{-2} \frac{\Delta P}{P_a}$$

$$\beta = 0.538 \sqrt{\frac{P_a}{t_a + 273.2}}$$

式中　ε——流速膨胀系数;

　　　β——气态修正系数;

　　　γ——几何修正系数(标定);

　　ΔP——U 形压差计读数, mmH$_2$O;

　　P_a——大气压力, mbar;

　　t_a——大气温度, ℃。

如 P_1 的单位采用 [mmHg], ε、β 公式应改为

$$\varepsilon = 1 - 2.155 \times 10^{-2} \frac{\Delta P}{P_a}$$

$$\beta = 0.621 \sqrt{\frac{P_a}{t_a + 273.2}}$$

在安装孔板时, 应将圆锥孔朝向气流上游, 圆柱孔朝向下游, 不可装反。

(3) 实验装置必须保持各动、静密封面, 特别是各真空表的密封, 否则有可能达不到实验所要求的真空度, 更严重的是将使测量数据失真。喷管的两个端面要妥善保护, 不使碰伤。在端面完好无损的情况下更换喷管时, 先把测压探针移至最右方, 然后松开螺丝, 沿着轴向平行地向左推开进气管的三轮支架, 注意不要碰坏测压探针。

(4) 由于测压探针内径较小, 测压的时滞现象比较严重。当以不同的速度摇动手轮时, 画出的压力曲线将不重合, 顺摇和逆摇相差更大。因此, 为了量取准确的压力值, 摇动手轮必须足够缓慢。

实验台有两只背压调节阀, 装在不同的位置。型号规格虽同, 但调节性能各异。装在真空罐进口的调节阀反应比较灵敏。利用它背压可迅速调到定值。当实验台两台以上并联使用时, 用它调节, 可以减小相互间的干扰。装在真空罐出口的调节阀, 反应比较迟钝, 当背压要求缓慢而均匀地改变, 利用它比较方便。

(5) 实验台出厂时配给图 41-4、图 41-5 所示的渐缩喷管和缩放喷管各一只。

设计这两只喷管的线形和尺寸时的一些基本考虑。渐缩喷管着重考虑能比较准确和清晰地读取临界压力 P_c, 这要求喷管出口的气流为均匀的一维流, 为此流道采用了维托辛斯基曲线。缩放喷管着重考虑对扩大段气流特性的观察, 这是区别于渐缩喷管的特征所在。为此, 扩大段的相对长度设计得长些, 这是原因之一。为了加工方便, 采用简单的圆锥形。

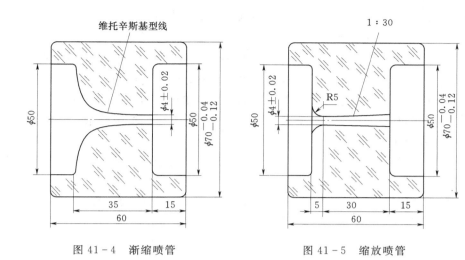

图 41-4　渐缩喷管　　　　　　　　图 41-5　缩放喷管

另外，还考虑到用一台 1401 型真空泵能同时带两台实验台对渐缩喷管和缩放喷管作全工况观测。所谓全工况，渐缩喷管是指 $P_b = P_c$，即超临界、临界、亚临界的三种工况，缩放喷管是指 $P_c = P_d$，即超设计、设计、亚设计等多种工况（参看第 1 点的说明）。要满足全工况观测，关键在于当两台都以最大流量 m_{max} 运行时，背压还能达到足够高的真空度（$P_b < P_d$）。为此，喷管最小截面的直径（$P_1 t_1$ 一定时，确定 m_{max}）和缩放喷管扩大段的锥度（确定 P_d/P_1）不能取得过大。最后确定按图 41-4、图 41-5 的尺寸。

虽然实现了上述"一泵带两台"，仍然满足全工况观测。但应指出，因真空泵的抽气速率毕竟有限，当一台在、也仅仅在亚临界工况（渐缩喷管 $P_b > P_c$，缩放喷管 $P_b > P_t$，共同的特点是 $m < m_{max}$）范围内改变工况时，由于流量改变，将使另一台的背压产生一些变动，最大可达 30mmHg，造成工况不稳。这一点应注意，以免在实验中产生问题。建议在实验中，分别在两台做实验的两个组稍稍配合一下，可基本上消除这种影响。做法是：

1）两组同时都做流量曲线实验，反正工况需要改变，不怕对方干扰。

2）两组同时都做压力曲线实验。当本组处在亚临界工况需要调节时，预先通知一下对方，让他们在给定工况下画完一条压力曲线后，本组才进行调节。最好同时调节。

（6）本实验台各种仪器设备的使用方法和注意事项，详见各自的说明书。

真空泵在停机前，先关闭真空罐出口的调节阀，让真空罐充气。关停真空泵后，立即打开此阀真空泵上装有充气阀的还可以打开充气阀，让真空泵充气。这样做，一方面防止真空泵回抽，以免损坏用非耐油橡胶制成的减振软管；另一方面有利于真空泵下次的启动。

实验四十二　自由对流横管管外放热系数 α 的测定实验

一、实验目的

采用自由对流横管管外放热系数测定仪测定水平单管自由运动放热系数 α；还可以根

据自由运动放热的相似分析，将所得实验数据整理出准则方程。

二、实验装置及工作原理

实验装置主要由试验管、热电偶、电位差计、稳压电源、自耦变压器、瓦特表组成。

实验装置提供四根不同直径、不同长度的试验管。试验管中间装有电加热器，其电源线从管的两端引出，可以通过稳压电源和自耦变压器给定电压使试验管加热。其加热功率由瓦特表测定，四根试验管上分别有 4～8 个镍铬-镍硅热电偶嵌入管壁，反映管壁的温度电势，用电位差计来测定。

$\phi80$ 和 $\phi60$ 试验管分别水平地悬挂在两个可升降的支架上；$\phi20$ 和 $\phi40$ 试验管合挂在一个支架上。

实验时，对试验管进行加热，热量是以对流和辐射两种方式散发的，对流换热量为总热量与辐射换热量之差，即

$$Q_c = Q - Q_r \tag{42-1}$$

而总热量 $\qquad\qquad Q = IV$（或从功率表上直接读出）

$$Q_c = \alpha F(t_w - t_f) \tag{42-2}$$

$$Q_r = C_0 \varepsilon F \left[\left(\frac{T_w}{100} \right)^4 - \left(\frac{T_f}{100} \right)^4 \right] \tag{42-3}$$

所以

$$\alpha = \frac{IV}{F(t_w - t_f)} - \frac{C_0}{(t_w - t_f)} \left[\left(\frac{T_w}{100} \right)^4 - \left(\frac{T_f}{100} \right)^4 \right] \tag{42-4}$$

式中　Q——总热量，W；

$\quad\quad\ Q_r$——辐射换热量；W；

$\quad\quad\ Q_c$——对流换热量；W；

$\quad\quad\ t_w$——试验管管壁平均温度；℃；

$\quad\quad\ t_f$——室内空气温度；℃；

$\quad\quad\ \alpha$——自由运动放热系数；W/(m² · ℃)；

$\quad\quad\ \varepsilon$——试验管表面黑度（厂家已给定）；

$\quad\quad\ F$——换热表面积，m²；

$\quad\quad\ C_0$——绝对黑体的辐射系数；5.669W/(m² · ℃)。

因此，只需测出加热电功率 $Q(IV)$ 以及管壁温度和室内空气温度，即可求出水平单管表面自由运动放热系数 α。

仪器的主要参数及性能指标如下：

（1）试验管。

1）材料：紫铜。

2）尺寸：见表 42-1。

表 42-1　　　　　　　　　　　　　　　　　　试 验 管 尺 寸

试验管	外径（mm）	长度（mm）	试验管	外径（mm）	长度（mm）
管 1	80	2000	管 3	40	1200
管 2	60	1600	管 4	20	1000

3）黑度：$\varepsilon_1 = 0.11$，$\varepsilon_2 = \varepsilon_3 = \varepsilon_4 = 0.15$。

4）最大热功率：根据环境条件由教师实验确定。

5）热电偶：镍铬-镍硅热电偶。

（2）自耦变压器：单相，1kVA。

（3）功率表。

（4）电源要求：单相，220V。

三、实验步骤

（1）先对一根试验管进行实验，检查线路正常后，即可开始实验测试。

（2）接通电源，调整自耦变压器，给定一定的电压，对试验管加热。

（3）稳定 6h 后，可开始测试管壁温度（用琴键开关换点），记下一组数据（读数为mV，查表得对应温度值）。

（4）每隔半小时测读一组管壁温度数据，直到前后两组数据接近时为止。

（5）以这两组数据的平均值，计算数据 t_w。

（6）记下实验环境的空气温度 t_f（用精密温度计测量）。

（7）一根试验管实验完毕后，将调压器调至零点，并切断电源。

（8）重复上述步骤，对其他试验管进行实验。

如果需要通过实验整理出准则方程，则每根试验管都要做不同加热条件下的实验，以便得到较多的实验点。

四、注意事项

实验时，试验管加热温度不得超过 150℃，以免烧坏热电偶的锡焊点。

实验四十三　蒸汽冷凝时传热系数和给热系数测定实验

一、测试装置简介

（1）测定装置整体组装，带脚轮，使用者接上电源和上、下水后即可使用。

（2）可测蒸汽在水平管内冷凝（管外为自来水）时的传热系数。其工作原理及流程如图 43-1 所示。

（3）管子的内壁面温度用事先埋好的三支热电偶（轴向均布）测量。

（4）电热蒸汽发生器总功率为 9kW，最大工作压力为 0.08MPa。此蒸汽源亦可通过阀 10-1 供其他实验使用。

二、测试装置安装使用

1. 设备安装及试验准备

（1）接电源（380V，四线，50Hz，9kW）及上、下水（均可胶管连接）。

（2）打开阀 10-7，从蒸汽发生器底部上水管（兼排污管）向炉体内加自来水至液面计 4/5 处。加水时还应打开阀 10-2 和阀 10-3，以便炉体内的空气能够排出，加完水后关闭阀 10-7。

（3）当用计算机进行采集时，将数据通信线与计算机闲置的串口（RS232C）正确连

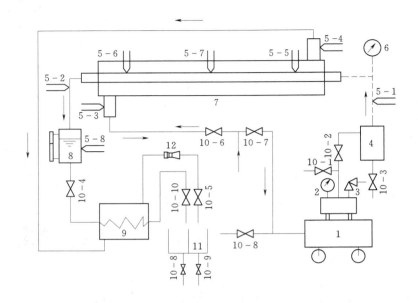

图 43-1 试验装置流程图

1—蒸汽发生器；2—电接点压力表；3—安全阀；4—汽水分离器；5—热电偶；6—压力表；
7—试验管组；8—凝结水液位保持器；9—过冷器；10—阀门；11—计量水箱；
12—文丘里流量计（非计算机接口无此装置）

接，并测试其有效性。

（4）全开蒸汽发生器电加热器，待炉内水开始沸腾并将炉体空间大部分空气从阀 10-3 处排出后，关闭该阀。

（5）待蒸汽压力达到实验压力后，打开阀 10-4，使系统内空气全部被蒸汽压出后关闭此阀。

（6）试验管内的蒸汽压力可自动控制，此时将电接点压力表高低压控制指针分别调至试验压力±0.01MPa 处（视实验精度要求，此范围可适当放大或缩小）。试验管内的蒸汽压力亦可利用阀 10-2 手动调节，此时应将电接点压力表控制指针调至稍高于实验压力，高压控制指针调至比低压控制指针高 0.02MPa 左右处，但不得超过蒸汽发生器最大使用压力。

（7）全开阀 10-6，向试验管组全程供自来水，并视试验工况要求，利用阀 10-5 调节自来水流量。

（8）视工况所需蒸汽量，适当改变手控加热开关个数，并利用自控加热档（由电接点压力表控制）实现对蒸汽发生器蒸汽压力的控制，使之在实验压力附近上下波动。

（9）微开阀 10-3，使汽水分离器中分离出来的水能够流出。

（10）待凝结水水位达到保持器上水位计的某一固定位置后，打开并适当调节阀 10-4，使水位在试验过程中始终保持不变，待工况稳定后即可进行测试。

2. 测试方法

（1）试验管内蒸汽压力用压力表测量。

（2）蒸汽进口温度、凝结水温度、自来水进出口温度以及试验管内壁面温度均用 E 型热电偶配数显温度表测量。也可用电位差计测量。

（3）凝结水和自来水流量用计量水箱配秒表测量，当凝结水量较少时，为了缩短计量时间亦可用量杯配秒表测量。

（4）每隔 2～5min 读取一次数据，取 4 次读数的平均值为计算值。当凝结水量较少时，可取全实验过程累计流量为计算值。

（5）试验完毕后，关闭电加热器开关，等蒸汽压力降下后，关闭阀 10-6、阀 10-4、阀 10-3 等全部阀门，切断电源。

3. 测试数据整理

（1）蒸汽凝结放热量 $\qquad Q_1 = G_z(i_z - i_n)$　W $\qquad\qquad$ (43-1)

（2）冷水获热量 $\qquad Q_2 = G_s(i_2 - i_1)$　W $\qquad\qquad$ (43-2)

（3）平均热量 $\qquad Q = (Q_1 - Q_2)/2$　W $\qquad\qquad$ (43-3)

（4）热平衡误差 $\qquad \Delta = \dfrac{Q_1 - Q_2}{Q} \times 100\%$ $\qquad\qquad$ (43-4)

（5）总传热系数 $\qquad K = \dfrac{Q}{F\Delta t}$　W/(m² · ℃) $\qquad\qquad$ (43-5)

（6）蒸汽冷凝给热系数 $\qquad \alpha = \dfrac{Q}{F'(t_z - t_b)}$　W/(m² · ℃) $\qquad\qquad$ (43-6)

$$\Delta t = \frac{(T_1 - t_2) - (T_2 - t_1)}{\ln \dfrac{T_1 - t_2}{T_2 - t_1}}$$

式中　G_z，G_s——蒸汽（凝结水）和冷水流量，kg/s；

i_z、i_n、i_1、i_2——蒸汽、凝结水和冷水进口、冷水出口状态下的焓，J/kg；

$\qquad F$、F'——传热管外和内表面积，m²；

$\qquad\qquad \Delta t$——传热温差，℃；

$\qquad t_z$、t_b——蒸汽温度和传热管内平均温度，℃；

$\qquad T_1$、T_2——蒸汽进出口温度和凝结水温度，℃；

$\qquad t_1$、t_2——冷水进口和冷水出口温度，℃。

三、注意事项

（1）蒸汽发生器在使用过程中水位不得低于水位计红线处。

（2）蒸汽发生器可定期通过阀 10-8 进行排污。

（3）在冬季，如室温低于 0℃，应设法将系统内的水放尽（凝结水系统的积水可用压缩空气吹出），防止冻坏设备。

实验四十四　虹 吸 演 示 实 验

一、实验目的

（1）观察虹吸发生、发展及破坏的过程。

（2）理解虹吸工作的原理及估算虹吸管的高度。

二、实验设备

虹吸演示仪。

三、实验原理

虹吸管的工作原理是先将管中空气抽出，使虹吸管路形成真空，在大气压强的作用下，高水位水箱中的水从管口上升到管的顶部，然后流向低水位水箱。

四、实验步骤

（1）高水位水箱、低水位水箱及测压烧杯内加满水。为增加演示效果，可在水中加入少量红墨水。

（2）开启水泵，打开虹吸管上抽真空装置，在管路内形成真空，然后用管夹子夹住胶管或关闭阀门。

（3）打开测压点的小阀门，就能看到烧杯中的三根测压管水位上升，这是管路中的真空值，表明三个测压点的压力分布不同。

（4）打开抽真空装置，吸入空气，可观察虹吸的破坏过程。

实验四十五　风机的性能实验

一、实验目的

（1）测绘风机的特性曲线 P—Q、P_a—Q 和 η—Q。

（2）掌握风机的基本实验方法及其各参数的测试技术。

（3）了解实验装置及主要设备和仪器仪表的性能及其使用方法。

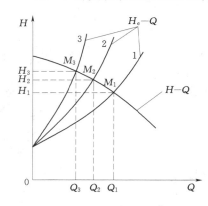

图 45-1　改变管路特性来改变工作点

二、实验原理

由风机原理及其基本实验方法可知，风机在某一工况下工作时，其全压 P、轴功率 P_a、总效率 η 与流量 Q 有一定的关系。当流量变化时，P、P_a 和 η 也随之变化。因此，可通过调节流量获得不同工况点的 Q、P、P_a 和 η 的数据，再把它们换算到规定转速和标准状况下的流量、全压、轴功率和效率，就能得到风机的性能曲线，风机空气动力性能实验，通常可采用节流方法改变风机工作点，如图 45-1 所示。

三、实验装置及测试仪器

风机实验装置有进气实验装置、出气实验装置、进出气实验装置三种，如图 45-2～图 45-4 所示。教学实验可选用图 45-2 所示的进气实验装置，测试仪器主要为 U 形管压差计、大气压力计、三相功率表、手持式转速表及温度计等。

四、实验参数测取

1. 流量 Q 的测量

风机的流量比较大，又易受温度和压力的影响，因此多用进口集流器和皮托管测量。

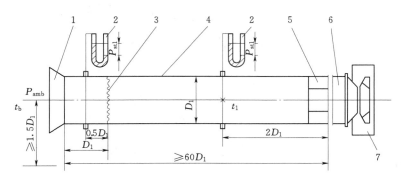

图 45-2　进气实验装置

1—集流器；2—压力计；3—网栅节流器；4—进气管；
5—整流栅；6—锥形接头；7—风机

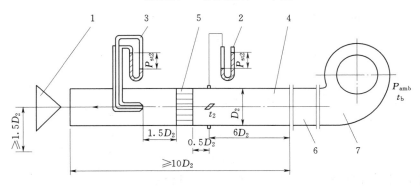

图 45-3　出气实验装置

1—锥形节流器；2—压力计；3—复合测压计；4—出气管；
5—整流栅；6—锥形接头；7—风机

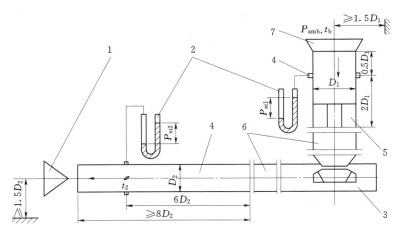

图 45-4　进出气实验装置

1—锥形节流器；2—压力计；3—风机；4—风管；
5—整流栅；6—锥形接头；7—集流器

（1）进口集流器测流量，用于风机进气和进出气实验上，流量公式为

$$Q=\frac{\sqrt{2}}{\rho_1}A_1\phi\sqrt{\rho_{amb}|P_{stj}|}\qquad(45-1)$$

其中

$$\rho_{amb}=\frac{P_{amb}}{R(273+t_b)}\qquad(45-2)$$

$$\rho_1=\frac{P_1}{R(273+t_1)}\qquad(45-3)$$

$$P_1=P_{amb}-|P_{st1}|\qquad(45-4)$$

式中　　Q——风机流量，m^3/s；

P_1——风机进口空气绝对全压，Pa；

$|P_{st1}|$——风机进口空气静压绝对值，Pa；

ρ_1——风机进口空气密度，kg/m^3；

t_1——风机进口空气温度，℃；

$|P_{stj}|$——风管进口静压绝对值，Pa；

A_1——进气风管截面积，m^2；

P_{amb}——环境大气压强，Pa；

ρ_{amb}——环境大气密度，kg/m^3；

t_b——环境大气温度，℃；

ϕ——集流器系数，锥形为 0.98，圆弧形为 0.99；

R——空气常数，取 287N·m/(kg·K)。

（2）皮托管测流量用于风机出气实验上，流量公式为

$$Q=\frac{\sqrt{2}A_2\sqrt{\rho_2 P_{d2}}}{\rho_{amb}}\qquad(45-5)$$

其中

$$\rho_2=\frac{P_2}{R(273+t_2)}\qquad(45-6)$$

$$P_2=P_{amb}+P_{st2}+P_{da}\qquad(45-7)$$

式中　　P_2——风机出口空气绝对全压，Pa；

P_{st2}——风机出口空气绝对静压，Pa；

P_{d2}——风机出口动压平均值，Pa；

ρ_2——风机出口空气密度，kg/m^3；

t_2——风机出口空气温度，℃；

A_2——出口风管截面积，m^2；

Q、ρ_{amb}、R——意义与式（45-1）相同。

在工程上这种方法只能用在含尘量不大的气流。

2. 风机全压 P 的测量

全压等于静压和动压之和，即

$$P=P_{st}+P_d\qquad(45-8)$$

式中　　P——风机全压，Pa；

P_{st}——风机静压，Pa；

P_d——风机动压，Pa。

实验时分别求出动压和静压，再计算全压。

（1）静压 P_{st} 其计算如下。

1）风机进气实验，P_{st} 由式（45-9）计算

$$P_{st} = |P_{st1}| - P_{d1} + \Delta P_1 \tag{45-9}$$

其中

$$\Delta P_1 = 0.15 P_{d1} \tag{45-10}$$

对锥形集流器

$$P_{d1} = 0.96 \frac{\rho_{amb}}{\rho_1} |P_{stj}| \tag{45-11}$$

对圆弧形集流器

$$P_{d1} = 0.98 \frac{\rho_{amb}}{\rho_1} |P_{stj}| \tag{45-12}$$

式中　　　　P_{d1}——风机进口动压；

ΔP_1——进气实验阻力损失；

$|P_{stj}|$，ρ_1，ρ_{amb}——意义与式（45-1）相同。

2）风机出气实验，P_{st} 由式（45-13）计算

$$P_{st} = P_{st2} - \Delta P_2 \tag{45-13}$$

其中

$$\Delta P_2 = 0.15 P_{d2} \tag{45-14}$$

式中　ΔP_2——出气实验阻力损失；

P_{st2}、P_{d2}——意义与式（45-5）相同。

如果风机出口截面积与出口风管截面积不相等时，则风机静压按式（45-15）修正

$$P'_{st} = P_{st} + \left[1 - \left(\frac{A_2}{A} \right)^2 \right] P_d \tag{45-15}$$

式中　P'_{st}——修正后的风机静压，Pa；

A——风机出口截面积，m^2；

其他符号意义同前。

3）风机进出气实验，P_{st} 由式（45-16）计算

$$P_{st} = P_{st2} + |P_{st1}| - P_{d2} + \Delta P \tag{45-16}$$

其中

$$\Delta P = \Delta P_1 + \Delta P_2 = 0.15 P_{d1} \left[1 + \left(\frac{A_1}{A_2} \right)^2 \right] \tag{45-17}$$

式中　ΔP——进出气实验阻力损失之和，Pa；

其他符号意义同前。

应当注意，在风机进出气实验用集流器测流量时，无 $|P_{st1}|$ 值，此时用 $|P_{stj}|$ 代替，该值由风管进口测压计读得。此外，如果风机出口截面积与出口风管面积不等时，风机静压用式（45-15）进行修正。

（2）动压 P_d 其计算如下。

1）风机进气实验，P_d 由式（45-18）计算

$$P_d = 0.051 \frac{\rho_1^{\,2}}{\rho_{amb}} \left(\frac{Q}{A} \right)^2 \tag{45-18}$$

式中符号意义同前。

2）风机出气实验，P_d 由式（45-19）计算

$$P_d = P_{d2} \qquad (45-19)$$

3）风机进出气实验，P_d 由式（45-20）计算

$$P_d = 0.051 \frac{\rho_{amb}^2}{\rho_2} \left(\frac{Q}{A} \right)^2 \qquad (45-20)$$

式中符号意义同前。

3. 效率 η 的计算

$$\eta = \frac{PQ}{1000P_a} \times 100\% \qquad (45-21)$$

式中 P_a——风机轴功率，kW；

其他符号意义同前。

风机转速 n 和轴功率 P_a 的测量方法参照实验四十六"泵的性能实验"。

五、实验操作要点

（1）在风机机械试运转合格后，方可进行正式实验。

（2）使用节流器（进气实验为网栅，其他两种实验为锥形节流器）调节风机流量时，流量点应在最大流量和零流量之间均匀分布，点数不得少于 7 个。

（3）对应每一个流量，要同时测取各实验参数，并详细地记入专用表格；在确认实验情况正常，数据无遗漏、无错误时，方可停止实验。

六、实验结果及讨论

（1）由各工况点的原始数据计算出 Q、P 和 P_a 各值，并换算到规定转速和标准状况下。

（2）选择适当的图幅和坐标，在同一图上作出 P—Q、P_a—Q 和 η—Q 曲线。

（3）讨论要点：风机启动、运行和停止的操作方法及注意事项；有关现象的观察及解释；数据处理及绘制曲线的基本方法和步骤。

七、教学实验举例

测绘 4-72-11，No.2.8A 离心风机性能曲线，用集流器测流量，三相功率表测轴功率，手持式转速表测转速。

1. 实验装置

实验装置如图 45-2 所示。

2. 设备、仪器及已知数据

（1）风机：4—72—11，No.2.8A。

（2）三相功率表：D33—W。

（3）转速表：LZ—30。

（4）集流器：锥形，锥角 $\theta = 60°$，集流器系数 $\phi = 0.98$。

（5）测压计：U 形管压差计，工作液体为水。

（6）空盒气压表：DYM3。

（7）已知数据：机械效率 $\eta_{tm} = 1.0$；规定转速 $n_{sp} = 2900 \text{r/min}$；进气风管截面积 $A = 0.0616 \text{m}^2$；风机出口截面积 $A = 0.0439 \text{m}^2$。

3. 实验测试参数计算公式

（1）测试参数 P_{stj}、P_{sti}、P_{amb}、t_b、n 和 P。

（2）计算公式：流量 Q 用式（45-1）～式（45-4），效率 η 用式（45-21），风压 P 用式（45-8）～式（45-12）和式（45-18），轴功率用式（45-11）和式（45-14）。

4. 实验结果及讨论

（1）风机实验数据及实验结果列于表45-1和表45-2中，表中只给出了两个实验点的数据。

表 45-1   实 验 数 据

点号	P_{stj}（Pa）	P（Pa）	P_a（W）	n（r/min）	P_{amb}（Pa）	t_b（℃）
1	96.65	107.80	7.9	2990	9192.8	22
2	78.40	254.80	8.5	2990	9192.8	22

表 45-2   实 验 结 果

点号	实 测 值				$n_{sp}=2900$r/min，标准状态			
	Q（m³/s）	P（Pa）	P_a（kW）	N（r/min）	Q（m³/s）	P（Pa）	P_a（kW）	N（r/min）
1	0.782	33.81	0.39	2990	0.759	35.18	0.39	6.9
2	0.727	100.81	0.44	2990	0.705	198.84	0.45	32.2

（2）性能曲线如图45-5所示。

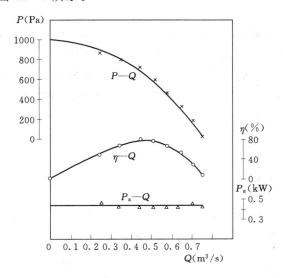

图 45-5 离心风机性能曲线

（3）讨论：用进气装置测绘风机性能曲线的优缺点；如何调节和控制风机流量；绘制性能曲线应注意哪些问题。

实验四十六 泵 的 性 能 实 验

一、实验目的

（1）测绘泵的工作性能曲线，了解性能曲线的用途。

（2）掌握泵的基本实验方法及其各参数的测试技术。

（3）了解实验装置的整体构成、主要设备和仪器仪表的性能及其使用方法。

二、实验原理

泵的性能曲线是指在一定转速 n 下扬程 H、轴功率 P_a、效率 η 与流量 Q 间的关系曲线。它反映了泵在不同工况下的性能。由离心泵理论和它的基本实验方法可知，泵在某一工况下工作时，其扬程、轴功率、总效率和流量有一定的关系。当流量变化时，这些参数也随之变化，即工况点及其对应参数是可变的。因此，离心泵实验时可通过调节流量来调节工况，从而得到不同工况点的参数。然后，再把它们换算到规定转速下的参数，就可以在同一幅图中作出 $H—Q$、$P_a—Q$、$\eta—Q$ 关系曲线。

离心泵性能实验，通常采用出口节流方法调节，即改变管路阻力特性来调节工况。见实验四十五"风机的性能实验"中的图 45-1。

三、实验装置

泵的性能实验，要求在实验台上进行。一般的教学实验，C 级实验台就足够了。目前某些院校和教学设备厂生产的简易实验台也可以使用。

四、实验参数测取

泵的性能实验必须测取的参数有 Q、H、P_a 和 n，效率 η 则由计算求得。

1. 流量 Q 的测量

流量常用工业流量计和节流装置直接测量。用工业流量计测流量速度快，自动化程度高，方法简便，只要选择的流量计精确度符合有关标准规定，实验结果就可以达到要求。

常用的工业流量计有涡轮流量计和电磁流量计。涡轮流量计主要由涡轮流量变送器和数字式流量指示仪组成，配以打印机可以自动记录。它的精确度较高，一般能达到 ±0.5％。其流量计算公式为

$$Q = Q_f / \xi$$

式中　Q——流量，L/s；

　　Q_f——流量指示仪读数，L/s；

　　ξ——流量计常数。

电磁流量计包括变送器和转换器两部分。它也可以测量含杂质液体的流量。它的精确度较涡轮流量计差，一般为 1％～1.5％，价格也较高。

这些流量计多在现场安装，配以适当的装置也可以远传和自动打印。关于它们的详细构造、原理、安装、操作和价格等，可查阅自动化仪表手册和使用说明书。

常用的节流装置有标准孔板、标准喷嘴、标准文丘里管。选择和使用这些装置时，必须符合有关标准规定。

用节流装置测流量时，多半要配以二次显示仪表。如果与变送器配合使用，则可以远

图 46-1 节流装置测流量示意图

传和自动化测量，如图 46-1 所示。

2. 扬程 H 的测量

泵扬程是在测得泵进、出口压强和流速后经计算求得，因此属于间接测量，如图 46-2 所示。

扬程计算公式为：

（1）进口压强小于大气压强时

$$H = H_{M2} + H_s + Z_2 \frac{V_2^2 - V_1^2}{2g} \tag{46-1}$$

（2）进口压强大于大气压强时

$$H = H_{M2} - H_{M1} + H_s + (Z_2 - Z_1) + \frac{V_2^2 - V_1^2}{2g} \tag{46-2}$$

其中

$$V_1 = Q/A_1 \tag{46-3}$$

$$V_2 = Q/A_2 \tag{46-4}$$

式中　　H——扬程，m；

Q——流量，m^3/s；

H_s——进口真空表读数，m；

H_{M1}——进口压强表读数，m；

H_{M2}——出口压强表读数，m；

Z_1、Z_2——真空表和压强表中心距基准面高度，m；

V_1、V_2——进、出口管中液体流速，m/s；

A_1、A_2——进、出口管的截面积，m^2。

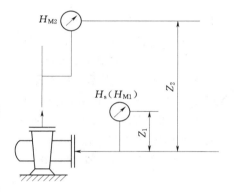

图 46-2　扬程测量

根据实验标准规定，泵的扬程是指泵出口法兰处和入口法兰处的总水头差，而测压点的位置是在离泵法兰 2D 处（D 为泵进口、出口管直径），因此用式（46-1）和式（46-2）计算的扬程值，还应加上测点至泵法兰间的水头损失：$H_j = H_{j1} + H_{j2}$，H_{j1} 和 H_{j2} 为对进口和出口而言的水头损失值，其计算方法和流体力学中计算方法相同。但如果 $H_j < 0.002H$（B级）、$H_j > 0.005H$（C 级）时，则可不予修正。

3. 转速 n 的测量

泵转速常通过手持式转速表、数字式转速表或转矩转速仪直接读取。

使用手持式转速表时，把它的感速轴顶在电动机轴的中心孔处，就可以从表盘上读出转速，如图 46-3 所示。这种转速表主要有机械式和数字式两种，使用方便，精确度达到 C 级实验要求。

数字式转速表主要由传感器和数字频率计两部分组成，如图 46-4 所示。传感器将转速变成电脉冲信号，传给数字频率计直接显示出转速值。传感器有光电式和磁电式两大类，后者使用较多。这种表的测速范围大，为 $30 \sim 4.8 \times 10^5$ r/min，精确度也较高，可达 $\pm 0.1\% \sim 0.05\%$，因此多用于 B 级以上实验，常用的如 JSS—2 型数字转速表。

转矩转速仪可以在测转矩的同时测转速。

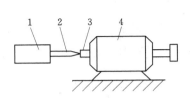

图46-3 手持式转速表测转速

1—转速表；2—感速轴；3—电动机轴；4—电动机

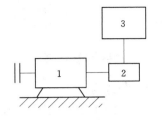

图46-4 数字式转速表测转速

1—电动机；2—传感器；3—数字频率计

4. 轴功率 P_a 的测量

泵轴功率目前常用转矩法和电测法测量。

（1）转矩法。这是一种直接测量的方法。轴功率计算公式为

$$P_a = \frac{Mn}{9549.29} \qquad (46-5)$$

式中 P_a——轴功率，kW；

$\quad\quad M$——转矩，N·m；

$\quad\quad n$——叶轮转速，r/min。

由式（46-5）可见，只要测得 M 和 n 即可求得轴功率。转速 n 的测量方法已在前面介绍过，下面介绍转矩 M 的测量方法。

1）天平式测功计测转矩（如图46-5所示）：它是在与泵连接的电动机外壳两端加装轴承，并用支架支起，使电动机能自由摆动；电动机外壳在水平径向上装有测功臂和平衡臂，测功臂前端作成针尖并挂有砝码盘。

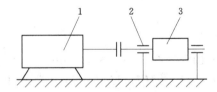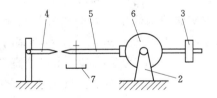

图46-5 天平式测功计测转矩

1—泵；2—轴承及支架；3—平衡及平衡重；4—准星；5—测功臂；6—电动机；7—砝码盘

在泵停止时，移动平衡重使测功臂针尖正对准心，测功计处于平衡状态。当电动机带动泵运转时，在反向转矩作用下，电动机外壳反向旋转失去平衡。此时在砝码盘中加入适量砝码，使测功臂针尖再对准准心，测功计重新平衡。则此砝码重量乘以测功臂长度得到的正向转矩和反向转矩相等，因而可得转矩为砝码重量乘以测功臂长度得到的正向转矩和反向转矩相等，因而可得转矩为

$$M = gmL \qquad (46-6)$$

式中 M——转矩，N·m；

$\quad\quad m$——砝码重量，kg；

$\quad\quad L$——测功臂长度，m；

$\quad\quad g$——重力加速度，9.806m/s²。

把式（46-6）代入式（46-5），得

$$P_a = \frac{mn}{973.7} \qquad (46-7)$$

当 $L = 0.9737\text{m}$ 时

$$P_a = \frac{mn}{1000} \qquad (46-8)$$

当 $L = 0.4869\text{m}$ 时

$$P_a = \frac{mn}{2000} \qquad (46-9)$$

这样，只需测出砝码质量 m 和转速 n 就可以得到 P_a。这种测功方法适合于小型泵，其精确度也较高，因此实验室广泛采用。但天平的灵敏度及零件精确度应与标准相符，以保证轴功率测量的精确度。

2）转矩转速仪测转矩：这种测功计是一种传递式转矩测量的设备。它由传感器和显示仪表两部分组成，如图 46-6 所示，传感器和显示仪表种类很多，主要有电磁式和光电式两大类，可根据实验条件选用。在泵的实验中，可用 ZJ 系列的转矩转速传感器和 ZJYW 微机型转矩转速指示仪配套使用，可同时测量转矩和转速。用这种方法测量精确度较高，测转矩时精确度折算成相位差可达 $\pm 0.2°$，测转速时精确度可达 $\pm 0.05\%$，因而在生产和科研中用的较多。但转矩转速仪价格较高。

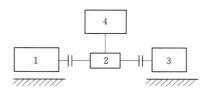

图 46-6 转矩转速仪测转矩示意图
1—泵；2—传感器；3—电动机；
4—转矩转速仪

（2）电测法。这种方法是通过测量电动机输入功率和电动机效率来确定泵的轴功率的方法。如果知道电动机输入功率 P_{gr}、电动机效率 η_g，传动机械效率 η_{tm}，则电动机输出功率 P_g 和泵的轴功率 P_a 为

$$P_g = P_{gr}\eta_g \qquad (46-10)$$
$$P_a = P_{gr}\eta_g\eta_{tm} \qquad (46-11)$$

式中　P_a——泵的轴功率，kW；

　　　P_g——电动机输出功率，kW；

　　　P_{gr}——电动机输入功率，kW；

　　　η_g——电动机效率，％；

　　　η_{tm}——电动机与泵间传动机械效率，％。

电动机直连传动 $\eta_{tm} = 100\%$，联轴器传动 $\eta_{tm} = 98\%$；液力联轴器传动 $\eta_{tm} = 97\%$ $\sim 98\%$。

所以，关键是测量电动机输入功率 P_{gr}，常用方法有以下几种：

1）用双功率表测量，计算公式为

$$P_{gr} = K_1 K_u (P_1 + P_2) \qquad (46-12)$$

式中　K_1、K_u——电流和电压的互感器变比；

　　　P_1、P_2——两功率表读数，kW。

2）用电流表和电压表测量，计算公式为

$$P_{gr} = \sqrt{3}\, IU\cos\varphi / 1000 \qquad (46-13)$$

式中　I——相电流，A；

　　　U——相电压，V；

　　$\cos\varphi$——电动机功率因数。

　　3）用三相功率表测量，计算公式为

$$P_{gr} = CK_1 K_u P \qquad (46-14)$$

式中　C——三相功率表常数；

　　　P——功率表读数，kW。

　　电动机效率与输入功率的大小有关，根据电动机实验标准通过实验来确定，并把实验数据制成曲线，使用时由曲线查出 η_g。

　　5.效率 η 的计算

$$\eta = \frac{\rho g H Q}{100 P_a} \times 100\% \qquad (46-15)$$

式中　η——效率，%；

　　　ρ——流体密度，kg/m³；

　　　H——扬程，m；

　　　Q——流量，m³/s；

　　　P_a——轴功率，kW；

　　　g——重力加速度，9.806m/s²。

五、实验操作要点

　　（1）在测取实验数据之前，泵应在规定转速下和工作范围内进行试运转，对轴承和填料的温升、轴封泄漏、噪声和振动等情况进行全面检查，一切正常后方可进行实验。试运转时间一般为 15～30min。若泵需进行预备实验，试运转也可以结合预备实验一起进行。

　　（2）实验时通过改变泵出口调节阀的开度来调节工况。实验点应均匀分布在整个性能曲线上，要求在 13 个以上，并且应包括零流量和最大流量，实验的最大流量至少要超过泵的规定最大流量的 15%。

　　（3）对应每一工况，都要在稳定运行工况下测定全部实验数据，并详细填入专用的记录表内。实验数据应完整、准确，对有怀疑的数据要注明，以便校核或重测。

　　（4）在确认应测的数据无遗漏、无错误时方可停止实验。为避免错误和减少工作量，数据整理和曲线绘制可与实验同步进行。

六、实验结果、曲线绘制、讨论

　　（1）根据原始记录，用有关公式求出实测转速下的 Q、H、P_a 和 η，再换算到指定转速下的各相应值，并填入表内。

　　（2）选择适当的计算单位和图幅，绘制 H—Q、P_a—Q、η—Q 曲线。Q 的单位可用 m³/s 或 L/s，H 用 m，η 用%。

　　（3）讨论要点：泵启动、运行和停止的操作要点及注意事项，参数测量要点及有关现象的观察和解释；主要设备、仪器仪表的原理和使用方法；异常数据的处理；曲线的绘制、拟合及用途。

七、教学实验举例

测绘 IS50－32－125 离心泵性能曲线。本实验用天平式测功计测轴功率，用数字式转速表测转速，用涡轮流量计测流量。

1. 实验装置

开式多功能实验台，如图 46－7 所示。

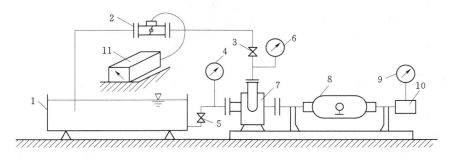

图 46－7　离心泵实验装置

1—水槽；2—涡轮流量变送器；3—出口阀；4—真空表；5—入口阀；6—压强表；

7—泵；8—测功计及电动机；9—数字转速表；10—传感器；11—流量指示仪

2. 设备、仪器、已知数据

（1）离心泵：型号为 IS50－32－125，其型式数 $K=0.286$。

（2）天平式测功计：臂长 $L=0.4869$m。

（3）流量计：涡轮流量变送器 LW—40；流量计常数 $\xi=74.21$；流量指示仪 XPZ—10。

（4）数字式转速表：SZD—31。

（5）规定转速：$n_{sp}=2900$r/min。

（6）表位差：$Z_2=0.74$m。

3. 测试参数及公式

（1）测试参数 Q_r，H_s，H_{M2}，m，n。

（2）计算公式：根据式（46－1）、式（46－2）、式（46－9）和式（46－15），将已知数据代入，得

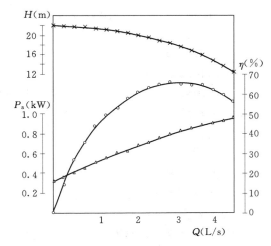

图 46－8　离心泵的性能曲线

$$Q=Q_r/74.21$$

$$H=H_{M2}+H_s+\frac{V_2^2-V_1^2}{2g}+0.74$$

4. 数据

为减少篇幅，只给出两个实验点的数据，列于表 46－1 和实验结果列于表 46－2 中。

5. 曲线

根据表 46－2 的数据制成曲线，如图 46－8 所示。

表 46-1   实 验 数 据

点号	H_s (m)	H_{M2} (m)	n (r/min)	m (kg)	Q_r (L/s)
1	3.94	8.99	3000	0.72	340
2	3.60	10.79	3000	0.70	320

表 46-2   实 验 结 果

点号	实 测 值				n_{sp} = 2900r/min			
	Q (L/s)	H (m)	P_a (kW)	n (r/min)	Q (L/s)	H (m)	P_a (kW)	η (%)
1	4.58	13.68	1.08	3000	4.43	12.78	0.98	56.88
2	4.31	15.14	1.05	3000	4.17	14.15	0.95	60.09

6. 讨论

（1）离心泵启动时出口阀是全开还是全关？为什么？停泵时又如何？为什么？

（2）绘制泵性能曲线是用表 46-2 中的实测数据还是用换算到 N_{sp} = 2900r/min 时的数据？为什么？

实验四十七　旋 涡 仪 实 验

一、实验目的

采用两相流原理，利用吸入的空气做流线，观察渠管道水流的流动图形，有卡门涡流、弯道二次流及突然扩大、突然缩小的流线变化等。

二、实验装置

旋涡实验仪。

三、实验原理

液流突然扩大和逐渐扩大，液流逐渐缩小和突然缩小，液流突然转弯和逐渐弯曲，流道中的局部障碍都会使液流产生旋涡，并产生能量的损失。

该实验装置分三组观察：

一组是弯道流动，当液体流经 90°拐角时会产生二次流、旋涡区，而拐角过渡的管道区不产生旋涡，能量损失小。

二组是圆柱体尾流产生交叉排列，转动方向相方，尾流旋涡成对出现，是无规则的湍流流动。

三组是突然扩大、突然缩小和光滑过渡的流线的变化，突然缩小可以看到流线呈抛物线形、突然扩大可以看到是一个大旋涡和一个小旋涡。而光滑过渡流线无扭曲现象，尾流只有一个大旋涡。这组的旋涡有时顺时针转，有时逆时针转，也可以对称出现，是典型的湍流流动，结构很不稳定。

四、实验步骤

（1）先打开一组（即弯道流）球阀。然后接通电源，就能看到管道弯道流的流动图形。

（2）打开二组，关闭一组，依次打开三组，关闭二组。若要看三组旋涡的变化，把水泵停下来，先打开三组，能看到一组流动图形，然后打开一组或二组，再打开三组，又能看到不同的旋涡变化，可以任意调整。

（3）为了看得清楚，背面可挡块黑布。

五、思考题

（1）三组旋涡在工程上各有哪些体现？

（2）三组旋涡在工程上各有哪些应用？

实验四十八　烟气流线演示实验

一、实验目的

（1）了解流线的基本特性，观察定常流条件下的迹线和流线。

（2）观察流体绕流各种物体和流经各种管道内部时的流谱。

（3）观察绕流静止和相对运动圆柱体时，边界层分离情况。

二、实验原理

流线和迹线是描绘流体运动图形的空间曲线。流线是流场中的一条光滑曲线，同一瞬时，位于该曲线上各质点的速度矢量，在各质点处与曲线相切。迹线则是一个质点在某个时间间隔的运动轨迹。

流线与迹线有本质上的区别，流线是一群质点在某一瞬间的流速矢量所形成的曲线，而迹线是一个质点在一段时间内的轨迹线。

本实验利用了在定常流情况下，流线与迹线重合这一重要特性为基本原理。方法是在气流中均匀地加入缕缕白烟，使之流过各种物体，烟线的形状即是流线（即迹线）。

三、实验设备

烟气流线仪，如图 48-1 所示。

四、实验步骤

（1）接通电源，按下开关中的按钮之②和①，打开吹风机和烟气流线仪上的日光灯。

（2）松开调整螺栓，打开烟气发生器，将一卫生香点燃，放入烟气发生器的圆筒中，拧紧调整螺栓。

（3）调整排风口阀门，使烟线稳定清晰。

（4）调整模型旋钮，观察模型不同位置时的流线分布情况，并绘出流谱。

（5）打开仪器后盖板，调换其他模型，绘出流谱。

（6）对于圆柱体模型，先做静止状态，然后打开小电机开关（开关中的③），让圆柱体旋转，观察并绘制流谱，分析边界分离的

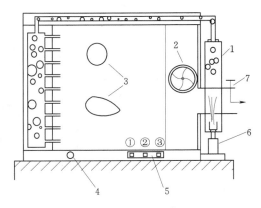

图 48-1　烟气流线仪
1—烟气发生器；2—吹风机；3—模型；4—模型旋钮；
5—开关；6—调整螺栓；7—排风口阀门

特点和变化。

五、实验结果

烟气流线仪演示的是流线在空气中的形状和性质。通过观察了解流线的如下性质：

（1）不相交，否则位于交点处的质点将有两个速度矢量，这是不可能的。

（2）流线不是折线，必须是光滑曲线。原因同（1）。

（3）流线密集的地方流速大，流线稀疏的地方流速小。这类似于磁场中的磁力线。

（4）非恒定流中，流线随时间的变化而变化，在恒定流中，流线不随时间的变化而变化，与迹线重合。

但是，在有些特定的条件下，如速度为零或为无穷大处，即驻点或奇点处，流线是相交的。

第 七 章 控 制 工 程 基 础

实验四十九 控制系统应用软件学习使用及
典型控制系统建模分析

一、实验目的

(1) 熟悉 MATLAB 的环境和基本操作指令。

(2) 熟悉 MATLAB 的数据表示、基本运算和程序控制语句。

(3) 掌握 MATLAB 软件使用的基本方法。

(4) 掌握用 MATLAB 创建控制系统模型。

二、实验原理

1. MATLAB 的基本知识

MATLAB 是一种面向科学和工程计算的高级语言，现已成为国际公认的最优秀的科技界应用软件之一，在世界范围内广为流行和使用。MATLAB 是矩阵实验室（Matrix Laboratory）之意。MATLAB 具有很强的数值计，符号计算，文字处理，可视化建模仿真和实时控制等功能。MATLAB 的基本数据单位是矩阵，它的指令表达式与数学及工程中常用的形式十分相似，故用 MATLAB 来解算问题要比用 C、FORTRAN 等语言完相同的事情简捷得多。

当 MATLAB 程序启动时，一个称为 MATLAB 桌面的窗口出现了。默认的 MAT-LAB 桌面结构如图 49-1 所示。

在 MATLAB 集成开发环境下，它集成了管理文件、变量和用程序的许多编程工具。在 MATLAB 桌面上可以得到和访问的主要窗口如下。

命令窗口（The Command Window）：在命令窗口中，用户可以在命令行提示符（≫）后输入一系列的命令，回车之后执行这些命令，这些命令的执行也是在这个窗口中实现的。

命令历史窗口（The Command History Window）：用于记录用户在命令窗口输入过的所有命令行，并标明使用时间，这些命令会一直存在下去。双击这些命令可使它再次执行；也可以复制或删除命令，先选择，然后单击右键，在弹出菜单中选择即可。

工作间窗口（Workspace）：可以查阅、保存、编辑、删除内存变量。

当前目录窗口（Current Directory Browser）：显示当前用户工作所在的路径。

MATLAB 命令常用格式：变量＝表达式

或直接简化：表达式

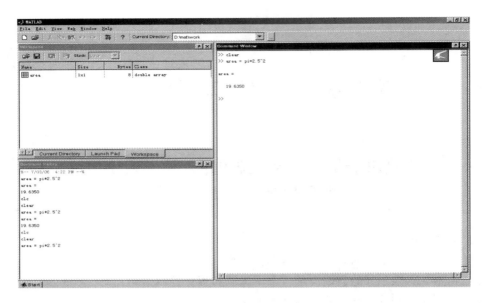

图 49 - 1　MATLAB 桌面结构图

通过"＝"符号将表达式的值赋予变量，若省略变量名和"＝"号，则 MATLAB 自动产生一个名为 ans 的变量。

变量名必须以字母开头，其后可以是任意字母、数字或下划线，大写字母和小写字母分别表示不同的变量，不能超过 19 个字符，特定的变量如：pi（＝3.141596）、Inf（＝∞）、NaN（表示不定型求得的结果，如 0/0）等不能用作它用。

表达式可以由函数名、运算符、变量名等组成，其结果为一矩阵，赋给左边的变量。

MATLAB 所有函数名都用小写字母。MATLAB 有很多函数，不容易记忆。可以用帮助（HELP）函数帮助记忆，有三种方法可以得到 MATLAB 的帮助：单击 MATLAB 桌面工具栏上的 HELP 图标；在命令窗口（The Command Windows）中输入 helpdesk 或 helpwin 来启动帮助；通过浏览 MATLAB 参考证书或搜索特殊命令得到帮助。

另外还有两种运用命令行的原始形式得到帮助。

第一种方法是在 MATLAB 命令窗口（The Command Windows）中输入 help 或 help ＋函数名。如果在命令窗口（The Command Windows）中只输入 help，MATLAB 将会显示一连串的函数。如果输入 help＋函数名，那么 help 将会提供这个函数或工具箱。

第二种方法是通过 lookfor 函数得到帮助。lookfor 函数与 help 函数不同，help 函数要求与函数名精确匹配，而 lookfor 只要求知道某个函数的部分关键字，Lookfor＋函数名关键字，可以很方便地实现查找。

常用运算符及特殊符号的含义与用法如下：

＋　　数组和矩阵的加法

—　　数组和矩阵的减法

＊　　矩阵乘法

／　　矩阵除法

[] 用于输入数组及输出量列表

() 用于数组标识及输入量列表

' ' 其内容为字符串

, 分隔输入量，或分隔数组元素

; 1. 分开矩阵的行

  2. 在一行内分开几个赋值语句

  3. 需要显示命令的计算结果时，则语句后面不加 ";"号，否则要加 ";"号。

% 其后内容为注释内容，都将被忽略，而不作为命令执行

… 用来表示语句太长，转到第二行继续写

回车之后执行这些命令。

举例：矩阵的输入

$$\mathbf{A}=\begin{vmatrix} 1 & 2 & 3 \\ 4 & 5 & 6 \\ 7 & 8 & 9 \end{vmatrix}$$

矩阵的输入要一行一行的进行，每行各元素用（,）或空格分开，每行用（;）分开。
MATLAB 书写格式为：

A＝[1,2,3;4,5,6;7,8,9]

或 A＝[1 2 3;4 5 6;7 8 9]

回车之后运行程序可得到 A 矩阵

$$
A=\begin{matrix} 1 & 2 & 3 \\ 4 & 5 & 6 \\ 7 & 8 & 9 \end{matrix}
$$

需要显示命令的计算结果时，则语句后面不加 ";"号，否则要加 ";"号。

运行下面两种格式可以看出它们的区别

a＝[1 2 3;4 5 6;7 8 9]   a＝[1 2 3;4 5 6;7 8 9];

$$
a=\begin{matrix} 1 & 2 & 3 \\ 4 & 5 & 6 \\ 7 & 8 & 9 \end{matrix}
$$
（不显示计算结果）

2. 系统建模

（1）系统的传递函数模型。

系统的传递函数为

$$G(s)=\frac{C(s)}{R(s)}=\frac{b_1 s^m+b_2 s^{m-1}+\cdots+b_n s+b_{m+1}}{a_1 s^n+a_2 s^{n-1}+\cdots+a_n s+a_{n+1}}$$

对线性定常系统，式中 s 的系数均为常数，且 a_1 不等于零。

此系统在 MATLAB 中建模可由分子系数构成的向量和分母的系数构成的向量确定。
例如：

$$num=[b1,b2,\cdots,bm,bm+1]$$
$$den=[a1,a2,\cdots,an,an+1]$$

num（也可以用其他字符表示）——分子变量名。

den（也可以用其他字符表示）——分母变量名。

注意：它们都是按 s 的降幂进行排列的。

举例：

传递函数为

$$G(s)=\frac{2s^3+4s^2+6}{8s^4+10s^3+12s^2+14s+16}$$

输入：

>>n=[2,4,0,6],d=[8 10 12 14 16]

运行后显示：

num=　2　　4　　0　　6

den=　8　　10　　14　　16

（2）模型的连接。

1）并联：parallel。

格式：

[num,den]=parallel(num1,den1,num2,den2)

说明：将并联连接的传递函数进行相加。

举例：

传递函数为

$$G_1(s)=\frac{1}{2s+3}\qquad G_2(s)=\frac{2s+4}{s^2+2s+3}$$

输入：

>>num1=1;den1=[2,3];num2=[2,4];den2=[1,2,3];[num,den]=parallel(num1,den1,num2,den2)

显示：

num=　0　5　16　15

den=　2　7　12　9

2）串联：series。

格式：

[num,den]=series(num1,den1,num2,den2)

说明：将串联连接的传递函数进行相乘。

3）反馈：feedback。

格式：

[num,den]=feedback(num1,den1,num2,den2,sign)

说明：将两个系统按反馈方式连接，系统 1 前向环节，系统 2 为反馈环节，系统和闭环系统均以传递函数的形式表示。sign 用来指示反馈类型，缺省时，默认为负反馈，即

sign＝－1；正反馈 sign＝1。总系统的输入/输出数等同于系统 1。

4）单位反馈：cloop。

格式：

[numc,denc]＝cloop(num,den,sign)

说明：由传递函数表示的开环系统构成单位反馈系统，sign 意义与上述相同。

三、实验仪器和用具

主要仪器设备：

（1）电脑，1 台/人。

（2）MATLAB 软件。

（3）打印机。

四、实验方法与步骤

（1）掌握 MATLAB 软件使用的基本方法。

（2）用 MATLAB 产生下列系统的传递函数模型。

$$G(s)=\frac{s^4+3s^3+2s^2+s+1}{6s^5+5s^4+4s^3+2s^2+2s+1}$$

（3）系统结构图如图 49－2 所示，求其传递函数模型

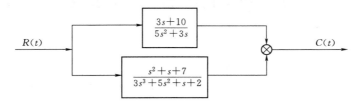

图 49－2 系统结构图（一）

（4）系统结构图如图 49－3 所示，求其传递函数模型

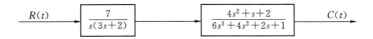

图 49－3 系统结构图（二）

（5）系统结构图如图 49－4 所示，求其多项式传递函数模型

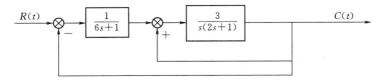

图 49－4 系统结构图（三）

五、实验分析及结论

（1）记录程序。

（2）记录与显示给定系统数学模型。

（3）完成上述各题。

六、注意事项

掌握 MATLAB 软件使用的基本方法；用 MATLAB 产生系统的传递函数模型。

七、思考题

（1）怎样使用 MATLAB 软件？
（2）怎样用 MATLAB 产生系统的传递函数模型？

实验五十　一阶、二阶系统时域特性分析

一、实验目的

（1）学会应用 MATLAB 绘制一阶、二阶系统单位阶跃响应曲线。
（2）掌握一阶系统的时域特性，理解时间常数 T 对系统性能的影响。
（3）掌握二阶系统的时域特性，理解二阶系统的两个重要参数 ξ 和 ω_n 对系统动态特性的影响。

二、实验原理

1. MATLAB 的基本知识

MATLAB 为用户提供了专门用于单位阶跃响应并绘制其时域波形的函数 step。

阶跃响应常用格式：

step(num,den)

或 step(num,den,t)　　　　表示时间范围 0～t。

或 step(num,den,t1:p:t2)　　绘出在 t_1～t_2 时间范围内，且以时间间隔 p 均匀取样的波形。

举例：

二阶系统闭环传函为 $G(s)=\dfrac{2s+5}{s^2+0.6s+0.6}$ 绘制单位阶跃响应曲线。

输入：

>>num=[2,5];den=[1,0.6,0.6];step(num,den)

显示：（见图 50-1）

2. 系统的单位阶跃响应

有关一阶、二阶系统单位阶跃响应的基本知识。

3. 系统的动态性能指标

有关一阶、二阶系统动态性能指标的基本知识。

三、实验仪器和用具

主要仪器设备：

（1）1. 电脑，1 台/人。

（2）MATLAB 软件。

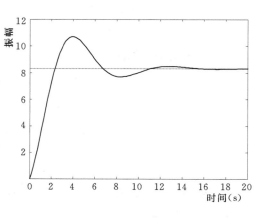

图 50-1　时域波形图

（3）打印机。

四、实验方法与步骤

1. 一阶系统

$$G(s) = \frac{1}{Ts+1}$$

T 分别为 0.1、1、10 时单位阶跃响应曲线。

2. 二阶系统

$$G(s) = \frac{\omega_n^2}{s^2 + 2\zeta\omega_n s + \omega_n^2}$$

（1）$\omega_n = 7$，ξ 分别为 0.2、0.5、0.9 时单位阶跃响应曲线。

（2）$\xi = 0.7$，ω_n 分别为 2、8、16 时单位阶跃响应曲线。

（3）键入程序，观察并记录单位阶跃响应曲线。

（4）记录各响应曲线实际测取的峰值大小、峰值时间、超调量及过渡过程时间，并填写表 50-1。

表 50-1　　　　　　　　　　**各响应曲线实际值和理论值**

参　　数		实　际　值	理　论　值
峰值 C_{max}			
峰值时间 t_p			
超调量 σ（%）			
过渡时间 t_s	$\pm 5\%$		
	$\pm 2\%$		

五、实验分析及结论

（1）完成上述各题完成上述各题。

（2）记录程序，观察记录单位阶跃响应曲线。

（3）响应曲线及指标进行比较，作出相应的实验分析结果。

（4）分析系统的动态特性。

六、注意事项

（1）注意一阶惯性环节当系统参数 T 改变时，对应的响应曲线变化特点，以及对系统的性能的影响。

（2）注意二阶系统的性能指标与系统特征参数 ξ、ω_n 之间的关系。

七、思考题

（1）一阶系统时间常数 T 对系统性能有何影响？

（2）二阶系统的两个重要参数 ξ 和 ω_n 对系统性能有何影响？

实验五十一　控制系统频域特性分析

一、实验目的

（1）学会应用 MATLAB 绘制系统幅相频率特性图、波特图。

（2）加深理解频率特性的概念，掌握系统频率特性的原理。

（3）应用开环系统的奈奎斯特图和波特图，对控制系统特性进行分析。

二、实验原理

（1）奈奎斯特图（幅相频率特性图）。MATLAB 为用户提供了专门用于绘制奈奎斯特图的函数 nyquist。

常用格式：

nyquist(num,den)

或 nyquist(num,den,w)   表示频率范围 0～w。

或 nyquist(num,den,w1:p:w2)   绘出在 w_1～w_2 频率范围内，且以频率间隔 p 均匀取样的波形。

举例：

系统开环传函为 $G(s) = \dfrac{2s^2 + 5s + 1}{s^2 + 2s + 3}$ 绘制奈奎斯特图。

输入：

>>num=[2,5,1];den=[1,2,3];nyquist(num,den)

显示：（见图 51-1）。

（2）对数频率特性图（波特图）。MATLAB 为用户提供了专门用于绘制波特图的函数 bode。

常用格式：

bode(num,den)

或 bode(num,den,w)   表示频率范围 0～w。

或 bode(num,den,w1:p:w2)   绘出在 w_1～w_2 频率范围内，且以频率间隔 p 均匀取样的波形。

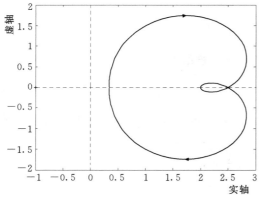

图 51-1 奈奎斯特图

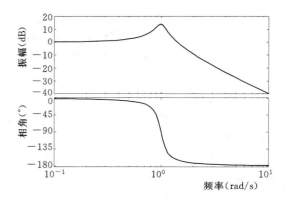

图 51-2 对数频率特性图

举例：

系统开环传函为 $G(s) = \dfrac{1}{s^2 + 0.2s + 1}$ 绘制波特图。

输入：

>>num=num=[1];den=[1,0.2,1];bode(num,den)

显示：（见图 51 - 2）。

（3）频率特性的基础知识。频率特性的概念；波特图和奈奎斯特图的画法；奈奎斯特稳定性判据等。

（4）奈奎斯特稳定性判据内容。

三、实验仪器和用具

主要仪器设备：

（1）电脑，1 台/人。

（2）MATLAB 软件。

（3）打印机。

四、实验方法与步骤

（1）系统开环传函为 $G(s) = \dfrac{1}{s^2 + 0.4s + 1}$，用 MATLAB 作奈奎斯特图和波特图。

（2）系统开环传函为 $G(s) = \dfrac{s^2 + 5s + 1}{s^2 + 2s + 3}$，用 MATLAB 作奈奎斯特图和波特图。

（3）键入程序，观察并记录各种曲线。

五、实验分析及结论

（1）完成上述各题。

（2）记录程序，观察记录各种曲线。

（3）根据开环频率特性图分析闭环系统稳定性及其他性能。

（4）作出相应的实验分析结果。

六、注意事项

（1）频率特性的概念。

（2）频率特性的测试原理及方法。

七、思考题

（1）典型环节的频率特性？

（2）怎样用奈奎斯特图和波特图对控制系统特性进行分析？

实验五十二 控制系统稳定性仿真

一、实验目的

（1）加深理解稳定性的概念，掌握判断系统稳定性的原理及方法。

（2）学会运用各种稳定判据来判断系统的稳定性及对控制系统稳定性进行分析。

（3）学会运用 MATLAB 对系统稳定性进行仿真。

二、实验原理

1. 传递函数描述

（1）连续系统的传递函数模型。连续系统的传递函数为

$$G(s) = \frac{C(s)}{R(s)} = \frac{b_1 s^m + b_2 s^{m-1} + \cdots + b_n s + b_{m+1}}{a_1 s^n + a_2 s^{n-1} + \cdots + a_n s + a_{n+1}}$$

对线性定常系统，式中 s 的系数均为常数，且 a_1 不等于零，这时系统在 MATLAB

中可以方便地由分子和分母系数构成的两个向量唯一地确定出来，这两个向量分别用 num 和 den 表示。

$$num=[b1,b2,\cdots,bm,bm+1]$$
$$den=[a1,a2,\cdots,an,an+1]$$

注意：它们都是按 s 的降幂进行排列的。

（2）零极点增益模型。零极点模型实际上是传递函数模型的另一种表现形式，其原理是分别对原系统传递函数的分子、分母进行分解因式处理，以获得系统的零点和极点的表示形式。

$$G(s)=K\frac{(s-z_1)(s-z_2)\cdots(s-z_m)}{(s-p_1)(s-p_2)\cdots(s-p_n)}$$

式中　　K——系统增益；

　　　　z_i——零点；

　　　　p_j——极点。

在 MATLAB 中零极点增益模型用 [z，p，K] 矢量组表示。即

z=[z1,z2,\cdots,zm]

p=[p1,p2,\cdots,pn]

K=[k]

函数 tf2zp（） 可以用来求传递函数的零极点和增益。

（3）部分分式展开。控制系统常用到并联系统，这时就要对系统函数进行分解，使其表现为一些基本控制单元的和的形式。

函数 [r，p，k] ＝residue（b，a）对两个多项式的比进行部分展开，以及把传递函数分解为微分单元的形式。

向量 b 和 a 是按 s 的降幂排列的多项式系数。部分分式展开后，余数返回到向量 r，极点返回到列向量 p，常数项返回到 k。

[b，a] ＝residue（r，p，k）可以将部分分式转化为多项式比 p（s）/q（s）。

举例：传递函数描述。

1）$G(s)=\dfrac{12s^3+24s^2+20}{2s^4+4s^3+6s^2+2s+2}$

》num=[12,24,0,20];den=[2 4 6 2 2];

2）$G(s)=\dfrac{4\ (s+2)\ (s^2+6s+6)^2}{s\ (s+1)^3\ (s^3+3s^2+2s+5)}$

借助多项式乘法函数 conv 来处理：

》num=4＊conv([1,2],conv([1,6,6],[1,6,6]));

》den=conv([1,0],conv([1,1],conv([1,1],conv([1,1],[1,3,2,5]))));

零极点增益模型　　　　$G(s)=\dfrac{s^3+11s^2+30s}{s^4+9s^3+45s^2+87s+50}$

》num=[1,11,30,0];

```
》den＝[1,9,45,87,50];[z,p,k]＝tf2zp(num,den)
》z＝
        0
       −6
       −5
p＝
    −3.0000＋4.0000i
    −3.0000−4.0000i
    −2.0000
    −1.0000
k＝
        1
```

结果表达式　　　　　　　　$G(s)=\dfrac{s(s+6)(s+5)}{(s+1)(s+2)(s+3+4j)(s+3-4j)}$

部分分式展开　　　　　　　$G(s)=\dfrac{2s^3+9s+1}{s^3+s^2+4s+4}$

```
》num＝[2,0,9,1];
》den＝[1,1,4,4];[r,p,k]＝residue(num,den)
》r＝
    0.0000−0.2500i
    0.0000＋0.2500i
    −2.0000
p＝
    0.0000＋2.0000i
    0.0000−2.0000i
    −1.0000
k＝
        2
```

结果表达式　　　　　　$G(s)=2+\dfrac{-0.25i}{s-2i}+\dfrac{0.25i}{s+2i}+\dfrac{-2}{s+1}$

2. 模型的转换

在一些场合下需要用到某种模型，而在另外一些场合下可能需要另外的模型，这就需要进行模型的转换。

模型转换的函数包括：

residue：传递函数模型与部分分式模型互换。

tf2zp：传递函数模型转换为零极点增益模型。

zp2tf：零极点增益模型转换为传递函数模型。

用法举例：已知部分分式　　　　$G(s)=2+\dfrac{-0.25i}{s-2i}+\dfrac{0.25i}{s+2i}+\dfrac{-2}{s+1}$

```
》r＝[−0.25i,0.25i,−2];
```

》p=[2i,-2i,-1];k=2;

》[num,den]=residue(r,p,k)

》num=

       2 0 9 1

》den=

       1 1 4 4

三、实验仪器和用具

主要仪器设备：PC 机 1 台/人，MATLAB 软件。

四、实验方法与步骤

（1）系统传递函数为 $G(s) = \dfrac{3s^4 + 2s^3 + 5s^2 + 4s + 6}{s^5 + 3s^4 + 4s^3 + 2s^2 + 7s + 2}$，用以下三种方法试判断其稳定性：

1）利用 pzmap 绘制连续系统的零极点图。

2）利用 tf2zp 求出系统零极点。

3）利用 roots 求分母多项式的根来确定系统的极点。

（2）系统传递函数为 $G(s) = \dfrac{s^2 + 2s + 2}{s^4 + 7s^3 + 3s^2 + 5s + 2}$，用以上三种方法试判断其稳定性。

五、实验分析及结论

（1）完成上述各题。

（2）记录程序，观察记录各种曲线。

（3）根据特性图分析闭环系统稳定性。

（4）作出相应的实验分析结果。

六、注意事项

（1）稳定性的概念。

（2）稳定性的测试原理及方法。

七、思考题

（1）怎样判断系统的稳定性？

（2）有多少方法可以判断系统的稳定性？

实验五十三　控制系统校正及 PID 仿真

一、实验目的

（1）熟悉超前、滞后和超前—滞后网络的特性。

（2）理解基于频率法进行串联校正的基本概念，掌握基于频率法进行超前、滞后和超前—滞后校正的方法。

（3）掌握 P、PD、PID 控制器的控制原理和实际应用。

（4）学会运用 MATLAB 对系统校正及 PID 进行仿真。

二、实验原理

（1）基于频率法进行串联校正的基本概念，基于频率法进行超前、滞后和超前—滞后校正的方法。

（2）P、PD、PID 控制器的控制原理和实际应用。

（3）MATLAB 的基本知识。

三、实验仪器和用具

主要仪器设备：PC 机 1 台/人，MATLAB 软件。

四、实验方法与步骤

（1）被控制对象传递函数为 $G(s) = \dfrac{400}{s(s^2 + 30s + 200)}$，要求的技术指是 $\xi = 0.5$，$\omega_n = 13.5\text{rad/s}$，编写程序设计一串联校正装置，并绘制校正前后的阶跃响应曲线和波特图。根据实验，试说明校正前后系统的调节时间和超调量有何变化，相角裕度、增益穿越频率又有什么变化？

（2）已知单位负反馈系统的开环传递函数为 $G(s) = \dfrac{k}{s(0.04s+1)}$，试设计串联滞后校正装置，使系统指标满足单位斜坡输入信号时稳态误差$\leqslant 1\%$，相角裕度 $\gamma \geqslant 45°$，编写程序设计一串联滞后校正装置，并绘制校正前后阶跃响应曲线和 Bode 图。根据实验，试说明校正前后系统的调节时间和超调量有何变化，相角裕度，增益穿越频率又有什么变化？

（3）比例环节（P）：文件名：Gain.mdl。

1）双击 Gain 模块，分别改变 Gain 的值 K（$K = 5$、10、20）。

2）启动 Simulation\Start，双击 Scope 模块跳出 Scope 窗口，并显现比例环节阶跃响应曲线。用 Simulation\Stop 停止。

3）观察分析不同 Gain 值的阶跃响应曲线，并画在本实验指导书上，写出对应的传递函数。

（4）积分环节（I）：文件名：Integrator.m.mdl。

1）双击 Transfer Fcn 模块，分别改变分母的"T"值（注意数字之间要有空格），当 $T = 1$、5、50 时的斜率变化。

2）启动 Simulation\Start，双击 Scope 模块跳出 Scope 窗口，并显现积分环节阶跃响应曲线。用 Simulation\Stop 停止。观察分析不同 T 值的阶跃响应曲线，并画在实验指导书上，写出对应的传递函数。

（5）比例加积分（PI）、比例加微分（PD）、比例加积分加微分（PID）：文件名：PID.mdl。

1）分别打开 Gain、Gain1、Gain2、Transfer Fcn2 模块并输入 K_p、K_i、K_d 当 $K_d = 0$ 时，此时系统为比例加积分（PI），当 $K_i = 0$ 时，此时系统为比例加微分（PD），当 K_p、K_i、K_d 的值不为零时，此时系统为比例加积分加微分（PID）。

2）启动 Simulation\Start，双击 Scope 模块跳出 Scope 窗口，并显现比例加积分（PI）、比例加微分（PD）、比例加积分加微分（PID）阶跃响应曲线。用 Simulation\Stop 停止。

3）分别观察比例加积分（PI）、比例加微分（PD）、比例加积分加微分（PID）的阶跃响应曲线，并画在实验指导书上，写出对应的传递函数。

五、实验分析及结论

（1）完成上述各题。

（2）记录程序，观察记录各种曲线。

（3）作出相应的实验分析结果。

六、注意事项

（1）校正的概念。

（2）校正原理及方法。

（3）P、PD、PID 控制器的控制原理。

七、思考题

（1）校正网络的特性有哪些？

（2）P、PD、PID 控制器的控制原理。

第八章 机 械 原 理

实验五十四 机构运动简图的测绘实验

一、实验目的

（1）学会依照实际的机械或机构模型，绘制机构运动简图。

（2）巩固和验证机构自由度的计算方法。

（3）分析机构具有确定运动的必要条件和加深对机构分析的了解。

二、实验原理和方法

由于机构的运动仅与机构中可动的构件数目、运动副的数目和类型及相对位置有关，因此，绘制机构运动简图要抛开构件的外形及运动副的具体构造，用国家标准规定的简略符号来代表运动副和构件［可参阅《机构运动简图符号》（GB 4460—84）］，并按一定的比例尺表示运动副的相对位置，以此说明机构的运动特征。

要正确地反映机构的运动特征，就必须首先清楚地了解机构的运动。其方法是：

（1）在机构缓慢运动中观察，搞清运动的传动顺序，找出机构的原动件、从动件（包括执行机构）和固定构件（机架）。

（2）确定组成机构的可动构件数目以及构件之间所形成的相对运动关系（即组成何种运动副）。

（3）分析各构件的运动平面，选择多数构件的运动平面作为运动简图的视图平面。

（4）将机构停止在适当的位置（即能反映全部运动副和构件的位置），确定原动件，并选择适当比例尺，按照与实际机构相应的比例关系，确定其他运动副的相对位置，直到机构中所有运动副全部表示清楚。

（5）测量实际机构的运动尺寸，如转动副的中心距、移动副的方向、齿轮副的中心距等。

（6）按所测的实际尺寸、修改所画的草图并将所测的实际尺寸标注在草图上的相应位置，按同一比例尺将草图画成正规的运动简图。

（7）按运动的传递顺序用数字1、2、3、…和大写字母A、B、C、…分别标出构件和运动副。

（8）按机构自由度的计算公式计算机构的自由度，并检查是否与实际机构相符，以检验运动简图的正确性。

三、实验设备与工具

（1）各种实际机器及各种机构模型。

（2）钢板尺、卷尺、内外卡尺、量角器等。

（3）自备铅笔、橡皮、草稿纸等。

四、实验步骤

（1）观察所画机构，理解运动原理。

（2）熟悉运动副的标准代表符号。

（3）描绘草图。

（4）测量实际机构的运动尺寸并标注在草图上。

（5）选择比例尺，标注构件和运动副。

（6）计算机构的自由度。

（7）作机构的结构分析。

实验五十五　机构组合创新设计实验

一、实验目的

（1）加深对平面机构的组成原理、结构组成的认识，了解平面机构组成及运动特点。

（2）培养机构综合设计能力、创新能力和实践动手能力。

二、实验原理

根据平面机构的组成原理：任何平面机构都可以由若干个基本杆组（阿苏尔杆组）依次连接到原动件和机架上而构成，故可通过实验规定的机构类型，选定实验的机构，并拼装该机构；在机构适当位置装上测试元器件，测出构件的各瞬时的线位移或角位移，通过对时间求导，得到该构件相应的速度和加速度，完成参数测试。

三、实验设备及工具

（1）ZBS－C机构运动创新设计方案实验台。

（2）工具。

1）齿轮：模数2，压力角20°，齿数为28、35、42、56，中心距组合为63、70、77、91、98。

2）凸轮：基圆半径20mm，升回型，从动件行程为30mm。

3）齿条：模数2，压力角20°，单根齿条全长为400mm。

4）槽轮：4槽槽轮。

5）拨盘：可形成两销拨盘或单销拨盘。

6）主动轴：轴端带有一平键，有圆头和扁头两种结构形式（可构成回转副或移动副）。

7）从动轴：轴端无平键，有圆头和扁头两种结构形式（可构成回转副或移动副）。

8）移动副：轴端带有扁头结构形式。

9）转动副轴（或滑块）：用于两构件形成转动副或移动副。

10）复合铰链Ⅰ（或滑块）：用于三构件形成复合转动副或形成转动副＋移动副。

11）复合铰链Ⅱ（或滑块）：用于四构件形成复合转动副。

12）主动滑块插件：插入主动滑块座孔中，使主动运动为往复直线运动。

13）主动滑块座：装入直线电机，在齿条轴上形成往复直线运动。

14）活动铰链座Ⅰ、活动铰链座Ⅱ、滑块导向杆（或连杆）、连杆Ⅰ、连杆Ⅱ、压紧螺栓、带垫片螺栓、层面限位套、紧固垫片、高副锁紧弹簧、齿条护板、T形螺母、行程开关碰块、皮带轮、张紧轮、张紧轮支承杆、张紧轮轴销、螺栓、直线电机、旋转电机、实验台机架、标准件和紧固件若干（A形平键、螺栓、螺母、紧定螺钉等）。

（3）组装、拆卸工具：一字螺丝刀、十字螺丝刀、呆扳手、内六角扳手、钢板尺、卷尺。

四、实验方法与步骤

（1）掌握平面机构组成原理。

（2）自拟平面机构运动方案，形成拼接实验内容。

（3）将自拟的平面机构运动方案正确拆分成基本杆组（阿苏尔杆组）。

（4）正确拼接各基本杆组。

（5）将基本杆组按运动传递规律连接到原动件和机架上进行实验。

五、实验要求

要求绘出平面机构简图，计算出自由度并写出机构的工作原理。

实验五十六　渐开线直齿圆柱齿轮参数的测定与分析

一、实验目的

（1）掌握用游标卡尺测定渐开线直齿圆柱齿轮基本参数的方法。

（2）通过测量和计算，熟练掌握齿轮各几何参数之间的相互关系。

二、实验原理

本实验是用游标卡尺来测量，通过计算得出一对直齿圆柱齿轮的基本参数。渐开线直齿圆柱的基本参数有：齿数 Z、模数 m、分度圆压力角 α、齿顶高系数 h_a^*、径向间隙系数 C^*、变位系数 x。一对互相啮合的齿轮的基本参数有：啮合角 α、中心距 a。

以上各参数的测量原理和方法如下：

1. 测定模数 m 和压力角 α

如图 56-1 所示，当量具在被测齿轮上跨 K 个齿时，其公法线长度应为

$$W_K = (K-1)P_b + S_b$$

若所跨齿数为 $K+1$，则公法线长度为

$$W_{K+1} = KP_b + S_b$$

所以

$$W_{K+1} - W_K = P_b \qquad (56-1)$$

又因为 $P_b = P\cos\alpha = \pi m\cos\alpha$

所以

$$m = \frac{P_b}{\pi\cos\alpha} \qquad (56-2)$$

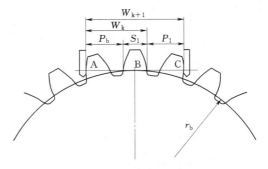

图 56-1　公法线长度测量示意图

P_b 为齿轮基圆周节，可以从式（56-1）中求得，由齿轮标准可知，α 可能为 15°，也可能为 20°，故分别用 15° 和 20° 代入式（56-2），算得两个模数，取数值接近于标准模数的一组 m 和 α 为被测齿轮的模数和压力角。

为保证量具的卡脚与齿廓的渐开线部分相切,所需的跨齿数见表 56-1。

表 56-1 跨 齿 数

齿数 Z	12~17	18~27	28~36	37~45	46~54	55~63	64~72	73~81
跨齿数 K	2	3	4	5	6	7	8	9

2. 测定变位系数 x

与标准齿轮相比,变位齿轮的齿厚发生了变化,故它的公法线长度与标准齿轮的公法线长度不等,两公法线长度之差为 $2mx\sin\alpha$。

设 W'_K 为被测齿轮跨 K 个齿的公法线长度,W_K 为相同模数 m、齿数 Z 和压力角的标准齿轮跨 K 个的公法线长度,所以有

$$W'_K - W_K = 2mx\sin\alpha$$

即
$$x = \frac{W'_K - W_K}{2m\sin\alpha} \tag{56-3}$$

式中,W_K 可以从机械零件手册查出,将 W_K 的值代入式(56-3)中即可求出变位系数 x。

3. 测定齿顶高系数 h_a^* 和径向间隙系数 C^*

根据齿顶高计算公式
$$h_a^* = \frac{mZ - d_f}{2} \tag{56-4}$$

式中 d_f——被测齿轮齿根圆直径,可用卡尺测得,然后求得齿根高。

另一齿根高计算公式
$$h_f = m(h_a^* + C^* - x) \tag{56-5}$$

式中,h_a^* 和 C^* 为未知,因为不同齿制齿轮的 h_a^* 和 C^* 均为标准值,故分别将正常齿制 $h_a^* = 1.0$、$C^* = 0.25$ 和短齿制、$h_a^* = 0.8$、$C^* = 0.3$ 两组标准值代入式(56-5),取最接近 h_f 值的一组 h_a^* 和 C^* 为所测定值。

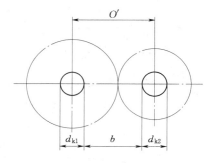

图 56-2 实际中心距测定示意图

4. 测定啮合角 α' 和中心距 a

如所测定的两个齿轮是一对互相啮合的齿轮,则根据所测得的这对齿轮的变位系数 x_1 和 x_2,按式(56-6)和式(56-7)计算出它们的啮合角 α' 和中心距 a。

$$inv\alpha' = \frac{2(x_1 + x_2)}{Z_1 + Z_2}\tan\alpha + inv\alpha \tag{56-6}$$

$$a = \frac{m}{2}(Z_1 + Z_2)\frac{\cos\alpha}{\cos\alpha'} \tag{56-7}$$

实验时可用游标卡尺直接测定这对齿轮的实际中心距并与计算结果比较,求出中心距误差 $\Delta a = a - a'$,测定方法如图 56-2 所示。

首先使这对齿轮作无侧隙啮合,然后分别测量齿轮内孔的直径及尺寸 b,由此得

$$a' = b + \frac{1}{2}(d_{k1} + d_{k2}) \tag{56-8}$$

三、实验设备和工具

（1）被测齿轮一对。

（2）游标卡尺（精度 0.02mm）。

（3）机械零件手册。

（4）渐开线函数表、纸、笔、计算器（自备）。

四、实验步骤

（1）数出齿数，按表 56-1 查出跨齿数 K。

（2）分别在每个齿轮的三个位置测出公法线长度 W_{K+1}、W_K 及齿根圆直径 d_f，算出平均值作为测量结果。

（3）逐个计算齿轮参数，填写实验报告。

五、思考题

（1）两个齿轮参数测定后，怎样判断它们能否啮合及传动类型？

（2）测量齿根圆直径 d_f 时，对于齿数分别为奇数和偶数的齿轮测量方法有什么不同？

实验五十七　回转体动平衡实验

一、实验目的

（1）了解并掌握刚性转子的动平衡原理。

（2）熟悉用传感器及其测试仪器测量动态参数的基本原理和方法。

（3）练习处理数据的方法。

二、实验原理

动平衡实验台的动力来自一台直流调速电机，通过圆带驱动待平衡转子旋转。不平衡转子由于转动而产生惯性力且作用到弹性元件支撑的框架上，从而使框架绕着支点摆动，形成一个不平衡激振型的振动系统。当转子被驱动的转速接近于框架的固有频率 ω 时，进入共振区，振幅加大，当 $\omega=\omega_0$ 时有最大振幅值，即共振。

本机从结构上保证了转子的两个选定平衡平面中的一个通过支撑点，所以该平衡面上的等效惯性力对振动系统起作用。因此，振动系统只受到一个待平衡面上的等效惯性力的作用。

根据不平衡原理有

$$\theta=\frac{mRh}{J}-\frac{Z^2}{\sqrt{(1-Z^2)^2+4D^2Z^2}}-\cos(\omega t-\varphi) \qquad (57-1)$$

$$\varphi=\arctan\frac{2DZ}{1-Z^2}$$

式中　Z——调谐值，$Z=\dfrac{\omega}{\omega_0}$；

　　θ——框架的瞬时角振幅；

　　J——振动系统绕支点摆动的转动惯量；

　　m——待平衡面上选定半径上的等效不平衡质量；

R——待平衡面上的选定半径；

D——阻尼率；

φ——相位角。

共振时 $Z=1$，振动系统的最大幅值和相位角为

$$\theta=\frac{mRh}{J}-\frac{1}{2D} \quad \varphi=90°$$

由于 J 和 h 均是与结构有关的参数，对于一个具体的振动系统和待平衡的转子来讲均为常量。从式中可看出，共振时其振幅与 mR 成正比，$\varphi=90°$ 表示此时等效不平衡质量的相位超前振幅相位 $90°$。为此可用测量框架振幅的方法间接地反映出转子的不平衡量。

三、实验设备

回转体智能化动平衡实验台，刚性转子试件，平衡配重块，扳手、螺丝刀。

四、实验方法与步骤

（1）在实验转子两个待平衡盘外侧面上粘贴窄条黑胶布作为测试的 0 位标记，把转子安装到实验台上，并装好圆带，把控制面板上的电源开关置于"关"的位置，调速旋钮逆时针旋至最低点。

（2）启动计算机，安装实验软件后进入动平衡实验主界面。

（3）接通电源，打开电源开关。并将光电传感器移近转子带轮，调整转子每转一周光电传感器反映一次。

（4）停机，在转子待平衡面上加某一质量（如常 10g 左右）的不平衡质量。开机，缓慢顺时针旋转电机调速旋钮，使转子转速逐渐升高，框架随即摆动起来，待框架摆动幅度最大并稳定后，面板 LED 显示实验转子的平均转速。

（5）在运行主界面上点击"开始采集"，待数据采集完成后，界面上显示振幅曲线和时间曲线。再点击"数据分析"，界面上同时显示转子的瞬时转速、不平衡质量的大小和相位角。

（6）点击"系统 S"，设置折算系数，再点击"数据分析"直到显示的不平衡质量数与所加的克数相等为止。

（7）"删除数据"，重新点击"开始采集"、"数据分析"，重复三次，以得到转子不平衡质量大小和相位角的稳定值。

（8）停机，在转子待平衡面上所加不平衡质量位置的对面 $180°$ 处加等量配重，以取得初步平衡。

（9）再开机，点击"开始采集"、"数据分析"，重复三次，得到转子不平衡质量大小和相位角的稳定值。

（10）停机，根据界面上显示不平衡质量大小和相位角，找到转子不平衡量的位置，在其对面 $180°$ 处加配重（显示的克数）。

（11）重复（9）、（10），直到试验转子达到平衡要求为止。此时点击"数据分析"时出现"通讯错误"，即振幅很小，已采集不到了；或振幅曲线的大部分都在横坐标轴上，显示的不平衡质量已经很小。

五、实验数据（表 57－1、表 57－2）

表 57－1   实 验 数 据 记 录 表

	次序	实 验 内 容	不平衡质量（g）	相位角（°）
一 平衡面	1	加不平衡块		
	2	第一次加配重块（初步平衡）		
	3	第二次加配重块		
	4	第三次加配重块		
二 平衡面	5	加不平衡块		
	6	第一次加配重块（初步平衡）		
	7	第二次加配重块		
	8	第三次加配重块		

表 57－2   实 验 曲 线

一 平衡面	振幅曲线	
	时间曲线	
二 平衡面	振幅曲线	
	时间曲线	

六、思考题

（1）何为动平衡？哪些构件需要进行动平衡？

（2）为什么在补偿盘所加的平衡质量 m'_p 所处位置应与试件待平衡面上不平衡面上不平衡质量 m_p 位置间成 180°？

实验五十八 曲柄导杆滑块机构综合实验

一、实验目的

（1）利用计算机对平面机构动态参数进行采集、处理，作出实测的动态参数曲线，并通过计算机对该平面机构的运动进行数模仿真，作出相应的动态参数曲线，从而实现理论与实际的紧密结合。

（2）利用计算机对平面机构动态参数进行优化设计，然后通过计算机对该平面机构的运动进行仿真和测试分析，从而实现计算机辅助设计与计算机仿真和测试分析有效的结合，培养学生的创新意识。

（3）利用计算机的人机交互性能，使学生可在软件界面说明文件的指导下，独立自主地进行实验，培养学生的动手能力。

二、实验原理

1. 曲柄导杆滑块机构

（1）曲柄运动仿真和实测：能通过数模计算得出曲柄的真实运动规律，作出曲柄角速度线图和角加速度线图，进行速度波动调节计算，通过曲柄上的角位移传感器和 A/D 转换器进行采集、转换和处理，并输入计算机显示出实测的曲柄角速度线图和角加速度线图。通过分析比较，了解机构结构对曲柄的速度波动的影响。

（2）滑块运动仿真和实测：通过数模计算得出滑块的真实运动规律，作出滑块相对曲柄转角的速度线图、加速度线图，通过滑块上的位移传感器，曲柄上的同步转角传感器和 A/D 转换板进行数据采集、转换和处理，输入计算机，显示出实测的滑块相对曲柄转角的速度线图和加速度线图。通过分析比较，了解机构结构对滑块的速度波动和急回特性的影响。

（3）机架振动仿真和实测：通过数模计算，先得出机构的质心（即激振源）的位移及速度，并作出激振源在设定方向上的速度线图、激振力线图（即不平衡惯性力），并指出需加平衡质量。通过机座上可调节加速度传感器和 A/D 转换板进行数据采集、转换和处理，输入计算机，显示出实测的机架振动指定方向上的速度线图和加速度线图。通过分析比较，了解激振力对机架的影响。

2. 曲柄滑块机构

（1）曲柄滑块机构设计：通过计算机进行的辅助设计，包括按行程速比系数设计和连杆运动轨迹设计两种方法。连杆运动轨迹是通过计算机进行虚拟仿真实验，给出连杆上不同点的运动轨迹，根据工作要求，选择合适的轨迹曲线及相应曲柄滑块机构。为按运动轨迹设计曲柄滑块机构，提供方便的试验设计方法。

（2）曲柄运动仿真和实测：通过数模计算得出曲柄的真实运动规律，作出曲柄角速度线图和角加速度线图，进行速度波动调节计算，通过曲柄上的角位移传感器和 A/D 转换器进行采集、转换和处理，并输入计算机显示出实测的曲柄角速度线图和角加速度线图。通过分析比较，了解机构结构对曲柄的速度波动的影响。

（3）滑块运动仿真和实测：通过数模计算得出滑块的真实运动规律，作出滑块相对曲柄转角的速度线图、加速度线图，通过滑块上的线位移传感器，曲柄上的角位移传感器和A/D 转换板进行数据采集、转换和处理，输入计算机，显示出实测的滑块相对曲柄转角的速度线图和加速度线图。通过分析比较，了解机构结构对滑块的速度波动和急回特性的影响。

（4）机架振动仿真和实测：通过数模计算，先得出机构的质心（即激振源）的位移，并作出激振源在设定方向上的速度线图、激振力线图（即不平衡惯性力），并指出需加平衡质量。通过机座上可调节加速度传感器和A/D 转换板进行数据采集、转换和处理，输入计算机，显示出实测的机架振动指定方向上的速度线图和加速度线图。通过分析比较，了解激振力对机架的影响。

三、实验设备

曲柄导杆滑块机构多媒体测试、仿真、设计综合实验台，多媒体软件，扳手、螺丝刀。

四、实验步骤

1. 曲柄导杆滑块机构

（1）打开计算机，单击"曲柄滑块机构"图标，进入曲柄导杆滑块机构运动测试、设计仿真试验台软件系统的封面。单击左键，进入曲柄导杆滑块机构动画演示界面。

（2）在曲柄导杆滑块机构动画演示界面左下方单击"导杆滑块机构"键，进入曲柄导杆滑块机构原始参数输入界面。

（3）在曲柄导杆滑块机构原始参数输入界面上，将设计好的曲柄导杆滑块机构的尺寸填写在参数输入界面的对应的参数框内，然后按设计的尺寸调整曲柄导杆滑块机构各尺寸长度。

（4）启动实验台的电动机，待曲柄导杆滑块机构运转平稳后，测定电动机的功率，填入参数输入界面的对应的参数框内。

（5）在曲柄导杆滑块机构原始参数输入界面左下方单击选定的实验内容（曲柄运动仿真、滑块运动仿真、机架振动仿真），进入选定实验的界面。

（6）在选定实验的界面左下方单击"仿真"，动态显示机构即时位置和动态的速度，加速度曲线图。单击"实测"，进行数据采集和传输，显示实测的速度，加速度曲线图。若动态参数不满足要求或速度波动过大，有关实验界面均会弹出提示"不满足"，及有关参数的修正值。

（7）实验结束，单击"退出"。

2. 曲柄滑块机构

（1）打开计算机，单击"曲柄滑块机构"图标，进入曲柄导杆滑块机构运动测试、设计仿真试验台软件系统的封面。单击左键，进入曲柄导杆滑块机构动画演示界面。

（2）在曲柄导杆滑块机构动画演示界面左下方单击"曲柄滑块机构"键，进入曲柄滑块机构动画演示界面。

（3）在曲柄导杆滑块机构动画演示界面左下方单击"曲柄滑块机构"键，进入曲柄滑块机构原始参数输入界面。

（4）在曲柄滑块机构原始参数输入界面左下方单击"曲柄滑块机构设计"键，弹出设计方法选框，单击所选定的"设计方法一、二"，弹出设计对话框，输入行程速比系数、滑块行程等原始参数，待计算结果出来后，单击"确定"，计算机自动将计算结果原始参数填写在参数输入界面的对应的参数框内；单击"连杆运动轨迹"进入连杆运动轨迹界面，给出连杆上不同点的运动轨迹，根据工作要求，选择适合的轨迹曲线及相应的曲柄滑块机构；也可以按自己设计的曲柄滑块机构的尺寸填写在参数输入界面的对应的参数框内，然后按设计的尺寸调整曲柄滑块机构各尺寸长度。

（5）启动实验台的电动机，待曲柄滑块机构运转平稳后，测定电动机的功率，填入参数输入界面的对应的参数框内。

（6）在曲柄滑块机构原始参数输入界面左下方单击选定的实验内容（曲柄运动仿真、滑块运动仿真、机架振动仿真），进入选定实验的界面。

（7）在选定实验的界面左下方单击"仿真"，动态显示机构即时位置和动态的速度，加速度曲线图。单击"实测"，进行数据采集和传输，显示实测的速度，加速度曲线图。若动态参数不满足要求或速度波动过大，有关实验界面均会弹出提示"不满足"，及有关参数的修正值。

（8）实验结束，单击"退出"。

五、实验要求

画出机构的速度和加速度曲线图。

六、思考题

（1）原动件曲柄的运动为什么不是匀速的？

（2）对测试机构采取什么措施可减小其振动，保证其良好的机械性能？

实验五十九　凸轮机构多媒体测试仿真设计综合实验

一、实验目的

（1）利用计算机对凸轮机构动态参数进行采集、处理，作出实测的动态参数曲线，并通过计算机对该机构的运动进行数模仿真，作出相应的动态参数曲线，实现理论与实际的紧密结合。

（2）利用计算机对凸轮机构动态参数进行优化设计，然后通过计算机对凸轮机构的运动进行仿真和测试分析，从而实现计算机辅助设计与计算机仿真和测试有效的结合，培养学生的创新意识。

（3）利用计算机的人机交互性能，使学生在说明文件的指导下，独立自主地完成实验，培养学生的动手能力。

二、实验内容

（1）凸轮运动仿真和实测：通过数模计算得出凸轮的真实运动规律，作出凸轮角速度线图和角加速度线图，并进行速度波动调节计算。通过凸轮上的角位移传感器和 A/D 转换器进行采集、转换和处理，并输入计算机显示出实测的凸轮角速度线图和角加速度线图。通过分析比较，了解机构结构对凸轮的速度波动的影响。

（2）推杆运动仿真和实测：通过数模计算得出推杆的真实运动规律，作出推杆相对凸轮转角和速度线图，加速度线图。通过推杆上的位移传感器，凸轮上的同步转角传感器和A/D转换板进行数据采集、转换和处理，并输入计算机显示出实测的推杆相对凸轮转角的角速度线图和角加速度线图。通过分析比较，了解机构结构及加工质量对推杆的速度波动的影响。

三、实验设备

凸轮机构多媒体测试仿真设计综合实验台，多媒体软件，扳手、螺丝刀、木锤、轴承退卸器等。

四、实验步骤

（1）打开计算机，单击"凸轮机构"图标，进入凸轮机构运动测试仿真设计综合实验台软件系统的主界面。单击左键，进入盘形凸轮机构动画演示界面。

（2）在盘形凸轮机构动画演示界面左下方单击"盘形凸轮机构"键，进入盘形凸轮机构原始参数输入界面。

（3）在盘形凸轮机构原始参数输入界面的左下方单击"凸轮机构设计"键，弹出凸轮机构设计对话框；输入必要的原始参数，单击"设计"键，弹出一个"选择运动规律"对话框；选定推程和回程规律，在该界面，单击"确定"键，返回凸轮机构设计对话框；待计算结果出来后，在该界面上，单击"确定"键，计算机自动将设计好的盘形凸轮机构的尺寸填写在参数输入界面的对应的参数框里。

（4）启动实验台的电动机，待凸轮机构运转平稳后，测定电动机的功率，填入参数输入界面的对应的参数框。

（5）在盘形凸轮机构原始参数输入界面的左下方单击选定实验内容（凸轮运动仿真、推杆运动仿真），进入选定实验的界面。

（6）在选定的实验内容的界面左下方单击"仿真"，动态显示机构即时位置和动态的速度，加速度曲线图。单击"实测"，进行数据采集和传输，显示实测的速度、加速度曲线图。

（7）如果要打印，在选定的实验内容的界面左下方单击"打印"。

（8）如果实验结束，单击"退出"。

五、实验要求

绘出凸轮机构的速度和加速度曲线图。

六、思考题

（1）原动件凸轮的运动为什么不是匀速的？

（2）试比较不同的从动件运动规律对工作质量的影响。

实验六十　ZNH—A/2 曲柄摇杆机构多媒体测试仿真设计实验

一、实验目的

（1）利用计算机对平面机构结构参数进行优化设计，并且实现对该机构的运动进行仿真和测试分析，从而了解机构结构参数对运动情况的影响，培养学生的创新意识。

（2）利用计算机对实际平面机构进行动态参数采集和处理，作出实测的机构动态运动和动力参数曲线，并与相应的仿真曲线进行对照，从而实现理论与实际的紧密结合。

（3）利用计算机的人机交互性能，使学生可在软件界面说明文件的指导下，独立自主地进行实验，培养学生的动手能力。

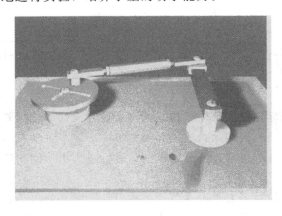

图 60-1 曲柄摇杆机构实验台

二、实验工具

（1）ZNH—A/2 曲柄摇杆机构多媒体测试、仿真、设计综合实验台。

（2）活动扳手、内六角扳手、一字螺丝刀等。

该实验台的测试机构如图 60-1 所示。

三、实验原理

测试原理图见图 60-2。

四、实验内容

（1）曲柄摇杆机构设计：通过计算机进行辅助设计，包括按行程速比系数设计和连杆运动轨迹设计的两种方法。连杆运动轨迹是通过计算机进行虚拟仿真实验，给出连杆上不同点的运动轨迹，根据工作要求，选择合适的轨迹曲线及相应曲柄摇杆机构。为按运动轨迹设计曲柄摇杆机构，提供方便快捷的试验设计方法。

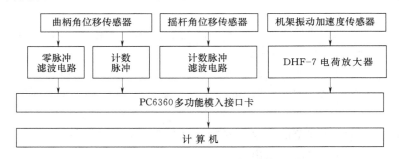

图 60-2 测试原理图

（2）曲柄运动仿真和实测：通过数模计算得出曲柄的真实运动规律，作出曲柄角速度线图和角加速度线图，进行速度波动调节计算。通过曲柄上的角位移传感器和 A/D 转换器进行采集、转换和处理，并输入计算机显示出实测的曲柄角速度和角速度线图。

（3）摇杆运动仿真和实测：通过数模计算得出摇杆的真实运动规律，作出摇杆相对曲柄转角的角速度线图和角加速度线图。

（4）机架振动仿真和实测：通过数模计算，先得出机构的质心（即激振源）的位移，并作出激振源在设定方向上的速度线图和激振力线图（即不平衡惯性力），并指出需加平衡质量。

五、实验方法和步骤

（1）打开计算机，运行有关实验测试分析及运动分析软件，详细阅读软件中有关操作说明。

（2）启动有关实验设备，调定电动机运转速度。

（3）等实验设备运行稳定后，由实验测试分析及运动分析软件的主界面选定具体实验项目，进入该实验界面。

（4）先单击实验界面中"实测"键，计算机自动进行数据采集及分析，并作出相应的动态参数的实测曲线。

（5）单击该界面中的"仿真"键，计算机对该机构进行运动仿真，并作出动态参数的理论曲线。

（6）打印理论曲线和实测曲线及有关参数。

（7）如果要做其他项目的实验，点击"返回"键，返回主界面，选定实验项目，以下步骤同前。

六、实验要求

画出机构实测速度、加速度曲线图。

七、思考题

（1）原动件曲柄的运动为什么不是匀速的？

（2）对测试机构采取什么措施可减小其振动，保证良好的机械性能？

第九章　工程测试技术

实验六十一　信号频谱分析实验

一、实验目的

（1）了解常用周期信号的幅频特性，观察分解出的各次谐波波形。

（2）了解信号的时域特征与频域特征的相互关系。

（3）熟悉信号频谱分析的基本方法及仪器设备。

二、实验原理

从数学分析可知，任何周期信号，如果它在一个周期内处处连续，或者满足狄利克莱（dirichlet）条件，则此周期信号可以展开为傅里叶级数，即周期信号是由一个或几个，乃至无穷多个不同频率的谐波叠加而成的。信号在时域变化快，反映其频域高频分量丰富。

正弦波、方波和三角波信号是工程测试中常见的典型信号，这些信号时域、频域之间的关系很明确，并且都具有一定的特性，对这些典型信号的频谱进行分析，对掌握信号的特性，熟悉信号的分析方法大有好处。

三、实验仪器和用具

信号发生器、数据采集器、计算机、分析软件等。

四、实验方法和步骤

连接信号发生器、数据采集器和计算机之间的接口，确认无误后，打开电源。本实验用软件实现周期信号的谐波分解；调出该实验软件程序并运行，即可进入实验。选择相应操作菜单，即可显示输入信号的波形图、频谱图。

（1）信号发生器产生一确定幅值（峰峰值 3V）、确定频率（1Hz～1kHz）的正弦波，观察其频谱构成，测量各分量的频率与幅值。

（2）信号发生器产生一确定幅值（峰峰值 3V）、确定周期（1ms～1s）、确定占空比（30%～70%）的方波，观察其频谱构成，测量各分量的频率与幅值。

（3）信号发生器产生一确定幅值（峰峰值 3V）、确定周期（1ms～1s）的三角波，观察其频谱构成，测量各分量的频率与幅值。

（4）分别记录上述三种波形各分量的频率与幅值，见表 61-1。

五、实验分析与结论

（1）按照实验步骤整理出正弦波、方波以及三角波的时域和幅值频谱特性图，说明各信号频谱的特点。

（2）分别讨论信号的周期、占空比对频谱的影响。

表 61 - 1　　　　　　　　　　　　频谱分析记录表

输入波形 ＼ 幅值 A ＼ 频率 f	f_0	$2f_0$	$3f_0$	$4f_0$	$5f_0$	$6f_0$	$7f_0$
正弦波							
方波							
三角波							

（3）分析信号在时域变化的快慢与信号的频谱分布范围宽窄的关系。

六、注意事项

在实验过程中，信号发生器电压幅值不能过载。

七、思考题

（1）分析幅值、相位对波形失真的影响。

（2）在机床齿轮箱故障诊断中，如何通过测量齿轮箱上的振动信号进行频谱分析，确定最大频率分量，然后根据机床转速和传动链，找出故障齿轮？

实验六十二　　一阶系统时间常数 τ 的测定

一、实验目的

（1）掌握一阶系统时间常数 τ 的测定方法。

（2）熟悉有关仪器、设备的使用。

二、实验原理

用热电偶温度计测量温度时，仪表的指示值要经过一定的时间才逐渐接近被测介质的温度，这个时间的滞后称为"时滞、滞后或滞延"。

热电偶温度计的时滞由以下两种情况形成：

（1）热电偶传感器的热惯性。

（2）指示仪表的机械惯性及阻尼。

本实验的热电偶传感器可视为一阶系统，要测定的是其时间常数 τ。指示仪表的时滞忽略不计。影响时间常数的因素有传感器的质量、比热、插入的表面积和放热系数等。

当热电偶的温度从 T_1 突然增加到 T_2 时，热电势值的变化必然是时间 t 的函数，设温度 T_1 时热电势为 V_1，温度 T_2 时热电势为 V_2，那么

$$V_t = (V_2 - V_1)(1 - e^{-\frac{t}{\tau}})$$

式中　τ——时间常数。

三、实验仪器和用具

镍铬-镍硅（分度号 K）热电偶传感器、电子电位差计、鼓风干燥箱、交流稳压电源。

四、实验步骤

（1）按操作程序，接通各仪器电源，预热电子电位差计，选择电子电位差计的走纸速度（1200mm/h），将干燥箱的温度定在某一温度 T_1（如 150℃）下，加热升温。

（2）将热电偶传感器测量端插入干燥箱内一起加热，待干燥箱温度恒定在 T_1 时，打开电子电位差计的记录开关，此时记录纸缓慢移动。

（3）将热电偶传感器迅速从干燥箱内抽出裸露在空气中，此时电子电位差计的记录笔与指针将分别记录传感器温度—时间变化曲线，同时指示相应的温度值，待传感器与室温（T_2）空气热平衡后（记录曲线约 10min），关掉记录开关。

（4）剪断记录纸进行数据处理，计算时间常数 τ。

五、实验分析及结论

（1）分析实验过程中产生误差的因素。

（2）求出热电偶传感器的时间常数 τ。

六、注意事项

（1）干燥箱的温度定在某一温度 T_1 下，加热升温，要待恒温后方可进行实验。

（2）将传感器从干燥箱内抽出裸露在空气中的动作一定要迅速。

七、思考题

（1）连续测量三次，分析其测量误差。

（2）将测量介质换成机油，测定此时的时间常数 τ，并分析此时影响 τ 值的因素。

实验六十三　二阶系统幅频特性测定

一、实验目的

（1）通过对光线示波器振子（二阶系统）幅频特性的测定，掌握二阶系统幅频特性的测定方法。

（2）了解振子的动态特性及其对测量结果的影响，比较电子示波器和光线示波器的动态特性。

二、实验原理

光线示波器的振子是一个具有二阶系统特性的装置，输入不同频率的波动信号时，其输出信号的波形受到其幅频特性的影响而呈现出幅值误差，测出其幅频特性可确定振子在幅值允许误差范围内的工作频率范围。

三、实验仪器和用具

光线示波器、数字函数信号发生器、二踪通用示波器、电子交流稳压器。

四、实验步骤

1. 熟悉试验仪器

（1）由指导教师介绍实验仪器外部构件及其功能和操作方法。

（2）对照实物，弄清本实验用仪器各旋钮、开关指示标记的作用。

SC20 型示波器是一种通用的光线示波器，常用于记录各种电量和非电量的过程。广泛应用在电气、车辆、船舶、机械、土木建筑工程、勘察、医学、国防等部门中。

在电量方面：测量交直流电压、电流、功率的瞬时过程，波形分析等。

在非电量方面：配合各转换器后，可测量应力、应变、位移、振动、转速、力矩、加速度、流量、心电图等。

SC20 型示波器的主要特点是采用振子作为测量装置，记录线数较多，为 10 线及 16 线，能用宽 120mm 紫外线记录纸直接记录，不必暗室操作；亦能用 35mm 宽的电影胶卷缩小五倍后拍摄记录，便于复印及记录。示波器装有格线、闪光时标、波形扫描观察装置，遥控接触点标记，光点开关等，使用非常方便。

XJ4312 是一种便携式通用示波器，它具有两个 Y 通道可同时测量两个信号，Y 放大器频带宽度为 0～20MHz，偏转因数 5mv/div，扩展 X5 偏转因数可达 1mv/div；扫描时基系统最高扫速 0.2ms/div，扩展 X10 可达 20ns/div。

XJ4312 型示波器具有体积小、重量轻、耗电小、构造新颖、操作方便等特点。

2. 振子幅频特性实验

（1）选 F11—1200 振子，插入合适振子座内，并将振子开关关闭。

（2）将 XJ1631 型数字函数信号发生器频率档级调至 1kHz，调节频率调节开关，使输出频率为 50Hz。

（3）接通光线示波器电源。

（4）启动水银灯，调好光点亮度及位置。

（5）连接 XJ1631 型数字函数信号发生器输出到光线示波器和电子示波器输入通道。

（6）XJ4312 型二踪示波器在接通电源前各旋钮位置：辉度置于中心位置；t/div 扫速开关置于中档扫速档；y 轴增益微调和 x 轴扫描微旋扭顺时针旋到底（即校正位置）；触发选择开关置于"DC"位置。

（7）接通电子示波器电源，预热 3min，调整好辉度及聚焦。

（8）接通信号发生器电源。

（9）逐渐加大信号发生器输出电压（不超过 4V）并适当调节振子开关，使光线示波器光点摆幅为 40mm。

（10）同时调节电子示波器 y 轴"位移"、x 轴"位移"，使波形在合适位置。

（11）调节扩大选择 v/div 输入衰减器开关（偏转因数开关），使 y 轴波形幅值为 20mm。

（12）逐步加大信号发生器输出信号频率直至 2000Hz，分别记录每种频率及其对应的光点摆幅，记录电子示波器上波形幅值。注意相应信号发生器输出电压应保持不变。

（13）选取 FC11—500 振子，插入另一振子插座，改变信号发生器输出频率，由 20Hz 开始直至波幅减少 50%，重复上述过程。

3. 方波响应

（1）XJ1631 型数字函数信号发生器输出频率为 20Hz 的方波，并用 XJ4312 型二踪示波器观察波形。

（2）将 F11—1200 振子和 FC11—5000 振子并联，通过改变振子开关位置和 XJ1631 型数字函数信号发生器输出电压，使两个光点在光线示波器上摆幅尽量相等，其最大值为 30mm。

（3）将纸速调到 2500mm/s，拍摄定长范围调到 0.2s。

（4）按下并锁住电机按钮启动电动机，按下拍摄按钮进行拍摄。

（5）将输出记录纸二次曝光，即得方波输出波形。

五、实验分析及结论

（1）将两种振子对正弦波及方波信号的有关数据填入表 63-1。

表 63-1 记 录 表

振子型号：

序 号	输入频率（Hz）	记录峰值（mm）	频率比 f/f_0	幅值比 A/A_0

注 f 为信号发生器输出频率；f_0 为振子固有频率；A 为不同频率下输出波峰值；A_0 为输入为直流，即 $f=0$ 时的输出波峰值，此处取 $f=20\text{Hz}$。

（2）将实验结果绘于以 A/A_0 为纵坐标、f/f_0 为横坐标的坐标系内。

（3）画出 FC11—1200 振子和 FC11—500 振子对 $f=20\text{Hz}$ 方波的响应曲线。

（4）确定两种振子在幅值误差 5％时的工作频率范围。

六、注意事项

振子的工作电流不能太大，以防损坏。

七、思考题

（1）分析两种振子的动态特性。

（2）影响振子动态特性的因素主要有哪些？

实验六十四 应变片与电桥实验

一、实验目的

（1）了解应变片的使用。

（2）熟悉电桥工作原理，验证单臂、半桥、全桥的性能及相互之间关系。

二、实验原理

应变片是最常用的测力传感元件。用应变片测试时，用黏结剂将应变片牢固地粘贴在测试件表面，测试件受力发生变形时，应变片的敏感元件将随测试件一起变形，其电阻值也随之变化，而电阻值的变化与测试件的变形保持一定的线性关系，进而通过相应的测量电路即可测得测试件受力情况。

电桥电路是最常用的非电量电测电路中的一种，当电桥平衡时，桥路对臂电阻乘积相等，电桥输出为零，在桥臂四个电阻 R_1、R_2、R_3、R_4 中，当分别使用一个应变片、两个应变片、四个应变片组成单臂、半桥、全桥三种工作方式时，单臂、半桥、全桥电路的电压灵敏度依次增大，它们的电压灵敏度分别为 $\frac{1}{4}E$、$\frac{1}{2}E$ 和 E。

三、实验仪器和用具

直流稳压电源、差动放大器、电桥、电压表、称重传感器、应变片、砝码、主电源、副电源。

四、实验步骤

（1）直流稳压电源置±2V 档，电压表打到 2V 档，差动放大器增益打到最大。

（2）将差动放大器调零后，关闭主、副电源。

（3）根据图 64-1 接线，R_1、R_2、R_3 为电桥单元的固定电阻，R_4 为应变片；将稳

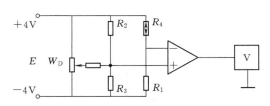

图 64-1 工作原理图

压电源的切换开关置±4V 档，电压表置 20V 档。开启主电源、副电源，调节电桥平衡网络中的 W_D，使电压表显示为零，等待数分钟后将电压表置 2V 档，再调电桥 W_D（慢慢地调），使电压表显示为零。

（4）在传感器托盘上放一只砝码，记下此时的电压数值，然后每增加一只砝码记下一个数值并将这些数值填入表 64-1。

表 64-1　　　　　　　　　　　　实 验 数 据 一

重量（g）					
电压（mV）					

（5）保持放大器增益不变，将 R_1 固定电阻换为与 R_4 工作状态相反的另一应变片即取两片受力方向不同的应变片形成半桥，调节电桥 W_D 使电压表显示为零，重复过程（3）同样测得读数，填入表 64-2。

表 64-2　　　　　　　　　　　　实 验 数 据 二

重量（g）					
电压（mV）					

（6）保持差动放大器增益不变，将 R_2、R_3 两个固定电阻换成另两片受力应变片，组桥时只要掌握对臂应变片的受力方向相同，邻臂应变片的受力方向相反即可。接成一个直流全桥，调节电桥 W_D 同样使电压表显示为零，重复过程（3）将读出数据填入表 64-3。

表 64-3　　　　　　　　　　　　实 验 数 据 三

重量（g）					
电压（mV）					

五、实验分析及结论

在同一坐标纸上描出三种接法的 $V\sim W$ 变化曲线，计算灵敏度 S：$S=\Delta V/\Delta W$，ΔV

为电压变化量，ΔW 为相应的重量变化量；比较三种接法的灵敏度，并作出定性的结论。

六、注意事项

（1）在更换应变片时应将电源关闭，并注意区别各应变片的工作状态方向。

（2）直流稳压电源±4V 不能打得过大，以免造成严重自热效应甚至损坏应变片。

（3）在本实验中只能将放大器接成差动形式，否则系统不能正常工作。

七、思考题

（1）桥路（差动电桥）测量时存在非线性误差的主要原因是什么？

（2）应变片桥路连接应注意哪些问题？

实验六十五　数字滤波器的设计

一、实验目的

（1）了解数字滤波在信号分析中的作用。

（2）掌握用滤波器对信号进行滤波和预处理的方法。

二、实验原理

数字滤波器是利用离散时间系统的特性对输入信号波形（或频谱）进行加工处理，或者说利用数字方法按预定的要求对信号进行变换。把输入序列 $x(n)$ 变换成一定的输出序列 $y(n)$，从而达到改变信号频谱的目的。

三、实验仪器和用具

计算机、数字滤波器专用软件、打印机。

四、实验步骤

产生包含有 100Hz、1000Hz 和 2000Hz 三个频率成分的正弦波信号叠加构成的多频率成分信号，然后用一个高通滤波器和一个低通滤波器串联，构成带通滤波器，滤除不同的频率分量，如图 65－1 所示。

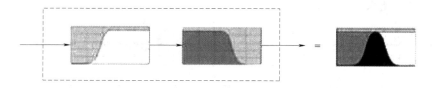

图 65－1　带通滤波器构成示意图

（1）在计算机上启用数字滤波器专用软件。根据实验原理和要求设计该实验。

（2）建立实验环境，可见实验运行效果图，观察调节高通滤波器和低通滤波器截止频率后滤波信号频率成分的变化情况。

（3）工程案例应用设计实验。图 65－2 是钢管无损探伤实验模型。

实验台架由支座、钢管、霍尔传感器构成。实验中，霍尔传感器沿钢管运动，当钢管上存在裂纹或漏孔时，传感器会检测到钢管上有一个磁场的跳变，捕获该跳变即可进行缺陷检测。

由于测量时移动传感器的晃动和钢管的端部效应等原因，检测信号中有较大幅值的低

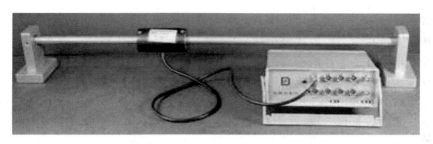

图 65 - 2　钢管无损探伤实验模型

频晃动干扰，会影响后续缺陷判定工作。可用滤波的方法消除波形中的低频扰动和高频毛刺，将缺陷信号提取出来。

五、实验分析及结论

（1）根据实验原理和要求整理该实验的原理设计图。

（2）根据调节高通滤波器和低通滤波器截止频率后滤波信号频率成分的变化情况，整理出响应波形曲线，并分析其结果。

六、思考题

（1）数字滤波器的作用是什么？有何优点？

（2）如何合理设计一个数字滤波器？

实验六十六　转速表的校验实验

一、实验目的

（1）熟悉转速表的使用技术。

（2）应用比较法确定被校转速表的精度等级。

二、实验原理

转速表校验时，标准转速发生装置的输出轴上输出一标准转速，被校转速表通过弹簧联轴器与标准转速发生装置的输出轴相连，当转速稳定时，比较被校转速表的转速与标准转速发生装置的标准转速的差别，可得到该被校转速表的测量误差。

三、实验仪器和用具

转速表、SZJ—4 标准转速发生装置。

四、实验步骤

（1）将 SZJ—4 标准转速发生装置控制箱转速给定方式选择开关设定为拨盘方式，将加速度拨盘设定为"1"，将功能拨盘设定为"0"，使转速校定装置运行在"运行方式 0"模式，由拨盘给定设定需要校正的转速，转速的旋转方向由拨盘给定的"＋""－"号设定，"＋"指顺时针旋转，"－"指逆时针旋转。

（2）打开 SZJ—4 标准转速发生装置控制箱电源开关，然后按一下"复位"按钮，检查控制箱显示窗口显示内容是否与拨盘设定相同，观察最左边的数码管的小数点是否闪烁，检查控制箱工作正常后，按下驱动箱"通"按钮开关，检查驱动箱励磁指示是否正常。

（3）将被校转速表安装在固定座上，根据被校转速表的量程，在 SZJ—4 标准转速发生装置变速箱上选择合适的转速输出轴，将选定的变速箱输出轴通过弹簧联轴器与固定座传动轴相连，调节好固定座的位置后将其固定于变速箱底座上。

（4）由拨盘给定设定需要校正的转速及旋转方向，按一下控制箱的"启动"按钮，当电机转速稳定后分别读出 SZJ—4 标准转速发生装置转速及被校转速表的转速并填于实验记录表格中，实验数据读 5 次。

（5）通过拨盘给定改变需要校正的转速值，按一下控制箱"复位"按钮，然后再按一下控制箱的"启动"按钮，当电机以新设定的转速稳定转动时，记录下相应的实验数据，按此步骤分别校验转速表的不同转速并记下相关实验数据并填入记录表格（表 66－1）。

表 66－1　　　　　　　　　　**转速表校正实验记录表**　　　　　　　　　单位：r/min

上行程	SZJ—4 标准转速发生装置读数					
	被校转速表读数					
	校验点绝对误差					
下行程	SZJ—4 标准转速发生装置读数					
	被校转速表读数					
	校验点绝对误差					

（6）转速表校正完成后，按一下控制箱"复位"按钮使电机停转，再按一下驱动箱的"断"按钮，切断三相电源，数秒后待励磁指示消失，最后断掉控制器的电源。

五、实验分析及结论

（1）对填入记录表格的实验数据进行误差分析。

（2）计算被校转速表的回差和基本误差。

（3）确定转速表精度。

结论：该转速表合格（不合格）。

六、注意事项

实验过程中，严禁在电机运转时断开控制箱电源，这样会损坏设备。

七、思考题

试分析影响转速表测量精度的因素。

实验六十七　水力测功机的校验实验（静校法）

一、实验目的

（1）熟悉水力测功机的使用技术。

（2）应用比较法确定被校测功机的精度等级。

二、实验原理

水力测功机的主体为水力制动器，该制动器由转子和外壳组成，外壳由轴承支撑，因而可以自由摆动。固定在外壳上的力臂可以将作用在外壳上的力矩转换为力而作用于测力计。工作时水由发动机驱动的转子带动而获得动量矩并传送给外壳，这样，由发动机加给转子的扭矩便以一个相同的量作用在外壳上，并通过固定在外壳上的力臂带动测力计指示出力的大小。

测功机校验时，在可自由摆动的外壳上安装一校正杠杆，通过在校正杠杆两端的托盘上添加标准砝码的方法，使外壳上得到一标准力矩，固定在外壳上的力臂可以将作用在外壳上的标准力矩转换为力而作用于测力计，比较测力计指示的力与标准砝码重力的差别，可得到该点的测量误差。

三、实验仪器和用具

Y10 型（原 SCJ—1 型）水力测功机、校正杠杆、水平仪、标准砝码。

四、实验步骤

（1）将连接发动机与测功机主轴的联轴器脱开。

（2）将阻尼器中的油放掉。

（3）用水平仪将测功机底座校至水平位置，水平精度不低于 1/100，此时测力计指针应对准"0"位，若不指"0"，则要加以调整。

（4）如图 67-1 所示，安装好校正杠杆，这时仍然应使测力计指针回到"0"位，可以校正杠杆两端的托盘上加重以调整至"0"位。

（5）校正杠杆力臂与测功机的力臂相等，向托盘上依次加砝码，检查测力计的读数是否正确，校"1、2、3、4、5、6、7、8、9、10"10 点，每校正一个点时，应使摆锤来回摆动，待指针慢慢停下来后才读数，每个点反复校正不少于 10 次，并将读数记录于表 67-1 中。

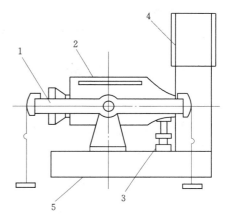

图 67-1 水力测功机校正装置安装示意图
1—校正杠杆；2—测功机外壳；3—阻尼器；
4—测力计；5—底座

表 67-1 水力测功机校正实验记录表

读数 / 砝码	0	1	2	3	4	5	6	7	8	9	10
测力计读数 — 1											
2											
3											
4											
5											
6											
7											
8											
9											
10											
算术平均值											
标准误差（均方根误差）											

五、实验分析及结论

（1）对填入记录表的实验数据进行误差分析。

（2）在方格纸上画出校正曲线。

（3）计算基本误差，确定测功机精度。

结论：该测功机合格（不合格）。

六、注意事项

将连接发动机与测功机主轴的联轴器脱开；将阻尼器中的油放掉；用水平仪将测功机底座校至水平位置是测功机校验的必要步骤，不能省略。

七、思考题

试分析影响水力测功机精度的因素。

实验六十八　机械振动的测量实验

一、实验目的

（1）了解霍尔传感器的原理与特性。

（2）了解交流激励时霍尔传感器的特性。

（3）了解霍尔传感器在振动测量中的应用。

二、实验原理

霍尔元件是根据霍尔效应原理制成的磁电转换元件。根据霍尔效应，霍尔电势 $U_H = K_H IB$。当霍尔元件通以恒定电流并在梯度磁场中运动时，就有相应的霍尔电势输出，霍尔电势的大小正比于磁场强度（磁场位置），当所处的磁场方向改变时，霍尔电势的方向也随之改变。利用这一性质可以进行位移测量。

三、实验仪器和用具

CSY—2000D 型传感器与检测技术实验台、螺旋测微仪、示波器。

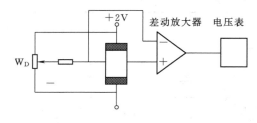

图 68-1　实验原理图

四、实验步骤（参考实验台说明书）

1. 直流激励特性

（1）安装好模块上的梯度磁场及霍尔传感器，连接主机与实验模块电源及传感器接口，确认霍尔元件直流激励电压为 2V，霍尔元件另一激励端接地，实验接线如图 68-1 所示，差动放大器增益 10 倍左右。

（2）用螺旋测微仪调节位移装置使霍尔元件置于梯度磁场中间，并调节电桥直流电位器 W_D，使输出为零。

（3）从中点开始，调节螺旋测微仪，前后移动霍尔元件各 3.5mm，每变化 0.5mm 读取相应的电压值，并记入表 68-1。

表 68-1　　　　　　　　　　　　数据记录表一

X(mm)							0							
V_0(mV)							0							

作出 V_0—X 曲线，求得灵敏度和线性工作范围。如出现非线性情况，请查找原因。

2. 交流激励特性

（1）连接主机与实验模块电源线，按图 68-2 接好实验电路，差动放大器增益适当，音频信号输出从 180°端口（电压输出）引出，幅度 $V_{p-p} \leqslant 4V$，示波器两个通道分别接相敏检波器两端。

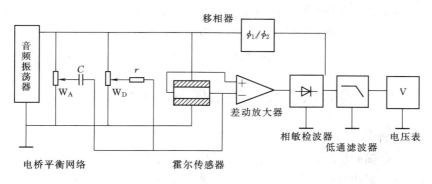

图 68-2　接线实验原理图

（2）开启主机电源，按交流全桥的调节方式调节移相器及电桥，使霍尔元件位于磁场中间时输出电压为零。

（3）调节测微仪，带动霍尔元件在磁场中前后各位移 3.5mm，记录电压读数并记入表 68-2。

表 68-2　　　　　　　　　　**数 据 记 录 表 二**

X(mm)				0				
V(mV)				0				

作出 V—X 曲线，求出灵敏度。

3. 振幅测量

（1）将梯度磁场安装到主机振动平台旁的磁场安装座上，霍尔元件连加长杆插入振动平台旁的支座中，调整霍尔元件于梯度磁场中间位置。按图 68-1 连接实验连接线。

（2）激振器开关倒向"激振 I"侧，振动台开始起振，保持适当振幅，用示波器观察输出波形。

（3）提高振幅，改变频率，使振动平台处于谐振（最大）状态，示波器可观察到削顶的正弦波，说明霍尔元件已进入均匀磁场，霍尔电势不再随位移量的增加而增加。

（4）重按图 68-2 接线，调节移相器、电桥，使低通滤波器输出电压波形正负对称。

（5）接通"激振 I"，保持适当振幅，用示波器观察差动放大器和低通滤波器的波形，试解释激励源为交流且信号变化也是交流时需用相敏检波器的原因。

五、实验分析及结论

（1）求得在直流激励条件下，霍尔传感器的灵敏度和线性工作范围；求出交流激励时霍尔传感器的灵敏度，并与直流激励测试系统进行比较。

（2）分析霍尔传感器在振动测量中需用相敏检波器的原因。

六、注意事项

直流激励电压只能是 2V，不能接 ±2V（4V），否则锑化铟霍尔元件会被烧坏。

七、思考题

（1）什么是霍尔效应？霍尔元件常用什么材料？为什么？

（2）本实验中霍尔元件位移的线性度实际上反映的是什么量的变化？

（3）交直流激励时，霍尔传感器测量位移有什么区别？

（4）在振幅测量中，移相器、相敏检波器、低通滤波器各起什么作用？

实验六十九　热电偶测温系统实验

一、实验目的

（1）结合热电偶的校验，熟悉工业用热电偶的结构，学会正确组建热电偶测温系统。

（2）掌握热电偶的校验（或分度）方法。确定在一定测量范围内，由于热电偶热电特性的非标准化而产生的误差。

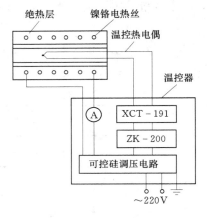

图 69-1　温控原理图

二、实验原理与内容

热电偶的校验有两种方法：一种是定点法；另一种是比较法，后者常用于校验工业用和实验室用热电偶。

比较法校验热电偶是以标准热电偶和被校热电偶测量同一稳定对象的温度来进行的。本实验采用一管式电炉作为被测对象，用温控器使电炉温度自动地稳定在预定值上，如图 69-1 所示。通过实验得出被校（或分度）热电偶的热电特性，也就是得出热电偶冷端处于 0℃ 时热电偶热端温度 T（℃）与输出热电势（mV）之间的关系曲线。

本实验将热电偶的冷端引入冰点恒温瓶中，冰点恒温瓶是一个盛满冰屑和蒸馏水混合物的保温瓶。瓶内插进四根充有一定高度变压器油的玻璃试管。标准热电偶和被校热电偶的四个冷端分别插入试管内。用四根铜导线将热电偶冷端和双向切换开关连接起来，再用两根铜导线将切换开关和手动电位差计连接起来（图 69-2）。使用双向（多点）切换开关，可利用一台手动电位差计测量两支（多支）热电偶的热电势。连接导线时先要判断热电偶的正负极，使其正负极与电位差计接线柱的极性相一致。

用比较法校验时，必须保证两支热电偶的热端温度始终一致。为此需把热电偶的保护套管卸去，将两支热电偶的热端用不锈钢钢片卷扎在一起，插入到管式电炉的 2/3 深处，再将管式电炉的炉口用石棉绳封堵，以防止外界空气进入从而导致炉温波动。热电偶校验的整套装置如图 69-2 所示。

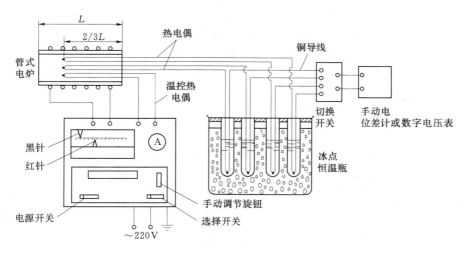

图 69 - 2　热电偶校验装置示意图

三、实验仪器和用具

管式电炉、热电偶校验装置、标准热电偶、被校（或分度）热电偶、手动电位差计、冰点恒温瓶。

四、实验步骤

（1）根据热电偶测温原理，按图 69 - 2 中热电偶测温系统的线路图正确接线，组建好热电偶测温系统。

（2）按温控原理图将管式电炉作为控制对象，把温度控制部分接好线。

（3）整套热电偶校验装置按图 69 - 2 接好线后，暂时不要合上 220V 电源。先做以下两项准备性操作：调整好温度指示调节仪温度零位，并使设定值指在第一个校验点上；全面检查整套装置的接线，经指导老师同意后合上 220V 电源开始实验。

（4）在读数过程中电炉的温度会有微小变化，因此一个温度校验点的读数不能只进行一次，通常需反复读几次。先读标准热电偶的热电势，后读被校验热电偶的热电势，交替进行。在整个读数过程中热电偶热端的温度（即炉温）变化不应超过 5℃，对镍铬—镍硅热电偶来说，热电势变化不超过 0.2mV。测量结果记录在表 69 - 1 中。

表 69 - 1　　　　　　　　　　　　　　　　校 验 记 录 数 据

读数序号　　校验点序号	标准热电偶读数（mV）					平均（mv）	平均（℃）	被校热电偶读数（mV）				平均（mv）	平均（℃）
	1	3	5	7	9			2	4	6	8		
1													
2													
3													
4													
5													

注　校验（分度）时冷端温度为 0℃。

（5）取得一个温度校验点的读数后，调整温控器，使炉温升高到第二个温度校验点，进行第二个温度校验点的校验。本实验的测温范围为 200～600℃（正规校验应做到满量程，这里为了缩短实验时间只校到 600℃），取百位整数，共取 5 个校验点。

（6）做完实验后检查数据是否齐全和合理，如无问题，则可进行实验设备的整理和恢复。

五、实验分析及结论

（1）分析实验数据，应用粗大误差剔除准则舍去不正确的测试数据，然后将标准热电偶和被校热电偶各校验点的热电势读数的算术平均值分别记录在表 69 - 2 中。

（2）根据标准热电偶热电势读数的算术平均值，在其分度表上查得相应的温度填入表 69 - 2 中，据此温度和被校热电偶对应的算术平均热电势值作出被校热电偶的热电特性曲线。要求曲线描绘在不小于 200mm×150mm 大小的坐标纸上，以保证实验数据有足够的精确度。

表 69 - 2　　　　　　　　　　被校热电偶的热电特性

校 验 点 序 号	1	2	3	4	5
被校热电偶平均热电势（mV）					
标准热电偶平均热电势（mV）					
用标准热电偶测得的温度（℃）					

（3）按照标准热电偶测出的温度在被校热电偶的标准化分度表中查出相应的热电势值，算出被校热电偶的热电势误差值。再由此误差值在分度表中被测温度处查得相应的温度误差值。将热电势误差和相应的温度误差都记录在表 69 - 3 中。工业用标准化镍铬—镍硅热电偶的允许误差为：低于 400℃时小于±3℃；高于 400℃时小于±0.75％T。

表 69 - 3　　　　　　　　　　被 校 热 电 偶 误 差

校验点温度（℃）					
被校热电偶测出的热电势（mV）					
同类型标准化热电偶热电势（mV）					
热电势误差（mV）					
温度误差（℃）					

（4）给出校验的结论。被校热电偶的基本误差为＿＿＿＿＿＿＿。结论：（被校热电偶是否符合要求？）

六、注意事项

注意热电偶的极性。如果标准热电偶或被校热电偶极性与相连的电位差计接线端子的极性相反，则无法测量电势，应在接线端子上互换接线。如果温控热电偶极性接反，则温度指示调节仪的指针向负向移动。如果这一现象发现太迟，炉温升高太多，炉温就不可能在短时间冷却下来，影响实验的正常进行。

七、思考题

（1）为什么从热电偶冷端到电位差计要用铜导线连接？如果采用补偿导线，会产生什么结果？

（2）如何判断热电偶的正负极（说出两种判断方法）？

（3）实验中如何保证冰点恒温瓶中的温度为 0℃？

（4）用什么方法来保证两只热电偶热端温度一致？

（5）读数为什么要"标准热电偶"、"被校热电偶"交替进行？为什么读数要从标准热电偶开始和到标准热电偶结束？如果每点读数 8 次，如何安排读数顺序？

实验七十　位 移 测 量 实 验

一、实验目的

（1）了解电涡流传感器的工作原理和应用。

（2）掌握电涡流传感器位移测量的静态标定方法。

二、实验原理

电涡流传感器是基于高频磁场在金属表面的"涡流效应"而工作的，如图 70-1 所示。当传感器的线圈中通以高频交变电流后，在与其平行的金属板上会感应产生电涡流，电涡流的大小与金属板的电阻率、导磁

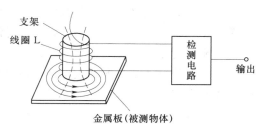

图 70-1　实验原理图

率、厚度、温度以及与线圈的距离有关，而电涡流的大小影响线圈的阻抗，当线圈、被测金属板（涡流片）、激励源确定，并保持环境温度不变时，阻抗只与距离有关，将阻抗变化转为电压信号 V 输出，则输出电压是距离 X 的单值函数。由此可实现电涡流传感器位移测量的静态标定。

三、实验仪器和用具

CSY—2000D 型传感器与检测技术实验台、螺旋测微仪、电压表、示波器、多种金属涡流片。

四、实验步骤（参考实验台说明书）

（1）连接主机与实验模块电源及传感器接口，电涡流线圈与涡流片须保持平行，安装好测微仪，涡流变换器输出接电压表 20V 档。

（2）开启主机电源，用螺旋测微仪带动铁涡流片移动，当铁涡流片完全紧贴线圈时输出电压为零（如不为零可适当改变支架中的线圈角度），然后旋动螺旋测微仪使铁涡流片离开线圈，从电压表有读数时每隔 0.2mm 记录一个电压值，将 V、X 数值填入表 70-1。

表 70-1　　　　　　　　　数 据 记 录 表

X(mm)	0	0.2	0.4	0.6	0.8	1	1.2	1.4	1.6	1.8	2	2.2	2.4	2.6	2.8	3	3.2	3.4	3.6	3.8	4
铁 V (mV)																					
铜 V (mV)																					
铝 V (mV)																					

（3）示波器接电涡流线圈与实验模块输入端口，观察电涡流传感器的激励信号频率，随着线圈与电涡流片距离的变化，信号幅度也发生变化，当涡流片紧贴线圈时电路停振，输出为零。

（4）按实验步骤（1）、（2）分别对铜、铝涡流片进行测试与标定，记录数据。

五、实验分析及结论

（1）在同一坐标上分别作出铁、铜、铝涡流片的 $V—X$ 曲线，求出灵敏度。

（2）找出不同材料被测体的线性工作范围、灵敏度、最佳工作点（双向或单向），并进行比较，作出定性的结论。

六、注意事项

（1）模块输入端接入示波器时由于一些示波器的输入阻抗不高，造成初始位置附近的一段死区，此时示波器探头不接输入端即可解决这个问题。

（2）换上铜、铝和其他金属涡流片时，线圈紧贴涡流片时输出电压并不为零，这是因为电涡流线圈的尺寸是为配合铁涡流片而设计的，换了不同材料的涡流片，线圈尺寸须改变输出才能为零。

七、思考题

电涡流传感器的量程与哪些因素有关？

实验七十一 常用热工仪表的认识

一、实验目的

（1）通过观察各种类型的热工测量仪表，增强感性认识。

（2）掌握部分实验室仪表的使用方法。

二、仪器与设备

（1）测温仪表：热电偶、热电阻、毫伏表、毫安表、电子电位差计、自动平衡电桥、光学高温计等。

（2）测压仪表：弹簧管压力表、微压计、各种压力变送器、活塞式压力计等。

（3）流量仪表：节流件、皮托管、转子流量计、涡轮流量计、漩涡流量计、齿轮流量计等。

（4）实验室用仪器：标准水银温度计、手动电位差计、手动平衡电桥、万用表、标准电阻箱、数字电压表等。

三、实验内容

（1）仔细观察各种仪表，初步了解它们的用途和工作原理。选择一个工业用测温系统，指出其感受件、中间件、显示件，并了解它们互相之间的连接方式。

（2）根据串联开环系统和负反馈闭环测量系统的原理，了解一两种仪表的信号传递与变换过程（例如毫伏表和力平衡式压力变送器），并且比较它们的精确度。

（3）了解仪表铭牌的内容和显示仪表面板上各种符号的意义，如↑、←、～、$0.5\mathrm{kW}$、外接电阻$=15\Omega$、配 Pt100 等。

（4）了解实验室用和工业用仪表的一般性区别（精确度、调整方法、安装方法等）。

（5）观察工业仪表，包括感受件、显示件等常用的安装方法。

（6）学习手动电位差计的用法，掌握手动电位差计的机械零位调整方法，电流标准化的调整方法。用一台手动电位差计测量另一台手动电位差计（或毫伏发生器）输出的毫伏电势，记录两者的指示值，并进行比较。

（7）学习手动平衡电桥的用法，用手动平衡电桥测量一个碳膜电阻的电阻值。记录测得值和碳膜电阻的名义值，并用万用表测量该电阻值，比较三者是否一致（哪一个电阻值最可信）。

四、注意事项

不要随意用手触摸仪表的接线端子，注意电源导线与信号导线的区别，以免发生意外事故。

五、思考题

（1）根据实验中观察到的开环系统和闭环系统仪表结构，用方框图表示它们的静态工作原理。

（2）实验室中所用仪表与工业用仪表在精确度、自动化程度、调整方法和安装方法上有哪些区别？

实验七十二　　测温用动圈表的校验实验

一、实验目的

（1）了解动圈表的结构及其外部接线方法。

（2）校验一台动圈表，求出其基本误差，判断该表是否合格。

二、仪表与设备

XCZ—101（XCT—101）型动圈表（被校表），毫伏发生器，手动电位差计（标准表），标准电阻器箱。

毫伏发生器为一不平衡电桥，其线路如图 71-1 所示，它有两对毫伏信号输出端子。

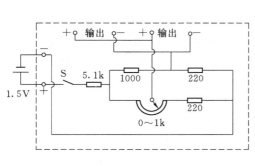

图 72-1　毫伏发生器

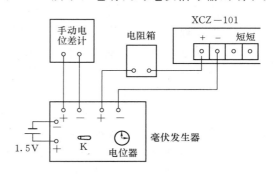

图 72-2　动圈表的校验

三、实验步骤

1. XCZ—101(XCT—101) 型动圈表的校验

（1）校验接线按图 72-2 进行。

（2）用比较法进行校验，所用的标准表是手动电位差计。毫伏信号由毫伏发生器产生。校验方法是：使手动电位差计和动圈表同时测量同一毫伏电势信号，然后比较它们的示值。为了提高读数的精确度，建议调节毫伏电势信号，使被校表指示几个比较大的整数刻度，如100℃、200℃等。因为被校表按温度刻度，所以应求出该表的温度误差。方法是：根据手动电位差计的读数从相应的标准化热电偶分度表中查出温度，将此温度与被校表指示值进行比较，从而求出被校表的基本误差，然后判断该被校表是否合格。

（3）操作步骤如下：①使被校表处于水平位置，调整调零螺丝使机械零位为零；②合上毫伏发生器开关，调整毫伏发生器输出，使被校表指针缓慢上升到第一个校验点（如100℃），同时读取电位差计的示值；③依次校验第二、第三、…校验点，校验点的数值由小依次增大到满量程，然后依次减小，即上、下行程都进行一次读数；④关闭毫伏发生器开关，观察指针是否返零。

把标准表和被校表的读数记录在表72－1中。

表 72－1 测温用动圈表的校验数据

被校表指示值（℃）		0	100	200	300	400	500	600	700	800	900	1000	1100
电位差计读数（mV）	上行程												
	下行程												
相应温度（℃）	上行程												
	下行程												
被校表误差（℃）	上行程												
	下行程												

被校表的基本误差＝　　　　　被校表的允许误差＝

结论：被校表是否合格？

2. 动圈表的试验

（1）确定鉴别力阈：仪表各个刻度上的鉴别力阈是不同的，一般只求出一个常用刻度（2/3满刻度）点上的鉴别力阈。方法是：调整毫伏发生器输出，使动圈表指示在常用刻度上，同时用电位差计测出毫伏发生器的输出 A。慢慢改变毫伏发生器的输出，直至动圈表指针刚开始动作为止，再测出毫伏发生器的输出 B，鉴别力阈＝$B-A$。

（2）求倾斜附加误差：这只要在常用刻度上进行。使动圈表指示常用刻度，记录其示值。将动圈表向左、向右先后倾斜15°，读动圈表指示值，写出它的倾斜附加误差。

（3）求外接电阻短路附加误差：先使动圈表在正常使用条件下指示常用刻度，记录其指示值和毫伏输入值。短路外接电阻，观察动圈表指针的偏移情况。调毫伏发生器使其输出信号值恢复到外接电阻未短路时的值，同时记录动圈表指示值，比较外接电阻短路前后的指示值。写出外接电阻短路附加误差。

四、思考题

（1）为什么调整毫伏发生器使动圈表指针指在校验点时，要断开手动电位差计？

（2）在用手动电位差计测量动圈表输入毫伏信号过程中，为什么动圈表的指针略有偏移？为什么当手动电位差计的检流计指零时动圈表的指针又回到原来的位置？

（3）为什么要进行上、下行程校验？

（4）如果已知动圈表的内阻（如 600Ω），怎样根据在外接电阻短路时的指示值 t' 估算出被测对象的真实温度 t？

实验七十三　电子电位差计的校验和使用

一、实验目的

（1）通过对 XWD 型小尺寸和 XWC 型大尺寸电子电位差计的观察，了解自动平衡式仪表的结构和各个组成部分的作用，学会调整仪表的放大器。

（2）掌握自动平衡式仪表的使用和校验方法。

（3）掌握电位差计的改刻度设计、安装及调试方法。

二、仪器与设备

电子电位差计（XWD 型和 XWC 型）、手动电位差计、冰点恒温瓶、补偿导线、水银温度计、线绕锰铜电阻若干（或制作材料）、手动平衡电桥、电烙铁。

三、实验步骤

1. 观察仪表的结构

（1）观察上述两种型号仪表的各个组成部分，学习小型自动平衡式仪表的拆装方法。

（2）观察仪表的走纸机构、打印机构及其动作过程，学会调节走纸速度。

（3）了解工业用热电偶和电子电位差计的连接方法。热电偶直接与仪表接线端子相连或用补偿导线相连，这样可保证热电偶的冷端温度与在仪表接线端子上的冷端补偿电阻的温度一致。

2. 仪表的启用

（1）仪表零位调整：电子电位差计启运后，如果将其输入端子短接，则电子电位差计应指示室温。如果不指室温，可改变指针在可逆电机拉线上的位置，使指针指示室温。调整仪表零位的另一办法是把两根补偿导线（或热电偶）的一端分别与电子电位差计的正、负接线端子相接，另一端正、负极相连并插入冰点恒温瓶中，此时电位差计应指示零值（对起始刻度为 0℃ 的仪表而言），否则应调整指针位置。

（2）鉴别力阈的调整：一般鉴别力阈已调整好，它小于量程的 0.1％。如果经试验发现鉴别力阈超过要求，则要调整鉴别力阈旋钮，使之符合要求。

（3）阻尼的调整：给电子电位差计输入一个阶跃变化的毫伏信号，观察指针的移动情况。如果指针移动速度较大，指针以示值为中心抖动一周半即停下，表明阻尼情况较好。指针抖动不停或移动速度过慢时，都要调阻尼调节旋钮，使阻尼适中。

3. 仪表的校验

（1）对电子电位差计校验时，可用手动电位差计代替热电偶输入电势信号。校验方法有冰点法和温度计法两种。

冰点法校验的接线如图 73-1 所示。电子电位差计接线端子上接补偿导线，补偿导线的另一端与铜导线连接，并将连接点置于冰点恒温瓶中。铜导线与手动电位差计接线端子连接，手动电位差计既是毫伏信号发生源，又是毫伏信号的标准测量仪器。图中补偿导线的型号应与电子电位差计及其配用的热电偶分度号相匹配。

冰点法校验时，用手动电位差计向电子电位差计输入电势信号 E_N（在手动电位差计上读得示值）。若被校电子电位差计配用的热电偶分度号为 K，则

$$E_K(t, 0) = E_N$$

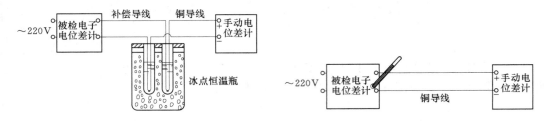

图 73-1　冰点法校验接线　　　　　　图 73-2　温度计法校验接线

温度计法校验的接线如图 73-2 所示。电子电位差计和手动电位差计之间用铜导线连接。使用最小分格值为 0.2℃ 的水银温度计测量电子电位差计接线端子的温度 t_0。若手动电位差计的输出电势为 E_N，电子电位差计的温度指示值为 t，则

$$E_K(t, t_0) = E_K(t, 0) - E_K(t_0, 0) = E_N$$

（2）因为被验电子电位差计是以温度刻度的，试验者要先算出温度校验点对应的输入电势值是多少。为提高读数的精确度，建议调整仪表输入信号大小使仪表指针指在大整数刻度上，如 100℃、200℃、…同时记录输入的标准信号值。校验完上行程后继续做下行程。温度计法的数据记录和整理表格参考表 73-1，冰点法的数据表格自拟。

表 73-1　　　　　　　　　　　　温 度 计 法 数 据 表 格

上行程	电子电位差计校验点 t'（℃）	0	100	200	…	1100
	手动电位差计输出电势 E_N（mV）					
	标准电势值 $E(t, 0) = E(t_0, 0) + E_N$（mV）					
	相应于 $E(t, 0)$ 的温度 t（℃）					
	被校验点刻度误差 $\Delta t = t' - t$（℃）					
下行程	电子电位差计校验点 t'（℃）					
	⋮					

4. 改刻度实验

（1）确定要改变电子电位差计所配用的热电偶型号和仪表的量程后，应计算测量桥路各电阻值，即计算起始电阻、量程电阻、冷端补偿电阻、上桥路限流电阻和下桥路限流电阻的阻值。

（2）从电子电位差计上拆下测量桥路的线路板，对照测量桥路原理图看懂实际线路和各电阻的位置。

（3）绕制上述 5 个线绕锰铜电阻（或实验室给出绕制好的锰铜电阻），并用手动平衡电桥测试其电阻值，使电阻值符合要求。

（4）拆换测量桥路上的电阻，注意焊接质量，防止虚焊。

（5）按照原有仪器标尺长度，计算新的标尺刻度，并制作标尺（作为学生练习，用一狭条坐标纸作新标尺即可）。

（6）装上新的测量桥路线路板并贴上新标尺。

（7）用冰点法对改刻度后的电子电位差计进行校验，鉴定改刻度后仪表是否合格。

四、思考题

（1）冰点法和温度计法中，哪一种方法没有考虑冷端温度补偿误差？为什么？

（2）用冰点法和温度计法校验电子电位差计时，若要使仪表指针指在某温度刻度上，则输入的标准信号应为何值？

（3）短接始点刻度为 0℃ 的电子电位差计输入信号端子时，仪表指针将指在何处？使电子电位差计输入信号端子开路时，仪表指针将如何动作？为什么？

（4）使用电子电位差计时，配用了同型号的补偿导线，但正负极接反，将产生多大误差？

实验七十四　配热电阻的动圈式温度指示表和
自动平衡电桥的校验

一、实验目的

（1）熟悉配热电阻的动圈式温度指示表和自动平衡电桥的结构。

（2）掌握热电阻与指示表之间的三线制接法。

（3）学会拟定用标准电阻箱模拟热电阻校验指示表的方案。

（4）了解当指示表外接线路电阻不符合要求时，和采用两线制连接时可能造成的附加误差。

二、仪器与设备

动圈式（或数字式）温度指示表、自动平衡电桥、标准电阻箱、5Ω 线绕锰铜电阻（三只）、温水瓶、水银温度计。

三、实验步骤

实验前要阅读指示表说明书，观察仪表的结构和外部接线方法。

1. 仪表校验

校验时标准电阻箱代替热电阻。被校表为动圈式（或数字式）温度指示表或电子平衡电桥。要求自行拟定实验方案，得出校验结果。数据的记录和整理格式参考实验七十一"测温用动圈表的校验实验"。

2. 附加误差试验

（1）使三线制连接线中的一根（或两根）线的电阻值不等于 5Ω，观察指示表指示值的变化情况，与采用 3×5Ω 连接导线相比较，写出附加误差。注意改变三根线中电源引线的电阻与改变其他两根连接导线的电阻所造成的影响不同。

（2）指示表与标准电阻箱用两根线连接（标准电阻箱和两根连接导线电阻都处在指示电桥的一个桥臂上），记录环境温度、输入信号值和指示值。利用温水瓶升高连接导线的温度（例如 50℃ 左右），记录指示表的输入信号值和指示值。分析采用两线制接法时环境温度变化对指示表示值的影响。用同样方法观察用三线制连接时，环境温度变化对指示表示值的影响，并比较两种影响情况的大小。

四、注意事项

（1）切勿在指示表接通电源的情况下短路或开路电阻箱，否则指针可能会因打靠一边而损坏。同理，在指示表接通电源前要先检查电阻箱旋钮的位置，电阻不得置零或置过大值，应置于热电阻的测量范围内。例如对配用 Pt100 的指示表，电阻箱的电阻可预先设置为 100Ω。

（2）在作两线制连线、三线制连线情况下产生温度误差的比较试验时，两种情况下都要使用足够长和同样长的连接导线，环境温度的变化量也应相同。

五、思考题

（1）指示表和热电阻之间如何采用正确的三线制接法接线？请画出一种正确接线方案和一种错误接线方案。

（2）为什么在接通电源的情况下，配用热电阻的指示表或电子平衡电桥的外部接线不得开路或短路？

（3）如果在使用现场布置好热电阻和指示表或电子平衡电桥之间的三根连接导线，现在要求不拆回连接导线，如何在现场测得三根连接导线的电阻？

实验七十五　光学高温计和辐射高温计的使用

一、实验目的

（1）熟悉光学高温计和辐射高温计的结构。

（2）学习光学高温计和辐射高温计的校验和使用方法。

二、仪器与设备

光学高温计、二等标准温度灯泡、直流稳压电源、标准电阻、手动电位差计、辐射高温计、能自动控温的电炉。

三、实验步骤

1. 熟悉仪表结构

（1）光学高温计：观察目镜、物镜、红色滤光片、暗灰色吸收玻璃片的位置；掌握光学测量系统的调整方法和高温计的读数方法；了解高温计的型号、标尺刻度范围、电池装入方法。

（2）辐射高温计：观察其型号、标尺刻度范围，了解感温件与指示仪表的连接方法、护目镜的位置及其接入方法以及高温计的瞄准和安装要求。

2. 光学高温计的使用

（1）练习工业用光学高温计的操作方法，手握光学高温计对准明亮的被测对象（目的物），调整物镜与目镜，接入红色滤光片、灰色吸光片等。

（2）以二等标准温度灯泡为被测对象，调整光学高温计的焦距，使其灯丝清晰可见。并使光学高温计对准温度灯泡指针所指的一段钨带，接入红色滤光片。

（3）接通电源开关，转动变阻器圆盘，使灯丝隐没不见，读取高温计的示值，在温度灯泡的同一亮度下，由几个同学分别操作一台光学高温计，读出示值，并从温度灯泡的电流—温度分度表求出温度灯泡的温度（作为标准），比较它们的读数。

3. 工业用光学高温计的校验

按照规定，工业用光学高温计每半年校验一次。校验时采用二等标准温度灯泡作为标准器。校验用仪器设备的连接方法如图75-1所示。图中 L 是二等标准温度灯泡（它与透镜一起被分度），B 是供温度灯泡电流的晶体管直流稳压电源（或蓄电池组），R 是标准电阻，P 是 0.05 级的手动电位差计。

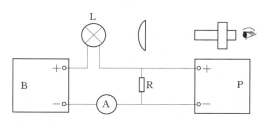

图 75-1　光学高温计的校验接线

本实验要求掌握光学高温计的校验操作方法，不要求正式校验一台光学高温计。使用上述校验系统，读取 2~3 个温度指示值即可。为了使光学高温计的校验无误，应注意以下事项：

（1）温度灯泡接通电源后，需要经过一段时间温度才能稳定。一般真空灯温度的稳定时间需 20min 左右，氖灯需 4min 左右。

（2）在实验中应固定钨灯的供电电流方向，以免钨带的温度分布发生变化。

（3）温度灯泡安装时要保证处于垂直位置，应使光学高温计对准钨带的指示段，瞄准的方向与钨带面要垂直，否则产生测量误差。

（4）环境温度对测量有影响。对真空灯温度 $t < 1300℃$、对充气灯温度 $t < 1800℃$ 时，需引用灯泡的环境温度系数 β 进行修正。β 为环境温度变化 1℃ 引起的钨带温度变化值。温度灯泡的 $\beta—t$ 关系曲线事先给出。

4. 辐射高温计的使用

以电炉中被加热的钢玉球作为被测对象。辐射高温计与钢玉球之间的距离应根据辐射高温计说明书中的要求确定。通过目镜观察，使对象的像正好全部盖住（对准）十字形铂片。为了保护眼睛，在观察时一定要接入护目镜。对准后读取高温计的读数。根据指导教师提供的被测对象的全辐射发射率（黑度）计算被测对象的真实温度。

在实验中，学生可以提出一些问题，并通过实验来解决这些问题，例如：被测对象与辐射高温计之间的距离大小对示值的影响如何？不同观察者分辨的亮度温度一样吗？

四、思考题

（1）从原理和结构上看，如何使光学高温计有单色性？

（2）光学高温计的指示值是什么温度？如何求得被测对象的真实温度？

（3）如何确定辐射高温计的安装位置？

（4）光学高温计的灰色玻璃和辐射高温计的十字形铂片各有什么作用？

实验七十六　弹簧管压力表的校验

一、实验目的

（1）了解各种测压仪表的结构和工作原理。

（2）掌握弹簧管压力表的校验方法。

二、仪器与设备

弹簧管压力表、活塞式压力计、微压计、各种液柱式压力计、各种弹性元件、各种电变送压力表、扳手、螺丝刀、取（起）针器。

三、实验内容

1. 准备工作

（1）了解各种液柱式压力计和弹簧管压力表的结构和使用方法，斜管式微压计的结构和使用方法；各种弹性元件，如膜盒、单圈和多圈弹簧管等的结构；压力信号的各种电变送方法及变送器的具体结构，如电阻、电感、霍尔效应、应变、振弦、力平衡变送器等。

（2）做好校验用弹簧管压力表的准备工作：

1）选用压力标准器。标准器采用活塞式压力计及其标准砝码，或标准弹簧管压力表。所选用标准压力表的测量上限应不低于被测压力表的测量上限，最好是两者有相同的测量范围，标准压力表的允许误差应不大于被校压力表允许误差的 1/3，或者标准压力表比被校压力表高两个精度等级。

2）确定校验点。对于 1、1.5、2、2.5 精确度等级的压力表，可在 5 个刻度点上进行校验。对于 0.5 级和更高精确度等级的压力表，应取全刻度标尺上均匀分布的 10 个点进行校验。

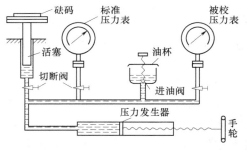

图 76-1 活塞式压力计

2. 校验步骤

（1）给活塞式压力计充变压器油（或其他液体，具体按仪器说明书上进行），装上被校和标准压力表后进行排气。关闭通活塞盘的切断阀，如图 76-1 所示，打开油杯进油阀，逆时针旋转油泵的手轮，将油吸入油泵内。再顺时针旋转手轮，将油压入油杯。观察是否有小气泡从油杯中升起，反复操作，直到不出现小气泡时关闭油杯内的进油阀，如果使用砝码，开始时需打开通活塞盘的切断阀。

（2）顺时针旋转油泵手轮，使油压力逐渐上升，直到标准压力表指示到第一个压力校验点，读被校压力表指示值；如果使用砝码，加上相应压力的砝码，使油压上升直到砝码盘逐渐抬起，到规定高度（活塞杆上有标志线）时停止加压，轻轻转动活塞盘（克服摩擦），读取被校压力表的指示值。

（3）继续加压到第二个、第三个、…校验点，重复上述操作，直至满量程为止。

（4）逐渐减压，按上述步骤做下行程校验。

（5）求出被校压力表的基本误差，如果发现被校压力表的基本误差超过允许误差，则根据误差出现情况确定是先调整零位还是先调整量程（即灵敏度）。零位调整方法是：用取针器取出被校压力表指针，再按照零刻度位置轻轻压下指针。量程调整方法是：用螺丝刀松开扇形齿轮上的量程调节螺丝，改变螺钉在滑槽中的位置（应根据量程需要判断螺钉的移动方向），调好后紧固螺钉，重复上述校验。调量程时零位会变化，因此一般量程、零位要反复进行调整，直到合格为止。如果被校压力表无法调整好，则作不合格处理。

四、校验报告

弹簧管压力表校验报告（见表 76-1）：

标准压力表：编号_____，量程_____，精度等级_____。

被校弹簧管压力表：编号_____，量程_____，精确度等级_____。

校验时的环境条件：室温_____℃，大气压力_____Pa。

被校压力表的回差为_____%。

被校压力表的基本误差为_____%。

结论：该弹簧管压力表合格（或不合格）。

校验中其他情况_____。

实验者_____，第_____组，同组人_____。

日期_____年_____月_____日。

表 76-1　　　　　　　　　　　弹簧管压力表的校验数据

上行程	被校压力表示值（Pa）					
	标准压力表示值（Pa）					
	校验点绝对误差（Pa）					
下行程	被校压力表示值（Pa）					
	标准压力表示值（Pa）					
	校验点绝对误差（Pa）					

五、注意事项

（1）加压与降压过程中应注意被校压力表指针有无跳动现象，如有跳动现象，应拆下修理。

（2）活塞式压力计上的各切断阀只需有少许开度（例如阀手轮旋开 1/4 圈）。如果开度过大，被加压油可能从切断阀的阀芯处漏出。

（3）若校验氧气压力表，应该用水压进行试验，或在仪表与校验器之间连接隔离容器，以保证弹簧管不被油污染。

六、思考题

（1）什么是仪表上下行程的回差？回差产生的原因有哪些？

（2）为什么使用活塞式压力计时先要校水平，校验时要转动砝码盘？

（3）如果被校弹簧管压力表超差，应如何调整？

实验七十七　风机噪声测量实验

一、实验目的

（1）掌握风机噪声测量的基本原理和方法；了解主要测试仪器的使用方法。

（2）测量风机在额定工况下，进气口或出气口辐射噪声的 A 声级，中心频率为 63～8000Hz 的 8 个倍频程声压级。

（3）确定风机在不同工况下的 A 声级和比 A 声级（或比声功率级），进行频谱分析，绘出风机的噪声特性曲线，对风机噪声作出评价。

二、实验原理

风机运转时，将产生由空气动力噪声和机械噪声所组成的混合噪声，并通过风机进气口、出气口和机壳等部位，以声波形式向周围辐射，形成噪声的声源。这种噪声一般都是由连续变化的不同频率的声音组成，风机运行工况不同时，产生的噪声值也有所变化。根据风机噪声的这一特点，就可以在其规定部位设置声级计及其配套仪器，从而测得风机在不同工况下的各种不同频率的噪声值，进而得到噪声频谱和特性曲线。

三、实验装置、测试系统及仪器

（1）实验装置。根据噪声实验可选用进气实验装置（图 77-1）、出气实验装置（图 77-2）或进出气实验装置（图 77-3）中的一种。如果噪声实验采用的是进气实验装置，则实验时应测量风机出气口辐射噪声，如图 77-4 所示。如选用其他装置时，实验时请参照有关内容。

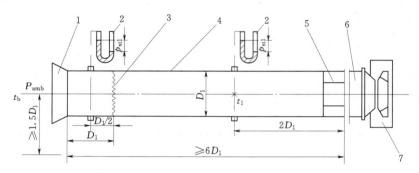

图 77-1　进气实验装置

1—集流器；2—压力计；3—网栅节流器；4—进气管；5—整流栅；6—锥形接头；7—风机

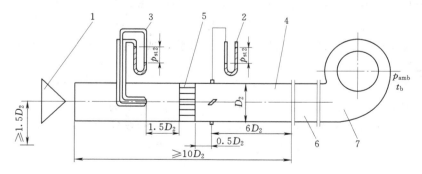

图 77-2　出气实验装置

1—锥形节流器；2—压力计；3—复合测压计；4—出气管；
5—整流栅；6—锥形接头；7—风机

（2）测试系统及仪器。根据实验条件和对噪声评价的具体要求，可选择图 77-1～图 77-3 实验装置中的一种与噪声测量仪器组成测试系统，教学实验噪声测量仪器可以使用 ND—2 型声级计或 SZ—1 型声振组合仪。

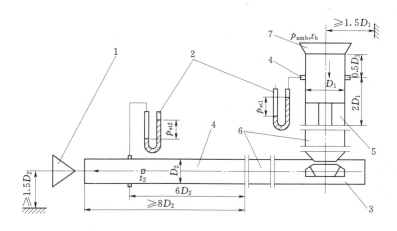

图 77 - 3　进出气实验装置

1—锥形节流器；2—压力计；3—风机；4—风管；5—整流栅；6—锥形接头；7—集流器

（3）风机噪声测量测点布置（图 77 - 4）。

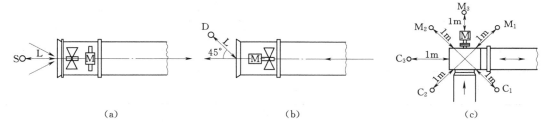

（a）　　　　　　　　　（b）　　　　　　　　　（c）

图 77 - 4　风机噪声测量测点布置

四、实验数据测取

风机实验时，要测量额定工况下的 A 声级和中心频率为 63～8000Hz 的 8 个倍频程声压级。如果要求绘制风机的噪声特性曲线，则还要测量风机在不同工况下的 A 声级和比声功率级。因此，实验时需要测量的参数为 Q、P、P_a、n、L_A，L_P（或 L_{ws}）、ρ_{amb}，t 和湿度。A 声级 L_A 和 8 个倍频程声压级 L_P 可由声级计直接读取，L_{ws} 则由计算求出。

五、实验操作要点

（1）声级计的传声器要指向风机声源，测量者应侧向声源，并要使用校正过的声级计。

（2）先测出背景噪声和找出声场衰减规律，以便确定是否符合风机噪声测试的环境条件。

（3）风机在额定工况下测量 A 声级和中心频率为 63～8000Hz 的 8 个倍频程声压级。

（4）风机在不同工况下测量 A 声级，各工况的流量在零到最大值之间均分布 6～8 个点。

（5）实验时每个工况点测 2～3 次，取其平均值作为该工况点的噪声值。

（6）测量时如果声级计指针摆动，则应取其平均值。当指示值变动大于 ±4dB 时应停止测量，声级计的最小读数为 0.5dB。

六、实验结果及讨论

（1）把测得的风机性能和噪声特性数据整理后，根据表 76-1 对声源噪声进行修正，并计算出 Q、P、η 和 P_a。把实验条件下的数据，换算到规定转速和标准状态下，并把流量变成无量纲流量，其计算式为

$$\overline{Q} = \frac{Q}{\dfrac{a}{4} D_2^2 u_2}$$

式中　$\overline{Q}$——无量纲流量；

Q——风机流量，m^3/s；

D_2——风机叶轮外径，m；

u_2——叶轮出口圆周速度，m/s。

风机实验数据和实验结果的表格形式见表 77-2、表 77-3。

表 77-1　　　　　　　　　　背景噪声及反射声数据〔dB(A)〕

反 射 声		背 景 噪 声								
		A 声级 L_A	倍 频 程 声 压 级 L_P							
L	$2L$		中 心 频 率（Hz）							
			63	125	250	500	1000	2000	4000	8000

表 77-2　　　　　　　　　　风机噪声特性数据〔dB(A)〕

A 声级 L_A	倍 频 程 声 压 级 L_P							
	中 心 频 率（Hz）							
	63	125	250	500	1000	2000	4000	8000

表 77-3　　　　　　　　　　实 验 结 果

工 况					噪声级〔dB(A)〕		倍频程声压级 L_P〔dB(A)〕							
Q（m^3/s）	P（Pa）	P_a（kW）	η（%）	n（r/min）	L_A	L_{A2}	中 心 频 率（Hz）							
							63	125	250	500	1000	2000	4000	8000

（2）计算出规定转速和标准状况下的比 A 声级 L_{as} 和比声功率级 L_{ws}。

（3）作出额定（或指定）工况下的频谱图和噪声特性曲线。

（4）讨论要点：风机噪声评价的基本内容、方法及所需参数；风机噪声产生的原因、部位，对工作人员及风机性能的影响；噪声与振动的关系。

第十章　液 压 与 气 动

实验七十八　液压泵的拆装实验

一个完整的液压系统由能源装置（动力元件）、执行元件、控制调节元件、辅助元件和工作介质五个部分组成，而其中动力元件即液压泵用来给整个液压系统提供动力，把原动机的机械能转换成液压传动所需的液压能，故本实验主要研究液压泵结构、性能、特点和工作原理。

一、实验目的

（1）通过实验，观察、了解各种液压泵的结构和工作原理。

（2）在理解各种液压泵的结构和工作原理基础上，掌握液压泵的性能、特点及应用，区别不同结构的液压泵性能、特点及应用场合。

（3）通过掌握液压泵结构、性能、特点和工作原理，了解液压泵设计、制造工艺过程，启发学生改进液压泵结构、性能的思想，提高学生的设计能力与创新能力。

二、实验原理

1. 轴向柱塞泵

工作原理：轴向柱塞泵的工作原理如图 78-1 所示，当原动机通过传动轴带动缸体转动时，迫使柱塞随之一起转动，而斜盘、柱塞、弹簧的相互作用又迫使柱塞相对于缸体在缸体柱塞孔中作往复运动，靠柱塞在缸体中作往复运动造成密封容积的变化来实现吸油与压油。

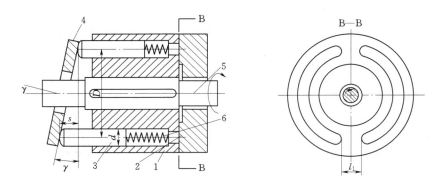

图 78-1　轴向柱塞泵的工作原理

1—缸体；2—配油盘；3—柱塞；4—斜盘；5—传动轴；6—弹簧

结构特点：

（1）典型结构。图 78－2 所示为一种直轴式轴向柱塞泵的结构。

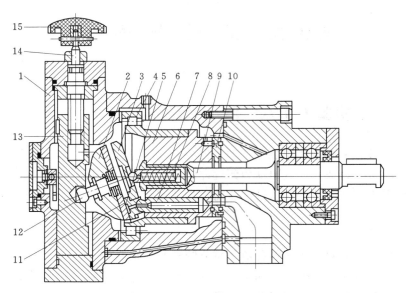

图 78－2　SCY14—1B 型斜盘式轴向柱塞泵结构图

1—变量机构；2—斜盘；3—回程盘；4—缸体外大轴承；5—滑履；6—缸体；

7—柱塞；8—中心弹簧；9—传动轴；10—配流盘；11—斜盘耐磨板；

12—销轴；13—变量活塞；14—螺杆；15—手轮

1）有三对摩擦副：柱塞与缸体孔，缸体与配流盘，滑履与斜盘。容积效率较高，额定压力可达 31.5MPa。

2）泵体上有泄漏油口。

3）传动轴是悬臂梁，缸体外有大轴承支承。

4）为减小瞬时理论流量的脉动性，取柱塞数为奇数：5、7、9、11。

5）为防止密闭容积在吸、压油转换时因压力突变引起的压力冲击，在配流盘的配流窗口前端开有减振槽或减振孔。

（2）变量机构。要改变轴向柱塞泵的输出流量，只要改变斜盘的倾角，即可改变轴向柱塞泵的排量和输出流量。

1）手动变量机构。如图 78－2 所示，斜盘倾角改变，达到变量的目的。这种变量机构结构简单，但操纵不轻便，且不能在工作过程中变量。

2）伺服变量机构。用伺服变量机构代替图 78－2 所示的手动变量机构。其工作原理为通过操作液压伺服阀动作，利用泵输出的压力油推动变量活塞来实现变量的。故加在拉杆上的力很小，控制灵敏。斜盘可以倾斜±18°，在工作过程中泵的吸压油方向可以变换，因而这种泵是双向变量液压泵。

2．外啮合齿轮泵

工作原理：如图 78－3 所示。其主要结构由泵体、一对啮合的轮齿、泵轴和前后泵盖组成。当泵的主动齿轮按图示箭头方向旋转时，齿轮泵右侧（吸油腔）轮齿脱开啮合，使密封容积增大，形成局部真空，油箱中的油液在外界大气压的作用下，经吸油管路、吸油腔进入齿间。随着齿轮的旋转，吸入齿间的油液被带到另一侧，进入压油腔。这时轮齿进入啮合，使密封容积逐渐减小，齿轮间部分油液被挤出，形成了齿轮泵的压油过程。轮齿啮合时齿向接触线把吸油腔和压油腔分开，起配油作用。

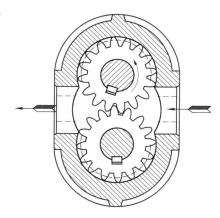

图 78-3 外啮合齿轮泵工作原理

结构特点：为了防止压力油从泵体和泵盖间泄露到泵外，并减小压紧螺钉的拉力，在泵体两侧的端面上开有油封卸荷槽，使渗入泵体和泵盖间的压力油引入吸油腔。在泵盖和从动轴上的小孔，其作用也是将泄露到轴承端部的压力油引到泵的吸油腔去，防止油液外溢，同时也润滑了滚针轴承。

（1）齿轮泵的困油问题。齿轮泵要能连续地供油，就要求轮齿啮合的重叠系数 ε 大于1，也就是当一对轮齿尚未脱开啮合时，另一对轮齿已进入啮合，这样，就出现同时有两对轮齿啮合的瞬间，在两对轮齿的齿向啮合线之间形成了一个封闭容积，一部分油液也就被困在这一封闭容积中 ［图 78-4（a）］，轮齿旋转时，这一封闭容积便发生变大变小的变化。在封闭容积减小时，被困油液压力急剧上升，形成冲击，使泵剧烈振动，高压油从缝隙中挤出，造成功率损失，使油液发热等。当封闭容积增大时，形成局部真空，使原来溶解于油液中的空气分离出来，形成了气泡，引起噪声、气蚀等，即齿轮泵的困油现象。这种困油现象极其严重地影响着泵的工作平稳性和使用寿命。

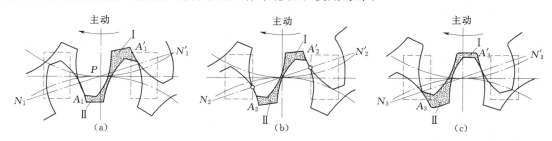

图 78-4 齿轮泵的困油现象

为了消除困油现象，在 CB—B 型外啮合齿轮泵的泵盖上铣出两个困油卸荷凹槽，其几何关系如图 78-5 所示。卸荷槽的位置应该使困油腔由大变小时，能通过卸荷槽与压油腔相通，而当困油腔由小变大时，能通过另一卸荷槽与吸油腔相通。两卸荷槽之间的距离为 a，必须保证在任何时候都不能使压油腔和吸油腔互通。

（2）径向不平衡力。齿轮泵工作时，在轮齿和轴承上承受径向液压力的作用。如图 78-6 所示，泵的下侧为吸油腔，上侧为压油腔。在压油腔内有沿着齿顶的泄漏油，具有大小不等的压力，使得轮齿和轴承受到径向不平衡力。结果不仅加速了轴承的磨损，降低了轴承的寿命，甚至使轴变形，造成齿顶和泵体内壁的摩擦等。为了解决径向力不平衡问题，CB-B 型齿轮泵则采用缩小压油腔，以减少液压力对齿顶部分的作用面积来减小径向不平衡力，所以泵的压油口孔径比吸油口孔径要小。

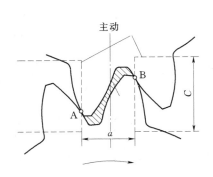

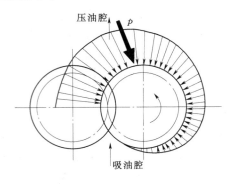

图 78-5　齿轮泵的困油卸荷槽图　　　　　　图 78-6　齿轮泵的径向不平衡力

（3）齿轮泵的泄漏。在液压泵中，运动件间是靠微小间隙密封的，这些微小间隙从运动学上形成摩擦副，而高压腔的油液通过间隙向低压腔泄漏是不可避免的。齿轮泵压油腔的压力油可通过三条途径泄漏到吸油腔：一是通过齿轮啮合线处的间隙（齿侧间隙）；二是通过泵体内圆和齿顶间隙的径向间隙（齿顶间隙）；三是通过齿轮两端面和侧板间的间隙（端面间隙）。在这三类间隙中，端面间隙的泄漏量最大，压力越高，由间隙泄漏的液压油液就越多，因此为了实现齿轮泵的高压化，提高齿轮泵的压力和容积效率，需要从结构上来采取措施，对端面间隙进行自动补偿。

三、实验仪器与用具

所需元件：SCY14—1B 型手动变量轴向柱塞泵 1 台，CB—B 型外啮合齿轮泵 1 台。

所需工具：内六角扳手、固定扳手、螺丝刀、手锤、铜棒等工具。

四、实验步骤与分析

1. 柱塞泵拆装分析

SCY14—1B 型斜盘式手动变量轴向柱塞泵结构如图 78-2 所示。

拆卸步骤：

（1）松开固定螺钉，分开左端手动变量机构、中间泵体和右端泵盖三部件。

（2）分解各部件。

拆卸后清洗、检验、分析，装配与拆卸顺序相反。

主要零部件分析：

（1）缸体。缸体有七个与柱塞相配合的圆柱孔，其加工精度很高，以保证既能相对滑动，又有良好的密封性能。缸体中心开有花键孔，与传动轴相配合。缸体右端面与配流盘相配合。缸体外表面装在缸体外大轴承上。

（2）柱塞与滑履、柱塞的球头与滑履铰接。柱塞在缸体内作往复运动，并随缸体一起转动。滑履随柱塞作轴向运动，并在斜盘的作用下绕柱塞球头中心摆动，使滑履平面与斜盘斜面贴合。柱塞和滑履中心开有直径 1mm 的小孔，缸中的压力油可进入柱塞和滑履、滑履和斜盘间的相对滑动表面，形成油膜，起静压支承作用，减小这些零件的磨损。

（3）中心弹簧机构。中心弹簧通过内套、钢球和回程盘将滑履压向斜盘，使活塞得到回程运动，从而使泵具有较好的自吸能力。同时，中心弹簧又通过外套使缸体紧贴配流盘，以保证泵启动时基本无泄漏。

（4）配流盘。配流盘上开有两条月牙型配流窗口，外圈的环形槽是卸荷槽，与回油相通，使直径超过卸荷槽的配流盘端面上的压力降低到零，保证配流盘端面可靠地贴合。两个通孔（相当于叶片泵配流盘上的三角槽）起减少冲击、降低噪音的作用。四个小盲孔起储油润滑作用。配流盘下端的缺口，用来与右泵盖准确定位。

（5）缸体外大轴承。用来承受斜盘作用在缸体上的径向力。

（6）变量机构。变量活塞装在变量壳体内，并与螺杆相连。斜盘前后有两根耳轴支承在变量壳体上（图78-2中未示出），并可绕耳轴中心线摆动。斜盘中部装有销轴，其左侧球头插入变量活塞的孔内。转动手轮，螺杆带动变量活塞上下移动（因导向键的作用，变量活塞不能转动），通过销轴使斜盘摆动，从而改变了斜盘倾角 γ，达到变量目的。

2. 齿轮泵拆装分析

CB—B 型外啮合齿轮泵结构如图78-7所示。

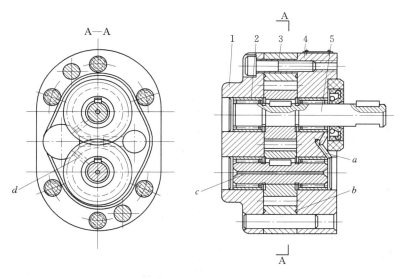

图 78-7　CB—B 型外啮合齿轮泵的结构

1—后泵盖；2—滚子；3—泵体；4—前泵盖；5—主动轴

拆卸步骤：

（1）松开 6 个紧固螺钉，分开后泵盖和前泵盖；从泵体中取出主动齿轮及轴、从动齿轮及轴。

（2）分解端盖与轴承、齿轮与轴、端盖与油封。此步可不做。

拆卸后清洗、检验、分析，装配与拆卸顺序相反。

主要零件分析：

（1）泵体。泵体的两端面开有封油槽 b，此槽与吸油口相通，用来防止泵内油液从泵体与泵盖接合面外泄，泵体与齿顶圆的径向间隙为 0.13～0.16mm。

（2）前后泵盖。前后泵盖内侧开有卸荷槽（图78-7中虚线所示），用来消除困油。后泵盖上吸油口大，压油口小，用来减小作用在轴和轴承上的径向不平衡力。

（3）齿轮。两个齿轮的齿数和模数都相等，齿轮与端盖间轴向间隙为 $0.03 \sim 0.04$mm，轴向间隙不可以调节。

五、实验报告要求

（1）根据实物，画出各液压泵的工作原理简图。

（2）画出各液压泵的主要零件图，简要说明液压泵的结构组成。

（3）按规定填写液压泵零件组成表（表78-1）。

表 78-1   液 压 泵 零 件 组 成 表

序 号	名 称	数 量

六、注意事项

（1）遵守拆装实验纪律，一切行动听从指导教师。

（2）拆装时注意安全，严格按拆装规程进行设备拆装。

（3）不得擅自动用实验室其他仪器设备。

（4）实验完毕，按要求撰写拆装实验报告。

（5）严格控制实验时间，在规定时间内抓紧完成实验，实验结束，待指导教师验收完毕方能离开实验室。

七、思考题

1. 柱塞泵拆装思考题（任选3题）

（1）柱塞泵的密封工作容积由哪些零件组成？密封腔有几个？

（2）柱塞泵是如何实现配流的？

（3）采用中心弹簧机构有何优点？

（4）柱塞泵的配流盘上开有几个槽孔？各有什么作用？

（5）手动变量机构由哪些零件组成？如何调节泵的流量？

2. 齿轮泵拆装思考题（任选3题）

（1）齿轮泵的密封容积是怎样形成的？

（2）外啮合齿轮泵有无配流装置？它是如何完成吸油、压油分配的？

（3）外啮合齿轮泵中存在几种可能产生泄漏的途径？为了减小泄漏，采取了什么措施？

（4）外啮合齿轮泵采取什么措施来减小泵轴上的径向不平衡力？

（5）外啮合齿轮泵是如何消除困油现象的？

实验七十九　液压阀的拆装实验

一个完整的液压系统由能源装置（动力元件）、执行元件、控制调节元件、辅助元件和工作介质五个部分组成，而其中控制调节元件（各种控制阀）用来对液压系统中的压力、流量或流动方向进行控制或调节，以控制液压机械的功率与承载力的大小、速度的快慢以及运动的方向，故本实验主要研究控制阀结构、性能、特点和工作原理。

一、实验目的

（1）通过各种液压阀的拆装，观察、了解各种液压阀的结构和工作原理及其可能出现的故障。

（2）在理解各种液压阀的结构和工作原理基础上，掌握液压阀的性能、特点及应用，区别相同作用的液压阀结构不同时性能、特点的不同及应用场合的差异。

（3）通过掌握液压阀的结构、性能、特点和工作原理，了解各种阀与其他元件的连接方式；了解液压阀设计、制造工艺过程及装配工艺过程，启发学生改进液压阀结构、性能的思想，提高学生的设计能力与创新能力。

二、实验原理

常用的溢流阀按其结构形式和基本动作方式分为直动式和先导式两种。

1. 直动式溢流阀

直动式溢流阀是依靠系统中的油液压力直接作用在阀芯上与弹簧力相平衡，以控制阀芯的启闭动作，图 79-1（a）所示是一种低压直动式溢流阀，P 是进油口，T 是回油口，进口压力油经阀芯中间的阻尼孔 g 作用在阀芯的底部端面上，当进油压力较小时，阀芯在弹簧的作用下处于下端位置，将 P 和 T 两油口隔开。当进油压力升高，在阀芯下端所产生的作用力超过弹簧的压紧力 F，此时，阀芯上升，阀口被打开，将多余的油液排回油箱，阀芯上的阻尼孔 g 用来对阀芯的动作产生阻尼，以提高阀的工作平衡性，调整螺帽可以改变弹簧的压紧力，这样也就调整了溢流阀进口处的油液压力 p。

溢流阀是利用被控压力作为信号来改变弹簧的压缩量，从而改变阀口的通流面积和系统的溢流量来达到定压目的的。当系统压力升高时，阀芯上升，阀口通流面积增大，溢流量增大，进而使系统压力下降。溢流阀内部通过阀芯的平衡和运动构成的这种负反馈作用是其定压作用的基本原理，也是所有定压阀的基本工作原理。

2. 先导式溢流阀

图 79-2 所示为先导式溢流阀的结构示意图，在图中压力油从 P 口进入，通过阻尼孔后作用在导阀上，当进油口压力较低，导阀上的液压作用力不足以克服导阀右边的弹簧的作用力时，导阀关闭，没有油液流过阻尼孔，所以主阀芯两端压力相等，在较软的主阀弹簧作用下主阀芯处于最下端位置，溢流阀阀口 P 和 T 隔断，没有溢流。当进油口压力升高到作用在导阀上的液压力大于导阀弹簧作用力时，导阀打开，压力油就可通过阻尼孔、

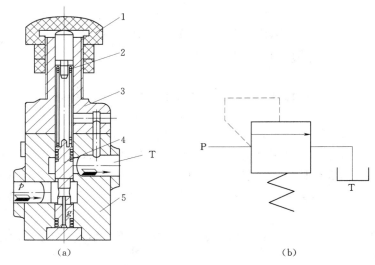

图 79-1   低压直动式溢流阀

（a）结构图；（b）职能符号图

1—螺帽；2—调压弹簧；3—上盖；4—阀芯；5—阀体

经导阀流回油箱，由于阻尼孔的作用，使主阀芯上端的液压力 p_2 小于下端压力 p_1，当这个压力差作用在面积为 A_B 的主阀芯上的力等于或超过主阀弹簧力 F_s，轴向稳态液动力 F_{bs}、摩擦力 F_f 和主阀芯自重 G 时，主阀芯开启，油液从 P 口流入，经主阀阀口由 T 流回油箱，实现溢流，即有

$$\Delta p = p_1 - p_2 \geqslant \frac{F_s + F_{bs} + G \pm F_f}{A_B} \qquad (79-1)$$

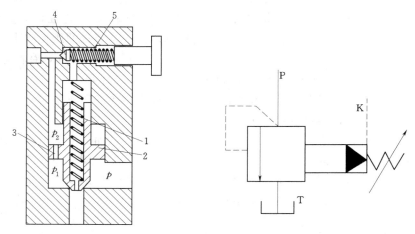

图 79-2   先导式溢流阀

1—主阀弹簧；2—主阀芯；3—阻尼孔；4—导阀阀芯；5—导阀弹簧

由式（79-1）可知，由于油液通过阻尼孔而产生的 p_1 与 p_2 之间的压差值不太大，所以主阀芯只需一个小刚度的软弹簧即可；而作用在导阀上的液压力 p_2 与其导阀阀芯面积的乘积即为导阀弹簧的调压弹簧力，由于导阀阀芯一般为锥阀，受压面积较小，所以用

一个钢度不太大的弹簧即可调整较高的开启压力 p_2，用螺钉调节导阀弹簧的预紧力，就可调节溢流阀的溢流压力。

先导式溢流阀有一个远程控制口 K，如果将 K 口用油管接到另一个远程调压阀（远程调压阀的结构和溢流阀的先导控制部分一样），调节远程调压阀的弹簧力，即可调节溢流阀主阀芯上端的液压力，从而对溢流阀的溢流压力实现远程调压。但是，远程调压阀所能调节的最高压力不得超过溢流阀本身导阀的调整压力。当远程控制口 K 通过二位二通阀接通油箱时，主阀芯上端的压力接近于零，主阀芯上移到最高位置，阀口开得很大。由于主阀弹簧较软，这时溢流阀 P 口处压力很低，系统的油液在低压下通过溢流阀流回油箱，实现卸荷。

三、实验仪器与用具

所需元件：P 型直动式溢流阀、Y 型先导式溢流阀各 1 个。

所需工具：内六角扳手、固定扳手、螺丝刀、手锤、铜棒等工具。

四、实验步骤与分析

溢流阀型号：P 型直动式溢流阀、Y 型先导式溢流阀，结构如图 79 - 3、图 79 - 4 所示。

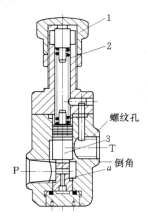

图 79 - 3　P 型直动式溢流阀结构图
1—调节螺母；2—弹簧；3—阀芯
a—阻尼小孔

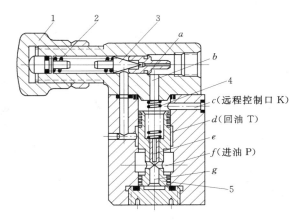

图 79 - 4　Y 型先导式溢流阀结构图
1—调节手轮；2—调压弹簧；3—先导阀芯；
4—主阀弹簧；5—主阀芯

拆装步骤（P 型直动式溢流阀）：

（1）先用工具将 4 个六角螺母分别松开，使阀体与阀座分离。

（2）在阀体中拿出弹簧，使用工具将闷盖拧出，接着将阀芯拿出。

（3）在阀座部分，将调节螺母从阀座上松开，接着将阀套从阀座上分离。

（4）将小螺母从调节螺母上拧出后，顶针自动从调节螺母中脱出。

Y 型先导式溢流阀拆卸步骤与 P 型直动式溢流阀相同，但拆卸时注意其不同之处。拆卸后清洗、检验、分析，装配与拆卸顺序相反。

主要零部件分析：

（1）P 型直动式溢流阀：观察其主要组成零件的结构，弄清阀的工作原理，P 型直动式溢流阀由阀体、弹簧、阀座、闷盖、调节螺母、顶针、六角螺母、阀芯、阀套、小螺母、密封圈等组成；估计弹簧的尺寸及阀芯阻尼小孔的尺寸，分析阻尼小孔的作用。

（2）Y型先导式溢流阀：观察其主要组成零件的结构，Y型先导式溢流阀由主阀和先导阀两部分组成。主阀由主阀体、主阀芯、主阀弹簧、闷盖等组成；先导阀由先导阀体、先导锥阀芯、先导锥阀座、调压弹簧、顶针及手轮等组成；弄清阀的工作原理；估计主阀弹簧和锥阀弹簧的尺寸，分析这两个弹簧的作用。

（3）观察主阀芯上阻尼小孔的尺寸，分析其作用。

（4）观察远程控制油口的位置。分析在液压系统工作时若将阀的远程控制口直接通入油箱，阀进油口处所能达到的油压约为多少？

（5）把P型直动式溢流阀组成零件填入表78－1，把Y型先导式溢流阀组成零件组成零件填入表79－2。

表 79 - 1　　　　　　　　　　　P 型直动式溢流阀组成零件

序　号	名　称	数　量	序　号	名　称	数　量
1	阀体	1	7	六角螺母	4
2	弹簧	1	8	阀芯	1
3	阀座	1	9	阀套	1
4	闷盖	1	10	小螺母	1
5	调节螺母	1	11	密封圈	2
6	顶针	1			

表 79 - 2　　　　　　　　　　　Y 型先导式溢流阀组成零件

序　号	名　称	数　量	序　号	名　称	数　量
1	主阀体	1	7	六角螺母	4
2	主阀芯	1	8	先导锥阀芯	1
3	主阀弹簧	1	9	先导锥阀座	1
4	闷盖	1	10	手轮	1
5	先导阀体	1	11	密封圈	2
6	顶针	1	12	调压弹簧	1

五、实验报告要求

（1）根据实物，画出各液压阀的工作原理简图。

（2）画出各液压阀的主要零件图，简要说明液压阀的结构组成。

（3）按规定填写液压阀零件组成表（表79－3）。

表 79 - 3　　　　　　　　　　　液 压 阀 零 件 组 成 表

序　号	名　称	数　量

六、注意事项

（1）遵守拆装实验纪律，一切行动听从指导教师。

（2）拆装时注意安全，严格按拆装规程进行设备拆装。

（3）不得擅自动用实验室其他仪器设备。

（4）实验完毕，按要求书写拆装实验报告。

（5）严格控制实验时间，各组在规定时间内抓紧完成实验，实验结束，待指导教师验收完毕方能离开实验室。

七、思考题

（1）直动式溢流阀、先导式溢流阀是如何调压的？先导式溢流阀主阀芯的主要作用是什么？

（2）溢流阀的压力流量特性是什么？何谓溢流阀的开启压力和调整压力？

（3）若先导型溢流阀主阀芯或导阀的阀座上的阻尼孔被堵死，将会出现什么故障？

（4）试比较先导式溢流阀和先导式减压阀的异同点。

（5）试比较先导式溢流阀和先导式顺序阀的异同点。

实验八十　换向回路实验

运动部件的换向，一般可采用各种换向阀来实现。在容积调速的闭式回路中，也可以利用双向变量泵控制油流的方向来实现液压缸（或液压电动机）的换向。

一、实验目的

（1）通过实验，观察换向阀的位置与液压缸运动方向及相互之间的关系。

（2）利用液压实验台，记录压力表数值，找出换向阀的位置与液压缸运动方向之间的关系，注意不同运动阶段的速度。

（3）了解本实验系统中各元件的性能，并掌握各元件的连接方法及测量仪表、测试软件使用方法与测试技能。

（4）通过自行设计换向回路及实验，训练学生自我设计换向回路的能力。

二、实验原理

依靠重力或弹簧返回的单作用液压缸，可以采用二位三通换向阀进行换向，如图 80-1 所示。双作用液压缸的换向，一般都可采用二位四通（或五通）及三位四通（或五通）换向阀来进行换向，按不同用途还可选用各种不同的控制方式的换向回路。

电磁换向阀的换向回路应用最为广泛，尤其在自动化程度要求较高的组合机床液压系统中被普遍采用。对于流量较大和换向平稳性要求较高的场合，电磁换向阀的换向回路已不能适应上述要求，往往采用手动换向阀或机动换向阀作先导阀，而以液动换向阀为主阀的换向回路，或者采用电液动换向阀的换向回路。

如图 80-2 所示为手动转阀（先导阀）控制液动换向阀的换向回路。回路中用辅助泵提供低压控制油，通过手动先导阀（三位四通转阀）来控制液动换向阀的阀芯移动，实现主油路的换向，当转阀在右位时，控制油进入液动换向阀的左端，右端的油液经转阀回油箱，使液动换向阀左位接入工件，活塞下移。当转阀切换至左位时，即控制油使液动换向阀换向，活塞向上退回。当转阀中位时，液动换向阀两端的控制油通油箱，在弹簧力的作用下，其阀芯回复到中位、主泵卸荷。这种换向回路，常用于大型压机上。

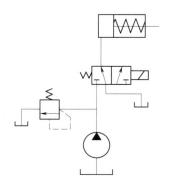

图 80-1 单作用缸换向回路

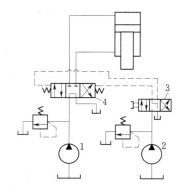

图 80-2 液动换向阀的换向回路
1—主泵；2—辅助泵；3—先导阀
（转阀）；4—液动换向阀

在液动换向阀的换向回路或电液动换向阀的换向回路中，控制油液除了用辅助泵供给外，在一般的系统中也可以把控制油路直接接入主油路。但是，当主阀采用 M 型或 H 型中位机能时，必须在回路中设置背压阀，保证控制油液有一定的压力，以控制换向阀阀芯的移动。

在机床夹具、油压机和起重机等不需要自动换向的场合，常常采用手动换向阀来进行换向。

三、实验仪器与用具

所需设备：液压传动综合实验台。

所需元件：压力表 1 块；二位四通电磁换向阀 1 个；二位二通电磁换向阀 1 个；三位四通 M 型中位机能电磁换向阀 1 个；液压缸 1 个；行程开关 2 个。

系统连接（图 80-3）：采用换向阀控制油流的方向。

（1）二位四通电磁阀控制连续往复换向回路实验。液压原理图如图 80-3 所示，工作过程见电磁铁动作表。

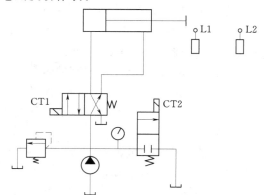

电磁铁动作表

序号	动作	发迅元件	电磁铁	
			CT1	CT2
1	前进	启动钮	+	−
2	后退	L2	−	−
3	再前进	L1	+	−
4	停止	停止钮	−	+

图 80-3 系统连接图及电磁铁动作表

（2）三位四通电磁阀控制连续往复换向回路实验。液压原理图如图 80 - 4 所示，电磁阀 2 为 M 型中位机能三位四通换向阀，用于控制油缸换向，中位用于泵卸荷。工作过程见电磁铁动作表。

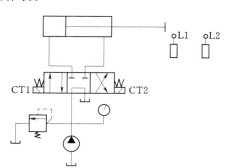

电磁铁动作表

序号	动作	发迅元件	电磁铁	
			CT1	CT2
1	前进	启动钮	+	－
2	后退	L2	－	+
3	再前进	L1	+	－
4	停止	停止钮	－	－

图 80 - 4 系统连接图及电磁铁动作表

四、实验方法与步骤

（1）按照实验回路图的要求，取出所要用的液压元件并检查型号是否正确。

（2）将性能完好的液压元件安装到插件板的适当位置，每个阀的联结底板的两侧都有各油口的标号，通过快速接头和软管按回路要求联结。

（3）电磁铁编号，把电磁铁插头插到相应的输出孔内。

（4）放松溢流阀，启动泵，调节先导式溢流阀的压力为 4MPa。

（5）按电磁铁动作表运行回路，观察压力表数值，观察换向阀的换向和液压缸运行方向，记录换向阀的换向和液压缸运行方向的相互关系。

（6）根据指导教师的要求，选择不同的液压元件，设计、连接成各种换向回路，画出其实验原理图及接线图，经指导教师检查无误后，重复上述实验步骤。

（7）实验完毕后，首先要旋松回路中的溢流阀手柄，然后将电机关闭。当确认回路中压力为零后，方可将胶管和元件取下放入规定的抽屉内，以备后用。

五、实验分析与结论

（1）实验前必须认真预习实验指导书，明确实验任务，初步了解实验方法，为正式测试做好准确。

（2）画出各换向回路的液压系统图，于实验报告纸上复制电磁铁动作表，画出换向阀的换向位置和液压缸运行方向图，并将打印记录数据简单列表。

（3）指出液压缸各阶段运动速度的大小，注意换向阀的换向位置和液压缸运行方向之间的关系。

（4）说明换向回路出现故障时的现象，说明换向时，电磁铁的动作、换向阀的换向位置和液压缸运行方向之间的关系，为什么？

（5）画出自我设计的换向回路的液压系统图，根据实验结果分析说明回路的不同特点。

六、注意事项

（1）一人负责调节溢流阀，开关机；另一人负责操纵工控机，按要求打印有关数据。

两人既要明确分工，又要密切配合，严格要求正确操作，决不鲁莽从事。

（2）无论是压力调大还是调小以及调节流量阀流量的大小，注意缓慢平稳，不能过大。不能在高速下关掉电源，转速下降过快，对电机不利。

（3）各设备、仪器要有良好的接地，一是防止外界干扰；二是预防触电。

（4）正式测试前，注意检查系统连接是否正确，测试结束时，切勿忘记打开溢流阀。

（5）实验过程中，若设备、仪器有异常现象及时向指导教师报告，便于妥善处理。

（6）严格控制实验时间，各组在规定时间内抓紧完成实验，实验结束，待指导教师验收完毕方能关机离开实验室。

七、思考题

（1）电磁阀控制的换向回路如何限位？

（2）采用手动换向阀、电磁换向阀、电液换向阀的换向回路各有什么特点？各适用于什么场合？

实验八十一　液压泵的静态、动态特性实验

液压泵起着向系统提供动力源（流量和压力）的作用，是系统不可缺少的动力元件。液压泵将原动机（电动机或内燃机）输出的机械能转换为工作液体的压力能，是一种能量转换装置。

液压泵按结构形式分为齿轮泵、叶片泵、柱塞泵、螺杆泵。下面以常用的定量叶片泵和柱塞泵为例研究液压泵的静态、动态特性。

一、实验目的

（1）通过实验，观察压力与流量、效率、容积效率、输入功率大小之间的关系。

（2）利用液压实验台，记录压力表数值，根据测得的流量、功率，计算效率，找出其与压力之间的关系，掌握液压泵的静态特性；了解液压泵的动态特性；比较叶片泵与柱塞泵静态、动态特性的异同点。

（3）了解本实验系统中各元件的性能，并掌握各元件的连接方法及测量仪表、测试软件使用方法与测试技能，学习小功率液压泵性能测试方法及测试仪器使用。

（4）通过自行设计测试回路及实验，训练学生自我设计测试回路的能力。

二、实验原理

1. 测试泵的静态特性

（1）q—p 特性测试。液压泵实际流量 q 指液压泵在某一具体工况下，单位时间内所排出的液体体积，它等于理论流量 q_i 减去泄漏流量 Δq，即

$$q = q_i - \Delta q$$

其中泄漏流量 Δq 与液压泵的负载压力 p 成正比，即 $\Delta q = kp$，k 为比例系数，即有

$$q = q_i - kq$$

（2）η_v—p 特性测试。液压泵的功率损失有容积损失和机械损失两部分，容积损失是指液压泵流量上的损失，液压泵的实际输出流量总是小于其理论流量，其主要原因是液压泵内部高压腔的泄漏、油液的压缩以及在吸油过程中由于吸油阻力太大、油液黏度大以及

液压泵转速高等原因而导致油液不能全部充满密封工作腔。液压泵的容积损失用容积效率来表示，它等于液压泵的实际输出流量 q 与其理论流量 q_i 之比，即

$$\eta_v = \frac{q}{q_i} = \frac{q_i - \Delta q}{q_i} = 1 - \frac{\Delta q}{q_i}$$

式中　q——泵额定转速下的实际流量，$\mathrm{m^3/s}$；

q_i——泵额定转速下的理论流量，$\mathrm{m^3/s}$，实验中为泵额定转速下的空载流量。

（3）P—p、P_i—p 特性测试。液压泵的功率有输入功率 P_i 和输出功率 P。

1）输入功率 P_i。液压泵的输入功率是指作用在液压泵主轴上的机械功率，当输入转矩为 T_0，角速度为 ω 时，有

$$P_i = T_0 \omega$$

或

$$P_i = \mu n \quad \mathrm{kW}$$

式中　μ——电机输出转矩；

n——电机转速。

也可以写成

$$P_i = P_{\text{表}} \eta_{\text{电}} \quad \mathrm{kW}$$

式中　$P_{\text{表}}$——三相功率表测得的电机功率；

$\eta_{\text{电}}$——$P_{\text{表}}$ 对应的电机效率。

2）输出功率 P。液压泵的输出功率是指液压泵在工作过程中的实际吸、压油口间的压差 Δp 和输出流量 q 的乘积，即

$$P = \Delta p q$$

在实际计算中，若油箱通大气，液压泵吸、压油的压力差往往用液压泵出口压力 p 代入。

故输出功率写成

$$P = pq \times 10^{-3} \quad \mathrm{kW}$$

式中　p——泵实际工作压力，$\mathrm{N/m^2}$；

q——泵额定转速下的输出流量，$\mathrm{m^3/s}$。

（4）η—p 特性测试。液压泵的总效率是指液压泵的实际输出功率与其输入功率的比值，即

$$\eta = \frac{P}{P_i} = \frac{\Delta p q}{T_0 \omega} = \frac{\Delta P q_i \eta_v}{\dfrac{T_{i\omega}}{\eta_m}} = \eta_v \eta_m$$

式中　$\Delta p q_i / \omega$——理论输入转矩 T_i。

液压泵总的效率

$$\eta = \frac{P}{P_i} = \frac{pq}{p_{\text{表}} \eta_{\text{电}}}$$

故液压泵的总效率等于其容积效率与机械效率的乘积，所以液压泵的输入功率也可写成

$$P_i = \frac{pq}{\eta}$$

液压泵的各个参数和压力之间的关系如图 81-1 所示。

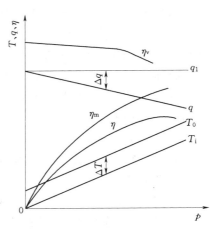

图 81-1　液压泵的特性曲线

2. 测试泵的动态特性

（1）泵过渡过程品质测试。当泵输出流量瞬时突变时，泵工作压力会随之发生改变，故要测量压力随时间变化的过渡过程品质，画特性曲线，求压力超调量、压力稳定时间、压力回升时间。

（2）泵工作压力脉动特性测试。泵工作压力脉动的影响原因复杂，如流量脉动变化、负载变化、压力损失变化等，忽略其他因素的影响，考察不同流量下压力脉动的规律，测泵输出压力脉动特性，画特性曲线，求压力脉动频率和幅值。

实验原理如图 81-2 所示。

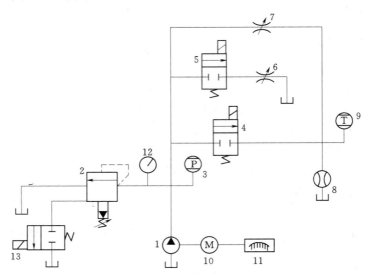

图 81-2　系统连接图

1—定量叶片泵或柱塞泵（被试泵）；2—溢流阀；3—压力传感器；4、5、13—二位二通电磁阀；
6、7—节流阀；8—流量传感器；9—温度传感器；10—电机；11—功率表；12—压力表

三、实验仪器与用具

所需设备：液压传动综合实验台。

所需元件：定量叶片泵 1 个；柱塞泵 1 个；压力表 1 块；节流阀 L—10B 2 个；电磁换向阀 22E2-10B 3 个；压力传感器 1 个；流量传感器 1 个；温度传感器 1 个；三相功率表 1 个。

系统连接：按以上原理图将元件与实验台连接成测试系统，先连接定量叶片泵按以下实验步骤做一遍；再连接柱塞泵重复步骤。

四、实验方法与步骤

1. 静态特性测试

（1）调定参数。溢流阀压力调定为 7MPa，做安全阀用。

（2）设定参数。

1）打开电磁阀 4，得到泵的空载压力，由压力传感器测试。

2）关闭电磁阀 4 和 5，用节流阀 7 加载，将泵压力设定为连续变化，包括额定压力 6.3MPa，由压力传感器 3 测试。

（3）测试参数。

1）空载压力下的空载流量，由流量传感器测试。

2）对应泵设定压力的连续变化，由流量传感器测出相应的泵输出流量。

3）测出电机表功率 $P_{表}$，查出对应电机效率 $\eta_{电}$。

（4）计算参数。

1）泵容积效率 η_v。

2）泵输入功率 P_i。

3）泵输出功率 P_0。

4）泵总效率 η。

2. 动态特性测试

（1）泵过渡过程品质测试。

1）调定参数。溢流阀 2 压力调定为 7MPa，做安全阀用。

2）设定参数。

a. 节流阀 6 前设定压力为 0.6MPa。

b. 节流阀 7 前设定压力为 6MPa。

3）测试参数。

a. 关闭电磁阀 4，打开电磁阀 5，让泵在 0.6MPa 工作压力下，油通过节流阀 6 回油箱。

b. 突然关闭电磁阀 5，泵油经节流阀 7 流出，由压力传感器测出泵工作压力。

（2）泵工作压力脉动特性测试。

1）调定参数。溢流阀工作压力调定在 7MPa，做安全阀用。

2）设定参数。节流阀前压力设定为 1MPa 和 5MPa。

3）测试参数。在每一设定压力下，由压力传感器测出泵压力脉动。

五、实验分析与结论

（1）实验前必须认真预习实验指导书，明确实验任务，初步了解实验方法，为正式测试做好准确。

（2）画出测试液压泵静态、动态特性回路的液压系统图，将记录数据简单列表，根据采集的实验数据及计算处理结果，并于实验报告纸上画出液压泵的 $q—p$ 特性曲线、$\eta_v—p$ 特性曲线、$\eta—p$ 特性曲线、$P_i—p$ 特性曲线、$P_0—p$ 特性曲线图，分析液压泵的静态特性曲线。

（3）根据采集的实验数据得到的动态特性实验结果，画过渡过程曲线，求压力超调量、压力稳定时间、压力回升时间；画泵压力脉动曲线，求压力脉动频率、压力脉动幅值。并分析液压泵的动态特性。

（4）根据参数表（表 81-1）与特性曲线（图 81-3）分析比较液压泵不同压力下静态特性及不同流量下动态特性，并回答影响静态动态特性的主要因素。

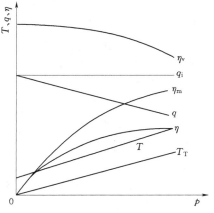

图 81-3　液压泵的静态特性曲线

（5）画出自我设计的测试液压泵静态、动态特性回路的液压系统图，根据实验结果分析说明回路的不同特点。

表 81 - 1　　　　　　　　　　　液压泵的静态特性参数表

	安全阀调压值（MPa）	7.0								
	额定压力（MPa）	6.0								
	空载流量（L/min）									
实验测得参数	输出压力 P_o（MPa）									
	输入功率 N_i（kW）									
	泵的转速 n（r/min）									
	输出流量 q_o（L/min）									
计算参数	输出功率 N_o（kW）									
	容积效率 η_v									
	总效率 $\eta_总$									

六、注意事项

一人负责开关机，调节溢流阀、节流阀，开关电磁阀；另一人负责观察压力表、传感器数据，记录数据。两人既要明确分工，又要密切配合，严格按要求正确操作。

七、思考题

（1）实验油路中溢流阀起什么作用？

（2）在实验系统中调节节流阀为什么能对被试泵进行加载？

（3）从液压泵的效率曲线中可得到什么启发？

实验八十二　调压回路实验

在各种机械设备的液压系统中，调压回路占有重要的地位，尤其对于大、重型机械设备如工程机械，调压回路决定其承载能力的大小。在调压回路中有单级、二级、多级及采用比例溢流阀的调压回路，结构简单，成本低，使用维护方便，可满足液压系统不同承载能力的需要。

调压回路是用来控制系统的工作压力，使它不超过某一预先调定值，或者使系统在不同工作阶段具有不同的压力。

一、实验目的

（1）通过实验，观察载荷力大小与所调压力之间的关系及过载现象。

（2）利用液压实验台，记录压力表数值，找出其与载荷力之间的关系。

（3）了解本实验系统中各元件的性能，并掌握各元件的连接方法及测量仪表、测试软件使用方法与测试技能。

（4）通过自行设计压力控制回路及实验，训练学生自我设计压力控制回路的能力。

二、实验原理

当液压系统工作时，液压泵应向系统提供所需压力的液压油，同时，又能节省能源，减少油液发热，提高执行元件运动的平稳性。所以，应设置调压或限压回路。当液压泵一直工作在系统的调定压力时，就要通过溢流阀调节并稳定液压泵的工作压力。在变量泵系统中或旁路节流调速系统中用溢流阀（当安全阀用）限制系统的最高安全压力。当系统在不同的工作时间内需要有不同工作压力，可采用二级或多级调压回路。

1. 单级调压回路

如图 82-1（a）所示，通过液压泵 1 和溢流阀 2 的并联连接，即可组成单级调压回路。通过调节溢流阀的压力，可以改变泵的输出压力。当溢流阀的调定压力确定后，液压泵就在溢流阀的调定压力下工作。从而实现了对液压系统进行调压和稳压控制。如果将液压泵 1 改换为变量泵，这时溢流阀将作为安全阀来使用，液压泵的工作压力低于溢流阀的调定压力，这时溢流阀不工作，当系统出现故障，液压泵的工作压力上升时，一旦压力达到溢流阀的调定压力，溢流阀将开启，并将液压泵的工作压力限制在溢流阀的调定压力下，使液压系统不致因压力过载而受到破坏，从而保护了液压系统。

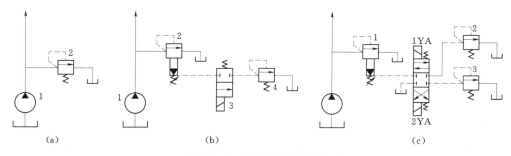

图 82-1　调压回路原理图

2. 二级调压回路

图 82-1（b）所示为二级调压回路，该回路可实现两种不同的系统压力控制。由先导式溢流阀 2 和直动式溢流阀 4 各调一级，当二位二通电磁阀 3 处于图示位置时系统压力由阀 2 调定，当阀 3 得电后处于右位时，系统压力由阀 4 调定，但要注意：阀 4 的调定压力一定要小于阀 2 的调定压力，否则不能实现；当系统压力由阀 4 调定时，先导型溢流阀 2 的先导阀口关闭，但主阀开启，液压泵的溢流流量经主阀回油箱，这时阀 4 亦处于工作状态，并有油液通过。应当指出：若将阀 3 与阀 4 对换位置，则仍可进行二级调压，并且在二级压力转换点上获得比图 82-1（b）所示回路更为稳定的压力转换。

3. 三级调压回路

图 82-1（c）所示为三级调压回路，三级压力分别由溢流阀 1、2、3 调定，当电磁铁 1YA、2YA 失电时，系统压力由主溢流阀调定。当 1YA 得电时，系统压力由阀 2 调定。当 2YA 得电时，系统压力由阀 3 调定。在这种调压回路中，阀 2 和阀 3 的调定压力要低于主溢流阀的调定压力，而阀 2 和阀 3 的调定压力之间没有一定的关系。当 2 或阀 3 工作时，阀 2 或阀 3 相当于阀 1 上的另一个先导阀。

三、实验仪器与用具

所需设备：液压传动综合实验台。

所需元件：压力表 3 块；溢流阀 3 个，其中带遥控口的 1 个；三位四通 O 型电磁换向阀1个（或手动阀）；二位二通电磁换向阀1个；二位四通电磁换向阀2个；二位三通电磁换向阀2个；节流阀1个；单向阀1个；液压缸1个。

1. 单级调压回路实验

液压原理图如图82-2所示，是最基本的调压回路，在定量泵出口，并联溢流阀1，泵出口压力由溢流阀1调定。调压原理见电磁铁动作表。

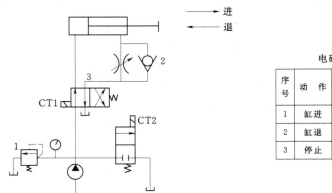

电磁铁动作表

序号	动作	电磁铁		压力
		CT1	CT2	
1	缸进	+	−	阀1
2	缸退	−	−	空载
3	停止	−	+	卸荷

图82-2　系统连接图及电磁铁动作表

2. 单级远程调压回路实验

用先导式溢流阀、远程调压阀（或直动式溢流阀）可组成远程调压回路，液压原理图如图82-3所示，图中阀1为先导式溢流阀，阀2为互动式溢流阀，阀1的调定压力大于阀2的调定压力。工作过程见电磁铁动作表。

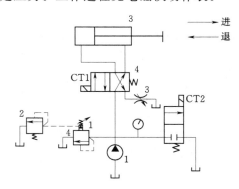

电磁铁动作表

序号	动作	电磁铁		压力
		CT1	CT2	
1	缸进	+	−	阀2
2	缸退	−	−	阀2
3	停止	−	+	卸荷

图82-3　系统连接图及电磁铁动作表

3. 两级调压回路实验

液压原理图如图82-4所示，是单泵双向调压，溢流阀2和3调定两种不同压力，分别满足液压缸双向运动所需的不同压力。工作过程见电磁铁动作表。

4. 两级远程调压回路实验

用先导式溢流阀1及两个直动式溢流阀2和3，二位四通电磁阀4，可组成两级远程调压回路。液压原理图如图82-5所示，阀1的调定压力大于阀2及阀3的调定压力。工作过程见电磁铁动作表。

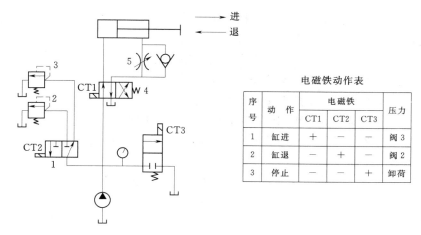

图 82-4 系统连接图及电磁铁动作表

序号	动 作	电磁铁			压力
		CT1	CT2	CT3	
1	缸进	+	—	—	阀3
2	缸退	—	+	—	阀2
3	停止	—	—	+	卸荷

电磁铁动作表

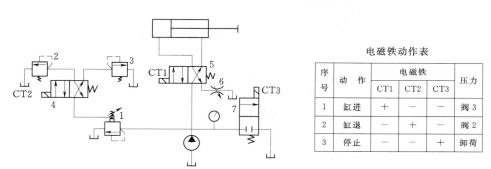

图 82-5 系统连接图及电磁铁动作表

电磁铁动作表

序号	动 作	电磁铁			压力
		CT1	CT2	CT3	
1	缸进	+	—	—	阀3
2	缸退	—	+	—	阀2
3	停止	—	—	+	卸荷

5. 三级远程调压回路实验

用先导式溢流阀1，两个直动式溢流阀2和3，及三位四通电磁换向阀4可组成三级远程调压回路，其液压原理图如图82-6所示，阀1的调定压力大于阀2和阀3的调定压力。工作过程见电磁铁动作表。

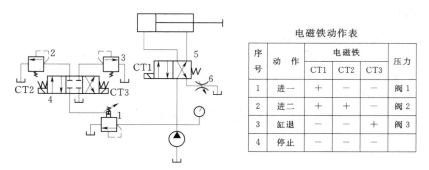

图 82-6 系统连接图及电磁铁动作表

电磁铁动作表

序号	动 作	电磁铁			压力
		CT1	CT2	CT3	
1	进一	+	—	—	阀1
2	进二	+	+	—	阀2
3	缸退	—	—	+	阀3
4	停止	—	—	—	

四、实验方法与步骤

（1）按照实验回路图的要求，取出所要用的液压元件并检查型号是否正确。

（2）将性能完好的液压元件安装到插件板的适当位置上，每个阀的联结底板的两侧都有各油口的标号，通过快速接头和软管按回路要求联结。

（3）电磁铁编号，把电磁铁插头插到相应的输出孔内。

（4）放松溢流阀，启动泵，调节先导式溢流阀的压力为4MPa。

（5）远程调压回路实验中把电磁铁控制板的电源打开，将电磁铁开关接通，调节溢流阀（远程调压阀）的压力低于4MPa，调整完毕，将电磁铁开关断开。

（6）三级远程调压回路实验调节另一溢流阀（远程调压阀）的压力低于4MPa，调整完毕，将电磁铁开关断开。

（7）调整完毕回路就能达到三种不同压力，重复上述循环，按电磁铁动作表运行回路，观察各压力表数值。

（8）根据指导教师的要求，选择不同的液压元件，设计、连接成多级压力控制回路，画出其实验原理图及接线图，经指导教师检查无误后，重复上述实验步骤。

（9）实验完毕后，首先要旋松回路中的溢流阀手柄，然后将电机关闭。当确认回路中压力为零后，方可将胶管和元件取下放入规定的抽屉内，以备后用。

五、实验分析与结论

（1）画出各调压回路的液压系统图，于实验报告纸上复制负载压力图，并将打印记录数据简单列表。

（2）指出回路所控制的压力是多少及执行元件最大负载，说明达最大负载时执行元件动作变化。

（3）说明压力控制回路出现故障时的现象，说明过载时执行元件动作有何变化，为什么？

（4）画出自我设计的多级压力控制回路的液压系统图，根据实验结果分析说明回路的不同特点。

六、注意事项

一人负责调节溢流阀，开关机；另一人负责操纵工控机，按要求打印有关数据。两人既要明确分工，又要密切配合，严格要求正确操作。

七、思考题

（1）单级调压与远程调压的原理是什么？有什么区别？

（2）调压回路有哪些类型？多级调压时远程调压阀与先导阀调定压力的关系是什么？

（3）多级调压时先导式溢流阀的主要作用是什么？

实验八十三 节流调速回路性能实验

节流调速回路按流量阀在油路中位置分进油节流调速回路、回油节流调速回路、旁路节流调速回路。

一、实验目的

（1）通过实验，观察负载大小与所调速度大小及相互之间的关系。

（2）利用液压实验台，记录压力表数值，找出其与速度之间的关系，即节流调速回路的速度—负载特性。

（3）了解本实验系统中各元件的性能，并掌握各元件的连接方法及测量仪表、测试软件使用方法与测试技能。

（4）通过对比节流阀进油、回油、旁路节流调速回路实验，比较三种节流调速回路的速度—负载特性。

（5）比较节流阀的节流调速回路与调速阀的节流调速回路的速度—负载特性。

（6）通过自行设计节流调速回路及实验，训练学生自我设计节流调速回路的能力；学习节流调速回路性能实验方法。

二、实验原理

节流调速回路由定量泵、流量阀、溢流阀、执行元件组成。按流量阀不同可分为用节流阀的节流调速回路和用调速阀的节流调速回路。节流调速回路中，流量阀的通流面积调定后，油缸负载变化对油缸速度的影响程度可用回路的速度—负载特性表征。

1. 节流阀进油节流调速回路的速度—负载特性

回路的速度—负载特性方程为

$$v = \frac{CA_节}{A_1^{\varphi+1}} \left(p_泵 \ A_1 - \frac{F}{\eta_机} \right)^\varphi$$

式中　v——油缸速度；

A_1——油缸有效工作面积；

$A_节$——节流阀通流面积；

$p_泵$——油泵供油压力；

F——油缸负载；

$\eta_机$——油缸机械效率。

按不同的节流阀通流面积作图，可得一组速度—负载特性曲线，如图 83-1 所示。由特性方程和特性曲线看出，油缸运动速度与节流阀通流面积成正比，当泵供油压力 $p_泵$ 调定，节流阀通流面积 $A_节$ 调好后，活塞速度 v 随负载 F 增大按以 φ 为指数的曲线下降。当 $F = A_1 p_泵$ 时，油缸速度为零，但无论负载如何变化，油泵工作压力不变，回路的承载能力不受节流阀通流面积变化的影响，图中各曲线在速度为零时都交汇于同一负载点。

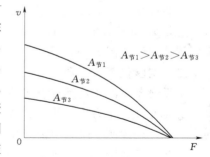

图 83-1　节流阀进油节流调速回路
速度—负载特性曲线图

2. 节流阀回油节流调速回路的速度—负载特性

与节流阀进油节流调速回路基本一样，不再重述。

3. 节流阀旁路回油节流调速回路的速度—负载特性

节流阀与油泵并联，溢流阀做安全阀用。速度—负载特性方程为

$$v = \frac{q_泵 - CA_节 \left(\dfrac{F}{A_1 \eta_m} \right)^\varphi}{A_1}$$

式中符号意义同节流阀进油节流调速回路。

由不同的节流阀通流面积 $A_节$ 作一组特性曲线，如图 83-2 所示。由特性方程和特性曲线看出，油缸速度与节流阀通流面积成反比。回路因油泵泄漏的影响，在节流阀通流面积不变时，油缸速度因负载增大而减小很多，其速度—负载特性比较差。负载增大到某值时，油缸速度为零。节流阀的通流面积越大，承载能力越差，即回路承载能力是变化的，低速承载能力差。

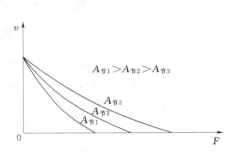
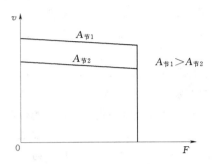

图 83-2　节流阀旁路回油节流调速回路
速度—负载特性曲线图

图 83-3　调速阀进油节流调速回路
速度—负载特性曲线图

4. 调速阀进油节流阀调速回路的速度—负载特性

油缸速度

$$v = \frac{CA_节\ \Delta p_2{}^\varphi}{A_1}$$

式中　Δp_2——调速阀中节流阀前后压差；

其他符号意义同前。

负载变化时，油缸工作压力成比例变化，但调速阀中的减压阀的调节作用使节流阀前后压差 Δp_2 基本不变，则油缸速度基本不变。但由于泄漏随负载增大，油缸速度略有下降，特性曲线如图 83-3 所示。

三、实验仪器与用具

所需设备：液压传动综合实验台。

所需元件：压力表 4 块；二位二通电磁换向阀 2 个；三位四通 O 型中位机能电磁换向阀 2 个；调速阀 1 个；节流阀 1 个；单向阀 1 个；压力传感器 1 个；液压缸 2 个。

系统连接如图 83-4 所示。

四、实验方法与步骤

1. 实验内容

（1）节流阀进油节流调速回路，节流阀在两种通流面积下的速度—负载特性。

（2）调速阀进油节流调速回路，调速阀在两种通流面积下的速度—负载特性。

（3）节流阀（调速阀）回油节流调速回路，节流阀（调速阀）在两种通流面积下的速度—负载特性。

（4）节流阀（调速阀）旁路节流调速回路，节流阀（调速阀）在两种通流面积下的速度—负载特性。

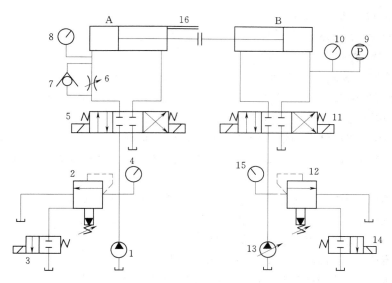

图 83 - 4　节流阀进油节流调速回路系统连接图

A—被试油缸；B—加载油缸；1—定量叶片泵；2—先导式溢流阀，Y—10B；
3—电磁阀（二位二通，常断）；4—压力表；5—电磁阀（三位四通，O 型）；
6—节流阀；7—单向阀；8—压力表；9—压力传感器；10—压力表；11—电
磁阀（三位四通，O 型）；12—先导式溢流阀，Y—25B；13—限压式变量
叶片泵（做定量泵用）；14—电磁阀（二位二通，常断）；
15—压力表；16—位移传感器

2. 实验方法

（1）节流阀进油节流调速回路速度—负载特性实验。

1）用溢流阀 2，调定油泵，工作压力为 5MPa，由压力表 4 观测。

2）调节流阀 6 为小通流面积，同时保持溢流阀 2 调定压力不变。

3）将油缸 A 和油缸 B 对顶。

4）用溢流阀 12，通过加载油缸 B 对工作油缸 A 加载，溢流阀 12 调定压力设定点为
6 个，其中包括加载力为零（不对顶）和工作缸 A 推不动加载缸时的加载力点，由压力表
15 观测。

5）用压力传感器测加载缸的工作压力 p_B。

6）用位移传感器测油缸位移 L，用计算机时钟测油缸运行 L 位移的时间 t。

7）计算工作缸 A 的负载 F 和工作缸 A 运动速度

$$F = p_B A_B \eta_{mB} \text{ N}$$

$$v = \frac{L}{t} \text{ m/s}$$

$$A_B = \frac{\pi D^2}{4}$$

式中　F——油缸 A 的负载；

　　　p_B——载缸 B 的工作压力，N/m^2；

　　　A_B——加载缸无杆腔有效工作面积，m^2；

D——加载缸内径，m；

L——油缸 A 行程，m；

t——油缸 A 运行 L 所用时间，s。

8）调节流阀 6 为较大通流面积，重复 1）～7）项实验内容。

（2）调速阀进油节流调速回路速度—负载特性实验。将调速阀（代替节流阀）和单向阀安装在油缸进油路，其他实验步骤同节流阀进油节流调速回路速度—负载特性实验。

（3）节流阀（调速阀）回油节流调速回路速度—负载特性实验。自行设计节流阀（调速阀）回油节流调速回路，连接成回油节流调速回路系统，经指导教师检查无误后，重复以上实验步骤。

（4）节流阀（调速阀）旁路节流调速回路速度—负载特性实验。

1）自行设计节流阀（调速阀）旁路节流调速回路，连接成旁路节流调速回路系统，经指导教师检查无误后，重复上述实验步骤。

2）将溢流阀 2 压力调定为 7MPa，做安全阀用。

3）其余实验步骤同节流阀进油节流调速回路速度—负载特性实验。

注意：各项实验间歇期间和实验完成没关机前，一定通过电磁阀 3 使油泵 1 卸荷，电磁阀 14 使油泵 13 卸荷。

五、实验分析与结论

（1）画出各节流调速回路的液压系统图，于实验报告纸上画出两种通流面积下的速度—负载特性曲线图，并将打印记录数据简单列表。

（2）根据实验结果分析比较三种节流调速回路的速度—负载特性；分析比较采用节流阀的节流调速回路与采用调速阀的节流调速回路的速度—负载特性。

（3）说明速度控制回路出现故障时的现象，说明过载时执行元件动作有何变化，为什么？

（4）画出自我设计的节流调速回路的液压系统图，根据实验结果分析说明回路的不同特点。

六、注意事项

一人负责调节溢流阀，开关机，调节流量阀；另一人负责记录时间、压力表读数及位移读数；再一人负责操纵工控机，按要求打印有关数据。三人既要明确分工，又要密切配合，严格要求正确操作。

七、思考题

（1）三种节流调速回路（进油、回油、旁路）的速度—负载特性各有何特点？有什么区别？各适用于什么场合？

（2）采用调速阀的节流调速回路的速度—负载特性有什么特点？适用于什么场合？

实验八十四　顺序动作回路实验

在多执行元件液压系统中，往往需要按照一定的要求顺序动作。例如，自动车床中刀架的纵横向运动，夹紧机构的定位和夹紧等。顺序动作回路按其控制方式不同分为压力控制、行程控制和时间控制三类，其中前两类用得较多。

一、实验目的

（1）通过实验，观察控制压力大小、换向阀的位置与液压缸的动作及相互之间的关系。

（2）利用液压实验台，记录压力表数值，找出控制压力大小、换向阀的位置与液压缸的动作之间的关系，注意各液压缸不同的动作的决定因素。

（3）了解本实验系统中各元件的性能，并掌握各元件的连接方法及测量仪表、测试软件使用方法与测试技能。

（4）通过自行设计顺序动作回路及实验，训练学生自我设计顺序动作回路的能力。

二、实验原理

1. 用压力控制的顺序动作回路

压力控制就是利用油路本身的压力变化来控制液压缸的先后动作顺序，它主要利用压力继电器和顺序阀来控制顺序动作。

（1）用压力继电器控制的顺序动作回路。如图 84-1 所示是机床的夹紧、进给系统，要求的动作顺序是：先将工件夹紧，然后动力滑台进行切削加工，动作循环开始时，二位四通电磁阀处于图示位置，液压泵输出的压力油进入夹紧缸的右腔，左腔回油，活塞向左移动，将工件夹紧。夹紧后，液压缸右腔的压力升高，当油压超过压力继电器的调定值时，压力继电器发出讯号，指令电磁阀的电磁铁 2DT、4DT 通电，进给液压缸动作（其动作原理详见速度换接回路）。油路中要求先夹紧后进给，工件没有夹紧则不能进给，这一严格的顺序是由压力继电器保证的。压力继电器的调定压力应比减压阀的调定压力低 $3 \times 10^5 \sim 5 \times 10^5 \, \text{Pa}$。

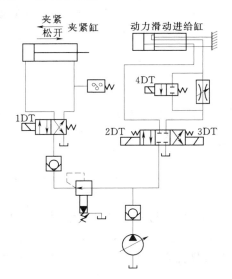

图 84-1 压力继电器控制的顺序动作回路

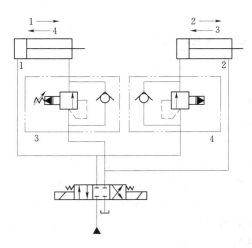

图 84-2 顺序阀控制的顺序动作回路

（2）用顺序阀控制的顺序动作回路。如图 84-2 所示是采用两个单向顺序阀的压力控制顺序动作回路。其中单向顺序阀 4 控制两液压缸前进时的先后顺序，单向顺序阀 3 控制两液压缸后退时的先后顺序。当电磁换向阀通电时，压力油进入液压缸1的左腔，右腔经阀3中的单向阀回油，此时由于压力较低，顺序阀4关闭，缸1的活塞先动。当液压缸1的活塞运动至终点时，油压升高，达到单向顺序阀4的调定压力时，顺序阀开启，压力油进入液压缸2的左腔，右腔直接回油，缸2的活塞向右移动。当液压缸2的活塞右移达到终点后，电磁换向阀换向，此时压力油进入液压缸2的右腔，左腔经阀4中的单向阀回油，使缸2的活塞向左返回，到达终点时，压力油升高打开顺序阀3再使液压缸1的活塞返回。

这种顺序动作回路的可靠性，在很大程度上取决于顺序阀的性能及其压力调整值。顺序阀的调整压力应比先动作的液压缸的工作压力高 $8 \times 10^5 \sim 10 \times 10^5 \mathrm{Pa}$，以免在系统压力波动时，发生误动作。

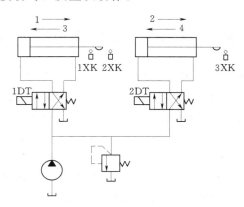

图 84-3 行程开关控制的顺序动作回路

2. 用行程控制的顺序动作回路

行程控制顺序动作回路是利用工作部件到达一定位置时，发出讯号来控制液压缸的先后动作顺序，它可以利用行程开关、行程阀来实现。

如图84-3所示是利用电气行程开关发讯来控制电磁阀先后换向的顺序动作回路。其动作顺序是：按启动按钮，电磁铁1DT通电，缸1活塞右行；当挡铁触动行程开关2XK，使2DT通电，缸2活塞右行；缸2活塞右行至行程终点，触动3XK，使1DT断电，缸1活塞左行；而后触动1XK，使2DT断电，缸2活塞左行。至此完成了缸1、缸2的全部顺序动作的自动循环。

采用电气行程开关控制的顺序动作回路，调整行程大小和改变动作顺序都很方便，且可利用电气互锁使动作顺序可靠。

三、实验仪器与用具

所需设备：液压传动综合实验台。

所需元件：压力表2块；二位四通电磁换向阀2个；二位二通电磁换向阀1个；三位四通M型中位机能电磁换向阀1个；液压缸2个；行程开关4个；压力继电器1个；顺序阀2个；单向阀2个。

系统连接：

1. 压力继电器控制顺序动作回路实验

压力继电器控制顺序动作回路是用压力控制的顺序动作回路，液压原理图如图83-4所示，压力继电器1调定压力小于溢流阀2调定压力，大于油缸A前进时工作压力。压力继电器动作时，油缸B前进，油缸A退回时，压力降低，压力继电器1断电，油缸B同时后退。工作过程见电磁铁动作表。

2. 行程开关控制顺序动作回路实验

行程开关控制顺序动作回路，液压原理图如图84-5所示。工作过程见电磁铁动作表，自动循环。

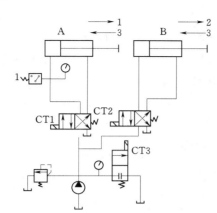

图 84-4 系统连接图及电磁铁动作表

电磁铁动作表

序号	动作	发迅元件	电磁铁		
			CT1	CT2	CT3
1	A进	启动钮	+	-	-
2	B进	阀1	+	+	-
3	A退	按钮	-	+	-
	B退	阀2	-	-	-
4	停止	停止钮	-	-	+

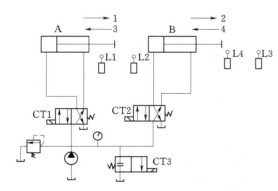

图 84-5 系统连接图及电磁铁动作表

电磁铁动作表

序号	动作	发迅元件	电磁铁		
			CT1	CT2	CT3
1	A进	启动钮	+	-	-
2	B进	L2	+	+	-
3	B退	L3	-	+	-
4	A退	L1	-	-	-
5	A进	L4	+	-	-
6	停止	停止钮	-	-	+

3. 行程阀控制顺序动作回路

液压原理图如图 84-6 所示，工作过程见电磁铁动作表。在图示状态时，首先使电磁阀 2 通电，则液压缸 A 的活塞向右运动。当活塞杆上的挡块压下行程阀 3 时，行程阀 3 换向，使缸 B 的活塞向右运动，电磁阀 2 断电后，液压缸 A 的活塞向左运动，当行程阀 3 复位后，液压缸 B 的活塞也退回到左端，完成所要求的顺序动作。

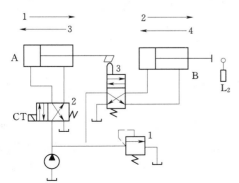

电磁铁动作表

序号	动作	发迅元件	电磁铁 CT1	工作元件
1	A进	按钮	+	阀2
2	B进	阀3	+	阀3
3	A退	L2	-	阀2
4	B退	阀3	-	阀3

图 84-6 系统连接图及电磁铁动作表

4. 双顺序阀控制的顺序动作回路实验

压力控制类顺序动作回路，液压原理图如图 84－7 所示。顺序阀 1 调定压力小于溢流阀调定压力，大于油缸 A 前进时工作压力，顺序阀 2 调定压力小于溢流阀调定压力，大于油缸 B 后退时工作压力。工作过程见电磁铁动作表。

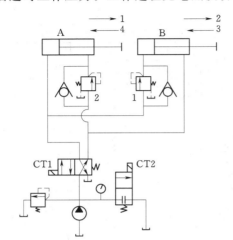

电磁铁动作表

序号	动作	发迅元件	电磁铁	
			CT1	CT2
1	A 进	按钮	＋	－
2	B 进	阀 1	＋	－
3	B 退	按钮	－	－
4	A 退	阀 2	－	－
5	停止	停止钮	－	＋

图 84－7　系统连接图及电磁铁动作表

四、实验方法与步骤

（1）按照实验回路图的要求，取出所要用的液压元件并检查型号是否正确。

（2）将性能完好的液压元件安装到插件板的适当位置上，每个阀的联结底板的两侧都有各油口的标号，通过快速接头和软管按回路要求联结。

（3）电磁铁编号，把电磁铁插头插到相应的输出孔内。

（4）放松溢流阀，启动泵，调节先导式溢流阀的压力为 4MPa。

（5）按电磁铁动作表运行回路，观察压力表数值，观察控制压力大小、行程阀的位置与液压缸的动作之间的关系，注意各液压缸不同动作的决定因素。记录控制压力大小、行程阀的位置和各液压缸不同动作的相互关系。

（6）根据指导教师的要求，选择不同的液压元件，设计、连接成各种顺序动作回路，画出其实验原理图及接线图，经指导教师检查无误后，重复上述实验步骤。

（7）实验完毕后，首先要旋松回路中的溢流阀手柄，然后将电机关闭。当确认回路中压力为零后，方可将胶管和元件取下放入规定的抽屉内，以备后用。

五、实验分析与结论

（1）实验前必须认真预习实验指导书，明确实验任务，初步了解实验方法，为正式测试作好准确。

（2）画出各顺序动作回路的液压系统图，于实验报告纸上复制电磁铁动作表，画出控制压力大小、行程阀的位置与液压缸的动作之间的关系图，并将打印记录数据简单列表。

（3）指出液压缸控制压力大小、行程阀的位置，注意控制压力大小、行程阀的位置与液压缸的动作之间的关系。

（4）说明顺序动作回路出现故障时的现象，说明顺序动作时，控制压力大小、行程阀的位置与液压缸的动作之间的关系，为什么？

六、注意事项

一人负责调节溢流阀，开关机；另一人负责记录有关数据。两人既要明确分工，又要密切配合，严格要求正确操作。

七、思考题

（1）压力继电器、顺序阀、行程开关和行程阀控制顺序动作回路各有何特点？有什么区别？各适用于什么场合？

（2）压力控制类和行程控制类顺序动作回路压力有什么变化？

实验八十五　电—气联合控制顺序动作回路实验

在各种机械设备的气动系统中，因现代设备要求控制动作多，控制程序复杂，精度高，因此气动系统也要自动化程度高，协调性好。为了更好地与现代控制设备兼容，须采用电—气联合控制顺序动作回路。

一、实验目的

（1）通过实验，观察各电气开关与气缸动作相互之间的关系。

（2）了解本实验系统中各元件的性能，并掌握各元件的连接方法及测量仪表、测试软件使用方法，掌握一定的测试技能。

（3）通过自行设计电—气联合控制顺序动作回路及实验，比较不同的电气控制设备与不同的顺序动作回路特性，训练学生自我设计顺序动作回路的能力。

二、实验原理

1. 多缸动作互锁回路

图 85-1 为互锁回路。该回路主要是防止各缸的活塞同时动作，保证只有一个活塞动作。回路主要是利用梭阀 1、2、3 及换向阀 4、5、6 进行互锁。如换向阀 7 被切换，则换向阀 4 也换向，使 A 缸活塞伸出。与此同时，A 缸的进气管路的气体使梭阀 1、3 动作，把换向阀 5、6 锁住。所以此时换向阀 8、9 即使有信号，B、C 缸也不会动作。如要改变缸的动作，必须把前动作缸的气控阀复位。

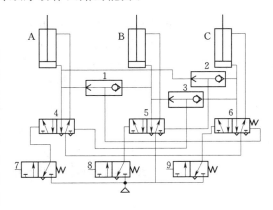

图 85-1　互锁回路
1、2、3—梭阀；4、5、6、7、8、9—换向阀

2. 多缸动作复杂控制回路

图 85-2 为八轴仿形铣加工机床，是一种高效专用半自动加工木质工件的机床。其主要功能是仿形加工，如棱柄、虎形腿等异型空间曲面。工件表面经粗铣、精铣、砂光等仿形加工后，可得到尺寸精度较高的木质构件。

八轴仿形铣加工机床一次可加工 8 个工件。在加工时，把样品放在居中位置，铣刀主轴转速一般为 8000r/min 左右。工件转速、纵向进给运动速度的改变，都是根据仿形轮的

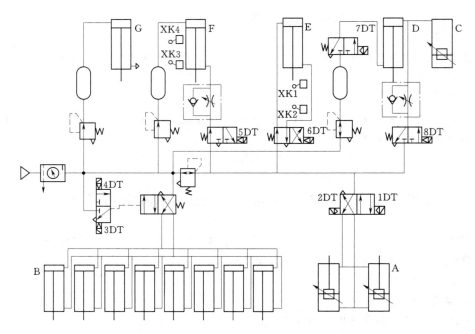

图 85-2 八轴仿形铣加工机床气动控制回路图

几何轨迹变化，反馈给变频调速器后，再控制电动机来实现的。该机床的接料盘升降、工件的夹紧松开，粗铣、精铣，砂光和仿形加工等工序都是由气动控制与电气控制配合来实现的。

气动控制回路的工作原理：八轴仿形铣加工机床使用加紧缸 B（共 8 只），接料盘升降缸 A（共 2 只），盖板升降缸 C，铣刀上、下缸 D，粗铣、精铣缸 E，砂光缸 F，平衡缸 G 共计 15 只气缸。其动作程序为：

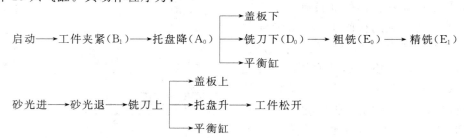

三、实验仪器与用具

所需设备：气压传动综合实验台。

所需元件：压力表 1 块；接近开关 4 个；二位五通双电磁换向阀 2 个；单杆双作用气缸 2 个；三联件 1 个；连接软管若干。

系统连接：如图 85-3 所示。

四、实验方法与步骤

（1）按照实验回路图的要求，取出所要用的气压元件，检查型号是否正确，并检验元件的实用性能是否正常。

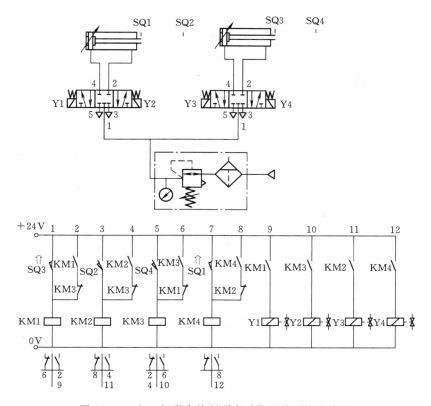

图 85-3　电—气联合控制顺序动作回路系统连接图

（2）将性能完好的气压元件安装到插件板的适当位置上，每个阀的联结底板的两侧都有各管口的标号，看懂实验原理图之后，通过快速接头和软管按回路要求联结。

（3）将二位五通双电磁换向阀和接近开关的电源输入口插入相应的控制板输出口。

（4）确认连接安装正确稳妥，把三联件的调压旋钮放松，通电开启气泵。待泵工作正常，再次调节三联件的调压旋钮，使回路中的压力在系统工作压力以内。

（5）当电磁阀左位得电，压缩空气控制左边的单气空阀动作，压缩空气进入左缸的左腔使得活塞向右运动；此时的右缸因为没有气体进入左腔而不能动作。

（6）当左缸活塞杆靠近接近开关时，二位五通双向电磁阀迅速换向，气体作用于右边的气控阀促使其左位接入，压缩空气经过右边气控阀的左位进入右缸的左腔，活塞在压力的作用下向右运动，当活塞杆靠近接近开关时，二位五通双向电磁阀又回到左位。从而实现双缸的下一个顺序动作。

（7）实验完毕后，关闭泵，切断电源，待回路压力为零后，拆卸回路，清理元器件并放回规定的位置。

五、实验分析与结论

（1）实验前必须认真预习实验指导书，明确实验任务，初步了解实验方法，为正式测试作好准备。

（2）画出电—气联合控制顺序动作回路的气压系统图，于实验报告纸上将打印记录数据简单列表。

（3）画出回路控制的电气控制电路图，理解电气控制原理。

（4）结合电气控制原理说明电—气联合控制顺序动作回路控制原理，掌握各电气开关与执行元件动作的关系。

（5）画出自我设计的电—气联合控制顺序动作回路的气压系统图，根据实验结果分析说明回路的不同特点。

六、注意事项

一人负责调节减压阀，开关机；另一人负责记录有关数据。两人既要明确分工，又要密切配合，严格要求正确操作。

七、思考题

（1）采用机械阀代替接近开关怎样动作？回路怎样连接？

（2）如果用压力继电器能实现这个顺序动作吗？从理论上验证一下。

第十一章 机 械 CAD/CAM

实验八十六 机 械 CAD

一、实验目的

(1) 了解三维 CAD/CAM 软件造型技术的基本原理，掌握构建几何模型的思路和方法。

(2) 掌握零件三维造型的基本操作。

(3) 掌握由零件构建装配体的基本方法和操作。

(4) 掌握由装配体或零件图进行工程图设计的基本方法和操作。

(5) 熟悉常用的三维 CAD/CAM 软件 UG、SolidWorks、Pro/E、CATIA 等软件环境和使用方法。

二、基本知识

1. 三维 CAD/CAM 软件的功能

三维 CAD/CAM 软件根据功能不同分为综合集成型和单一功能型两种。

(1) 综合集成型软件功能。综合集成型 CAD/CAM 支撑软件功能比较完备，综合提供三维造型、设计计算、工程分析、数控编程以及加工仿真等功能模块，综合性强、系统集成性较好。一般包括如下部分。

1) CAD 部分：三维造型（见图 86-1），装配，工程图绘制。

2) CAE 部分：结构有限元分析，运动机构仿真分析（见图 86-2），优化设计。

3) CAM 部分：数控编程（见图 86-3），后处理，加工过程仿真。

用户开发工具：二次开发编程语言（UPL）或高级语言开发接口。

常用的综合集成型 CAD/CAM 软件有 UG、Pro/E、CATIA 等。

图 86-1 三维造型　　　图 86-2 构件运动分析图　　　86-3 数控加工动态演示图

(2) 单一功能型软件功能。单一功能型软件主要支持产品设计或制造过程中的某个作业过程及相关操作，功能上相当于综合集成型 CAD/CAM 软件的某个模块。单一功能型软件完成任务单一、专业性处理能力强。三维设计 CAD 系统，主要完成三维造型、装配与工程图绘制，常用软件有 SolidWorks、Solidedge 等；数控编程软件有 MasterCAM、SurfCAM 等；工程分析软件：动力学仿真分析主要有 ADAMS 等，有限元分析主要有 ANSYS、ABAQUS、NASTRAN 等。

2. 三维实体常见的表示方法

（1）体素构造几何法。体素构造几何法（Constructive Solid Geometry，简称 CSG）在计算机内部通过基本体素及其运算来表示实体，即通过布尔模型生成二叉树数据结构。

基本体素有 Block 块、Cylinder 圆柱、Cone 圆锥、Sphere 球、Wedge 楔块、Torus 环等。基本体素如图 86-4 所示，用 CSG 二叉树表示实体如图 85-5 所示。

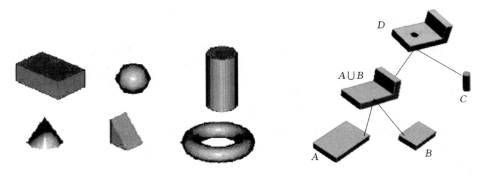

图 86-4 三维造型基本体素   图 86-5 形体的二叉树表示

（2）边界表示法。边界表示法（Boundary-representations，简称 B-rep）是以实体边界为基础来定义和描述三维实体的方法，这种方法能给出实体完整、显式的边界描述。其原理是：每个实体都由有限个面构成，每个面（平面或曲面）由有限条边围成的有限个封闭域来定义。

在边界表示法中，实体可以通过它的边界（面的子集）表示，每一个面又可通过边，边通过点，点通过三个坐标来定义。因此，边界模型的数据结构是网状关系，如图 86-6 所示。边界表示法的核心信息是面，同时，通过环表示的信息来标识面的法线方向，也就容易区别某一个面是内表面还是外表面。

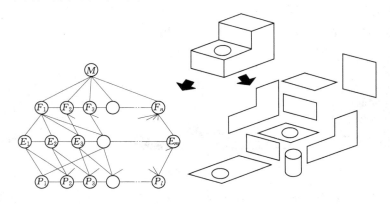

图 86-6 边界表示法

（3）扫描表示法。扫描表示法（Sweeping Representation）是由一个二维图形或三维形体在空间沿着某一方向平移或者绕某一轴线旋转进行实体定义的方法，是三维实体造型系统中常用的实体构造方法。分为平面轮廓扫描和三位实体扫描两种情况。扫描方式：平移，旋转，轨迹导向。

三、实验内容

主要包括建模、装配、工程图三部分。

（1）零件三维建模。

（2）零件三维模型、标准件装配成装配体。

（3）三维模型转换成二维，并完成标注生成工程图。实验过程如图 86-7 所示。

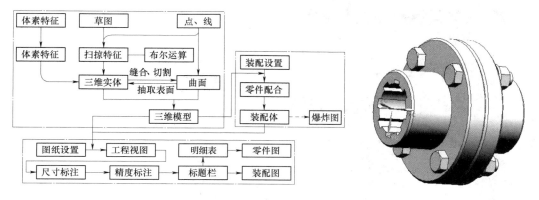

图 86-7　机械 CAD 实验内容及过程　　　　图 86-8　联轴器 CAD

本实验的内容是零件造型、装配和生成工程图，实现如图 86-8 所示某产品的局部零件的三维造型、装配和工程图。采用相同的两个半联轴器用螺栓连接形成装配，半联轴器零件尺寸如图 86-9 所示。

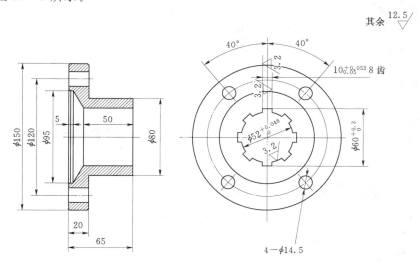

技术要求
所有未注的角均为 2×45°

图 86-9　半联轴器零件参数

四、操作步骤

1. UG 零件建模

（1）新建建模文件。启动 UG 软件，点击"新建"命令，弹出对话框，如图 86-10 所示。选择"模型"模块，进行建模工作。

（2）截面旋转造型。

1）绘制截面。UG 草图环境下设置中心线，绘制回转截面，如图 86-11 所示。

2）旋转成型。选择"回转"，如图 86-12 所示，对话框中选中绘制的草图截面，指定矢量选择 x 轴，布尔运算选择"求差"，其余默认，然后点击确定，造型结果如图 86-13 所示。

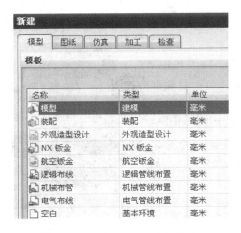

图 86-10　UG 新建功能模块

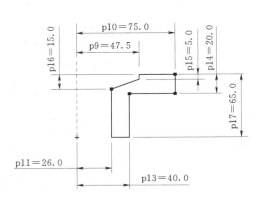

图 86-11　UG 新建功能模块

图 86-12　回转截面进行造型

图 86-13　旋转造型结果

（3）绘制花键。采用去除并阵列得到所需花键。花键齿厚 10mm，齿数为 8 个。

1）草绘。选择草绘命令，放置平面选择联轴器端面，如图 86-14 所示红色面。草绘一个齿轮廓，内边线圆弧半径为 26mm，外边线圆弧半径为 30mm，两条平行线间的距离为 10mm。如图 86-15 所示。

2）拉伸。选中草图，选择拉伸命令，确定正确的看拉伸方向（如果相反点击反向命令），距离是 65mm，布尔运算选择求差，进行拉伸切除，如图 86-16 所示，拉伸结果如图 86-17 所示。

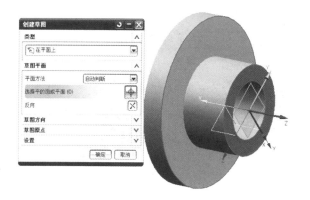

图 86－14　花键草图放置平面

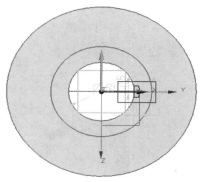

图 86－15　花键草图参数

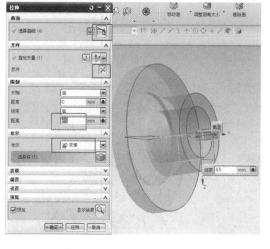

图 86－16　联轴器键槽拉伸切除

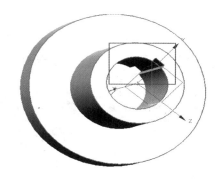

图 86－17　联轴器一个键槽

3）键槽阵列。阵列键槽，形成花键。选择下拉菜单中的"实例特征"，选择"圆形阵列"，如图 86－18 所示；选择阵列对象是上一步的拉伸，即"拉伸（8）"，如图 86－19 所示；阵列方法选择"常规"，阵列数目为 8，角度为 45°，如图 86－20 所示；阵列基准选择"基准轴"，x 轴为基准轴；完成阵列得到花键如图 86－21 所示。

图 86－18　键槽阵列类型

图 86－19　选择键槽阵列对象

图 86－20　阵列方法和参数

（4）绘制孔。

1）孔草图。采用跟前述相同方法选择孔草图放置面，绘制孔草图，如图 86 - 22 所示。

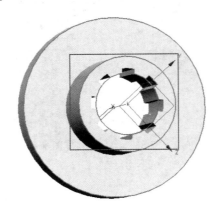

图 86 - 21 阵列形成花键

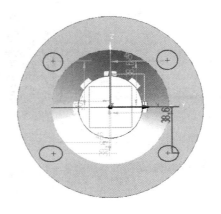

图 86 - 22 孔草图

2）绘制孔。选择下拉菜单中的"孔"图标，弹出对话框中，如图 86 - 23 所示，选择"常规孔"，指定点选择上一步绘制的草图中的四个点，孔直径为 14.5，深度为"贯通体"，布尔运算选择"求差"，点击确定，绘制完成，得到孔如图 86 - 24 所示。

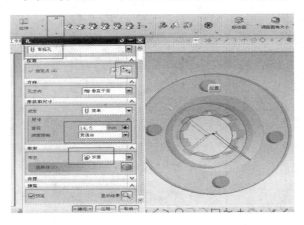

图 86 - 23 绘制孔设置

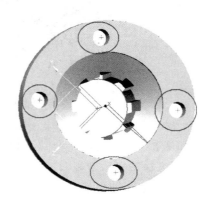

图 86 - 24 联轴器孔

（5）倒角。在下拉菜单中选择倒斜角，弹出菜单如图 86 - 25 所示，选择"对称"，距离为 2，然后选择需要倒角的边，确定；完成倒角后的零件，如图 86 - 26 所示。

（6）绘制其他零件。采用类似的方法绘制其他相关的螺栓、螺母、垫圈或者从标准件库中调用相应零件。

2. UG 装配建模

（1）新建建模文件。启动 UG 软件，点击"新建"命令，弹出对话框，如图 86 - 10 所示。选择"装配"模块，进行装配工作。

（2）添加第一个组件。点击"添加组件"，弹出对话框，如图 86 - 27 所示；对话框中选择"打开"，找到需要添加的文件（右边预览可以文件，确定是否所需），如图 86-28 所示，确定，完成第一步装配。

图 86-25　联轴器倒角设置

图 86-26　倒角后的联轴器

图 86-27　添加组件对话框

图 86-28　选择所需添加的文件

（3）继续添加组件。选择要添加的组件，选择"通过约束"来定位，如图 86-29 所示。约束条件选择自动判断中心/轴，选择两个孔中心线，如图 86-30 所示箭头所指，在"在主窗口中预览组件"可以看到方向（如果不正确，选择返回），方向正确后确定，添加组件后如图 86-31 所示。

（4）装配螺栓、垫圈、螺母。采用跟上步相同的方法添加组件，使用合适的约束方式，添加螺栓、垫圈、螺母，完成装配图如图 86-8 所示。

3. UG 工程图绘制过程

（1）进入制图环境。启动软件，打开装配组件，点击开始菜单栏选中"制图"，进入制图环境，如图 86-32 所示。

（2）新建图纸页。设置图纸大小、比例、单位、投影视角等，如图 86-33 所示。设置完成点击"确定"。

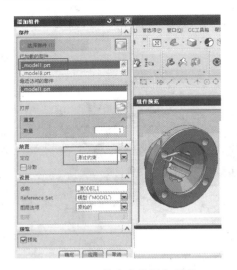

图 86-29 约束定位添加组件

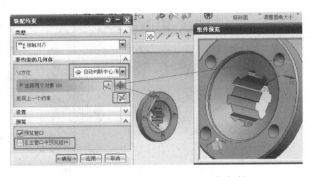

图 86-30 以孔中心线为约束条件

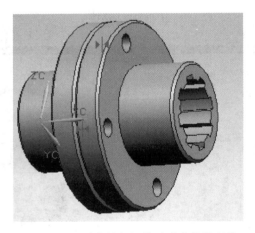

图 86-31 再次添加组件后形成的装配体

图 86-32 进入制图环境

图 86-33 新建图纸页

图 86-34 添加基本视图

（3）添加基本视图。点击"基本视图"，选择要投影的视图、比例，放置视图，如图 86－34 所示。

（4）添加剖视图。将鼠标移至投影视图的边框上，单击右键，弹出如图 86－35 所示对话框，选择"添加剖视图"；选择"自动判断铰链线"，选择一个铰链线基点，这里选择红框中的圆心，如图 86－36 所示；移动鼠标放置剖视图，如图 86－37 所示，得到圈中所示的剖视图。

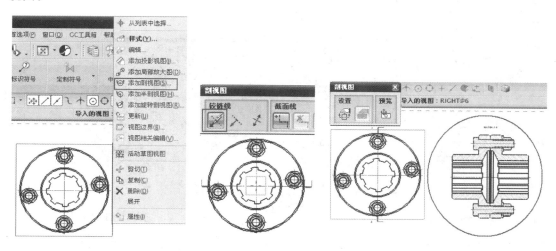

图 86－35　添加剖视图　　图 86－36　设置自动判断　　图 86－37　鼠标放置剖视图

（5）改变剖面线。将螺栓、螺母、垫圈设置为不剖。点击"视图中剖切"，在对话框中选择需要修改的视图，然后选中视图中不剖切部分，操作栏选择"变成非剖切"，点击"确定"，完成设置，如图 86－38 所示。

（6）标注尺寸。点击"自动判断尺寸"，开始标注；如有公差或文字标注，双击要标注的尺寸，进行相应的公差和文字标注；完成总体尺寸标注后如图 86－39 所示。

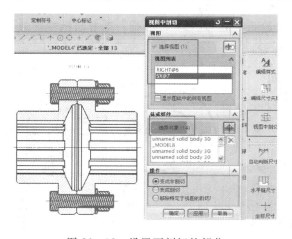

图 86－38　设置不剖切的部分

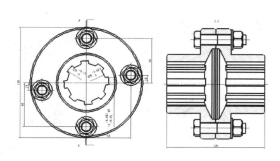

图 86－39　完成尺寸标注

（7）标注零件序号。点击"标识符号"，在对话框中选择类型为"圆"，点击"选择终止对象"的图标,点击鼠标左键指定终止点,在文本一栏填入序号,然后点击鼠标左键放置圆的位置,如图86-40所示。

(8)插入零件明细表。点击"插入",选择"表格",在弹出的菜单中,选择"零件明细表",单击鼠标左键放置,如图86-41所示。根据选择的零件,填零件明细表。双击明细表的单元格,直接填入,如图86-42所示。

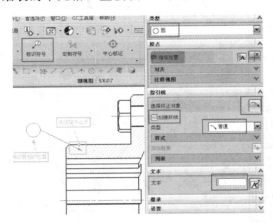

图86-40 标准零件序号

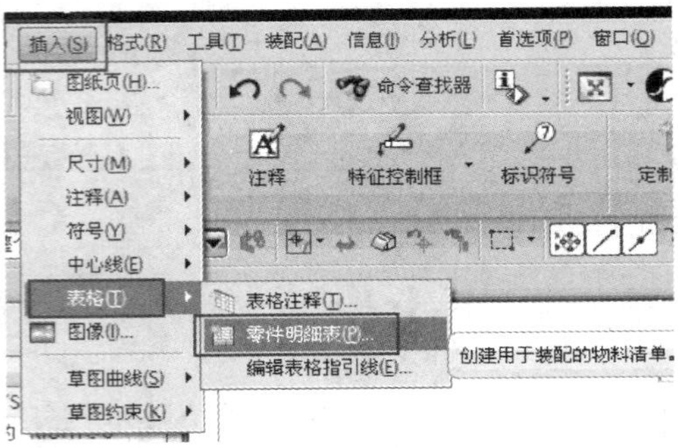

图86-41 插入零件明细表

4		4	
3			
2			
1			
序号			

图86-42 填入明细表内容

设置明细表的样式。选中你要更改样式的单元格,单击鼠标右键,选择"样式";弹出对话框中,可以对选中单元格的文字大小、颜色、字体和单元格对齐方式等进行设置。

(9)添加技术要求。点击"注释",在文本输入一栏输入技术要求,点击鼠标左键放置在指定位置,如图86-43所示。

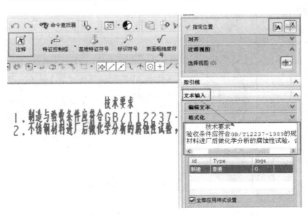

图86-43 添加技术要求示意图

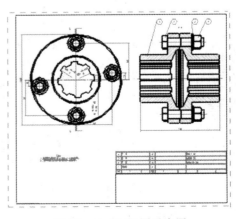

图86-44 工程图示意图

（10）工程图。完成工程图，如图 86 - 44 所示（没有填写标题栏）。

五、思考题

试找一个较复杂的回转体零件如齿轮、蜗杆等，按照上述基本步骤进行建模、装配、生成工程图。

实验八十七　CAM　仿　真

一、实验目的

（1）了解数控编程的基本过程。

（2）结合实例分析零件的加工工艺方案。

（3）初步掌握零件数控加工自动编程方法。

二、基本知识

1. 数控自动编程

数控自动编程就是利用计算机编制数控加工程序，所以又称为计算机辅助编程。编程人员将零件的形状、几何尺寸、刀具路线、工艺参数、机床特征等，按一定的格式和方法输入到计算机内，自动编程软件对这些输入信息进行编译、计算、处理后，自动生成刀具路径文件和机床的数控加工程序，通过通信接口将加工程序直接送入机床数控系统，以备加工。

数控自动编程根据编程信息的输入与计算机对信息的处理方式不同，主要有语言式自动编程系统和 CAD/CAM 集成化编程系统。

（1）APT 语言自动编程。APT 语言系统已是一种功能非常丰富、通用性非常强的系统。但该系统庞大，这又限制了它的推广使用。在 APT 语言自动编程系统的基础上，各国相继研究出针对性较强、各具特点的编程系统。如美国的 ADAPT、AUTOSPOT，英国的 2C、2CL、2PC，西德的 EXAPT - 1（点位）、EXAPT - 2（车削）、EXAPT - 3（铣削），法国的 IFAPT - P（点位）、IFAPT - C（轮廓）、IFAPT - CP（点位、轮廓），日本的 FAPT 数控自动编程语言系统等。我国原机械工业部 1982 年发布的《数控机床自动编程语言标准》（JB 3112—82）采用了 APT 的词汇语法，1985 年国际标准化组织 ISO 公布的《数控机床自动编程语言》（ISO 4342—1985）也是以 APT 语言为基础。

（2）CAD/CAM 集成系统数控编程。CAD/CAM 集成系统数控编程是以待加工零件 CAD 模型为基础的一种集加工工艺规划及数控编程为一体的自动编程方法，其中零件 CAD 模型的描述方法多种多样，适用于数控编程的主要有表面模型（surface model）和实体模型（solid model），其中以表面模型在数控编程中应用较为广泛。

以实体模型为基础的数控编程方法比以表面模型为基础的编程方法复杂，基于表面模型的数控编程系统，其零件的设计功能（或几何造型功能）是专为数控编程服务的，其针对性很强，也容易使用。

基于实体模型的数控编程系统其实体模型一般不是专为数控编程服务的，为了用于数控编程往往需要对实体模型进行可加工性分析，识别加工特征，并对加工特征进行加工工艺规划，最后才能进行数控编程，其中每一步可能都很复杂。过程如图 87 - 1 所示。

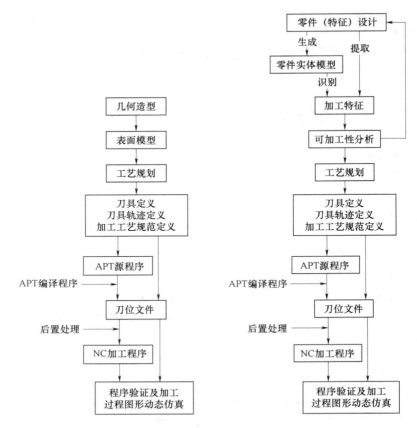

图 87-1　基于表面模型的数控编程系统和基于实体模型的数控编程系统

2. 自动编程的刀位算法

复杂的曲线、曲面及带岛、坑的型腔零件的加工是数控自动编程系统的难点；对复杂零件进行编程时，首先要确定其型面的数学模型，然后计算其刀位点及规划走刀轨迹。

（1）自由曲线的刀位算法。数控系统一般都不具备样条曲线的插补功能，自由曲线使用三次参数样条、NURBS 等方法拟合后，必须用直线段或圆弧进行二次逼近，才能编制数控加工程序，进行数控加工。

处理自由曲线和曲面的数学方法很多，如三次参数样条与孔斯曲面法，Bezier 曲线与曲面，B 样条曲线与曲面以及 NURBS 方法。NURBS 方法被认为是最有发展前景的方法，1991 年 ISO 正式颁布关于工业产品几何定义的 STEP 国际标准，把 NURBS 方法作为定义产品形状的数学方法。多数数控编程系统及 CAD/CAM 系统都扩充开发了 NURBS 方法。

（2）平面型腔零件加工时的刀位算法。平面型腔是由封闭的边界（外轮廓）与底面构成的凹坑。一般情况下坑的坑壁（外轮廓）与底面是垂直的，但也有和坑底面成一定锥度的。有时在凹坑（型腔）中存在凸起即称为岛（内轮廓）。平面型腔零件加工方法主要有两种：行切法及环切法。

行切法加工时刀具沿一组平行线走刀，可分为往返走刀和单向走刀。往返走刀是当刀具切进毛坯后，尽量少抬刀，在一个单向行程结束时，继续以切进方式转向返回行程并走完返回行程，如此往返。这种方式在加工过程中将交替出现顺铣、逆铣，因两者切削效果不同，影响加工表面质量和切削刀的大小。有些材料不宜往返走刀，可采用单向走刀方式。单向走刀时刀具沿一个方向进行至终点后，抬刀到安全高度再快速返回到起刀点后沿下一条平行线走刀，如此循环进行。该方式的优点是刀具可保持相同的切削状态进行加工。行切法的刀位点计算较简单，主要是一组平行线与型腔的内、外轮廓求交，判断出有效的交线，经编辑后按一定的顺序输出。在遇到型腔中"岛屿"时，稍作分析加以处理，可采取不同的措施：抬刀到安全高度越过"岛屿"；沿"岛屿"边界绕过去；或是遇到内轮廓反向回头继续切削；若内轮廓不是凸台而是"坑"可以直接跨越。

环切法加工不仅可使加工状态保持一致，同时能保证外轮廓的加工精度，环切法刀位计算复杂，是国内外学者研究的重点。下面介绍一种环切计算方法，其步骤如下：

1）外轮廓按加工要求的刀偏值向里偏置，检查所形成的环是否合理，并进行预处理。

2）内轮廓按加工要求的刀偏值向外偏置，检查所形成的环是否合理，并进行预处理。

3）内、外环接触后，消除干涉，重新形成新的内、外环。

4）重复上述步骤，新的环不断生成，直至整个零件的加工完成。

3. UG CAM 加工类型

（1）孔加工。

1）点位加工。点位加工用来创建钻孔、扩孔、镗孔和攻丝等刀具路径。

2）基于特征的孔加工。基于特征的孔加工通过自动判断孔的设计特征信息，自动地对孔进行选取和加工，这就大大地缩短了刀轨生成的时间，并使孔加工的流程标准化。

（2）UG 车加工。车削加工可以面向二维部件轮廓或者是完整的三维实体模型编程。用来加工轴类和回转体零件，它包括粗车、多步骤精车、预钻孔、攻螺纹和镗孔等程序。

（3）UG 铣加工。

1）平面加工。平面加工通常用于粗加工切去大部分材料，也用于精加工外型、清除转角残留余量。适用于底面（Floor）为平面且垂直于刀具轴、侧壁为垂直面的工件。

2）穴型加工。穴型加工主要用于曲面或斜度的壁和轮廓的型腔、型芯进行加工，用于粗加工以切除大部分毛坯材料。

3）等高加工。等高加工通过切削多个切削层来加工零件实体轮廓与表面轮廓。

4）固定轴加工。固定轴加工是通过选择驱动几何体生成驱动点，将驱动点沿着一个指定的投射矢量投影到零件几何体上生成刀位轨迹点，同时检查刀位轨迹点是否过切或超差。

5）可变轴加工。与固定轴加工相比，可变轴加工提供了多种刀具轴的控制。根据不同的加工对象，可变轴加工也可实现多种方式的精加工。

6）清根加工。清根加工可以有效地清除拐角及狭缝中残留的材料。

7）顺序铣加工。顺序铣加工是利用零件面控制刀具底部，驱动面控制刀具侧刃，检查面控制刀具停止位置的加工方式，刀具与零件面、驱动面、检查面接触，刀具在切削过程中，侧刃沿驱动面运动且保证底部与零件相切，直至刀具接触到检查面。顺序铣加工非常适合于切削有角度的侧壁。

（4）NX/线切割加工。线切割加工编程从接线框或实体模型中产生，实现了两轴和四轴模式下的线切割。可以利用范围广泛的线操作，包括多次走外型、钼丝反向和区域切除。该程序包也可以支持调节 Glue Stops、各种钼丝线径尺寸和功率设置。线切割广泛支持包括 AGIE、Charmilles 及其他加工设备。

4. UG CAM 加工过程

NX CAM 加工过程如下：

（1）获得 CAD 数据模型。数控编程的 CAD 数据模型，有 UG 直接造型的实体模型和数据转换的 CAD 模型两种方式。

（2）启动 UG/加工，初始化设置。进入加工环境后，首先要进行初始化设置，包括选择模板文件，建立父节点组。

（3）建立 CAM 数据模型。设计人员建立 CAD 数据模型时更多考虑零件设计的方便性和完整性，不一定完全考虑对加工的需求，因而要根据加工对象建立 CAM 模型。

1）加工坐标系（MCS）的确定。坐标系是加工的基准，将加工坐标系定位于机床操作人员确定的位置，同时保持坐标系的统一。

2）CAD 数据模型数据处理。分析 CAD 数据模型，把不适合用铣切方法加工的特征用简化 Simplify 或用 WAVE 技术处理。把此特征采用另外的加工方式，例如采用线切割加工；隐藏部分对加工不产生影响的曲面。用类选择器将对加工不产生影响的曲面分类，通过层选项将分类的曲面移动到不同层，设置为不可见；修补部分曲面，用缝合等命令选项构造的零件几何体应考虑曲面片间可能出现的重叠和缝隙，而导致刀轨的过切削、啃刀等现象，应修整或缝合这些不光顺的区域。这样获得的刀具路径规范而安全；对轮廓曲线进行修整。CAD 数据集若存在位置数据不连续，一阶导数或者二阶导数不连续、多余（辅助）几何等缺陷，可通过修整或者创建轮廓线构造出最佳的轮廓曲线。

3）构造 CAM 辅助加工几何。针对不同驱动几何的需要，构造辅助曲线或辅助面；构建边界曲线限制加工范围。

（4）定义加工方案。加工对象的确定及加工区域的规划。在平面铣和型腔铣中加工几何用于定义加工时的零件几何、设定毛料几何、检查几何，在固定轴铣和变轴铣中加工几何用于定义要加工的轮廓表面。包括①刀具选择；②加工内容和加工路线规划；③切削方式的确定；④定义加工参数；⑤进、退刀（Engage/Retract）；⑥避让几何 Avoidance；⑦切削参数 Cutting；⑧机床控制（Machine Control）。内容融入到创建操作中。

（5）创建操作，生成加工刀具路径。在"创建操作"对话框中指定该操作的类型、程序、使用几何体、使用刀具和使用方法等父节点组，并指定操作的名称。在"创建操作"对话框中选定了不同的加工操作类型，则会弹出不同的操作对话框。在这些对话框中需进行一系列加工几何对象、切削参数、控制选项等操作参数的设置，并且很多选项需通过二级对话框弹出并进行设置。

操作参数的设定是 UG CAM 编程中最主要的工作内容，具体包括：

1）加工对象的定义。选择加工几何体、检查几何体、毛坯几何体、边界几何体、区域几何体、底面几何体等。

2）加工参数的设置。包括走刀方式的设定，切削行距、切深的设置，加工余量的设置，进/退刀方式的设置等。

3）工艺参数设置。包括切削参数设置、避让控制、机床控制、进给率设定等，不同的操作类型，其操作对话框显示的选项不尽相同。

UG 编程操作时，操作对话框中的参数设置非常关键，会直接影响所编制的加工程序的正确性与合理性。但是，不少参数也可使用系统提供的默认值。

在完成参数设置后，系统进行刀轨计算，生成加工刀具路径。

（6）刀具路径检验、编辑和仿真。对生成刀具路径的操作，可以在图形窗口中以线框形式或实体形式模拟刀具路径，让用户在图形方式下更直观地观察刀具的运动过程，以验证各操作参数定义的合理性。此外，可在图形方式下用刀具路径编辑器对其进行编辑。并在图形窗口中直接观察编辑结果。

（7）加工刀具路径后处置输出 NC 程序。在 NX 生成的刀具路径如果不经后置处理将无法直接送到数控机床进行零件加工。这是因为不同厂商生产的机床硬件条件不同，而且各种机床所使用的控制系统也不同，对同一功能，在不同的数控系统中不完全相同。这些与特定机床相关的信息，不包含在刀具位置源文件（CLSF），因此刀具位置源文件必须进行后置处理，以满足不同机床/控制系统的特殊要求。根据机床参数格式化刀具位置源文件，生成特定机床可以识别的 NC 程序。

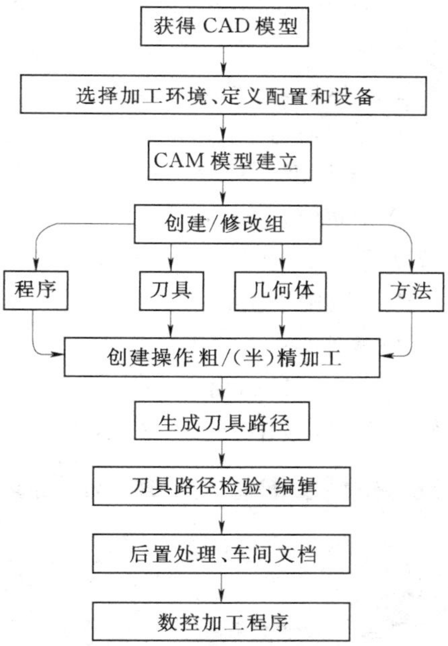

```
获得 CAD 模型
    ↓
选择加工环境、定义配置和设备
    ↓
CAM 模型建立
    ↓
创建/修改组
 ↓   ↓   ↓   ↓
程序 刀具 几何体 方法
    ↓
创建操作粗/（半）精加工
    ↓
生成刀具路径
    ↓
刀具路径检验、编辑
    ↓
后置处理、车间文档
    ↓
数控加工程序
```

图 87-2　UG CAM 编程过程

（8）机床试切加工。较复杂工件的数控程序需通过试切件的试切切削验证。试切件用料可采用硬塑料、铝、硬石蜡、硬木等，试切件还应多次使用和重复使用，以降低成本。

上述编程流程如图 87-2 所示。

三、实验内容

1. CAM 实验内容

加工如图 87-3 所示心形零件，草图如图 87-4 所示，长方体高度为 30mm，其下凹部分为直壁，外壁为心形凹槽由 6 段相切的圆弧组成，心部为直径为 25mm 的直壁圆柱，深度为 16mm，上表面与底面均为平面，毛坯自定，（为了简化）定为 180mm×140mm×30mm 的长方体。

2. 工艺分析

需要对心形零件进行凹槽的粗加工、精加工，以固定底面安装在数控机床工作台上。

（1）工件坐标系原点设置。为了方便对刀，

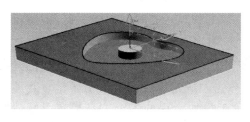

图 87-3　心形零件立体图

将工件坐标系设置在顶部平面的心形中心位置。

（2）加工工步分析。零件形状比较简单，使用平面铣加工，没有尖角或很小的圆角，同时表面没有特殊的要求，采用 $\phi16$ 的平底立铣刀进行加工，避免换刀操作。分为 3 个工步。

1）凹槽粗加工：分层切削，每层切削深度为 0.2mm，设置主轴转速为 1000r/min，进给深度为 500mm/min。

2）底面精加工：设置主轴转速为 1500r/min，进给深度为 300mm/min。

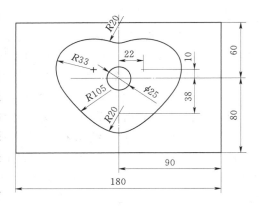

图 87-4 心形零件草图

3）侧面精加工：采用分层切削，每层切削深度为 0.2mm，设置主轴转速为 1500r/min，进给深度为 300mm/min。

四、操作步骤

1. 零件导入

启动 UG NX，打开 UG 建立的需要加工的零件模型，或者导入其他 CAD 系统建立的模型文件，如图 87-5 所示，零件导入后如图 87-6 所示。

图 87-5 导入其他格式的零件

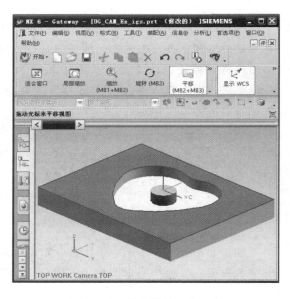

图 87-6 导入零件后的状态

2. 加工初始设置

在主菜单中选择——"加工"，如图 87-7 所示；系统弹出加工环境初始化对话框，如图 87-8 所示，加工环境设置为 mill-planar，单击"确定"按钮进行初始化，并进入 UG 加工模块及相应的环境，用户界面上将出现加工模块专用的各个工具栏和图标（按钮），同时在导航器栏中将增加"操作导航器"图标和相应的窗口，如图 87-9 所示。

图 87-7　进入"加工"模块

图 87-8　UG 加工环境

图 87-9　初始设置后的窗口

3. 创建/修改组

（1）建立 MCS_MILL。在"操作导航器"中空白处点鼠标右键，弹出菜单选"几何视图"按钮；双击导航器中的"MCS_MILL"选项，弹出"Mill Orient"对话框，单击机床坐标系中的"CSYS 对话框"按钮，如图 87-10 所示；类型下拉菜单中选择"对象的 CSYS"选项，然后选择零件上表面，单击"确定"按钮，建立 MCS，如图 87-11 所示，在"Mill Orient"对话框中的"间隙"选项组中设置安全平面高度为 20mm，如图 87-10 所示的黑色椭圆框。

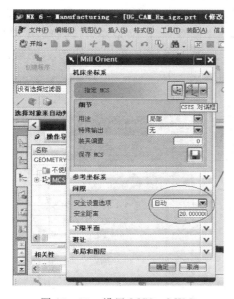

图 87-10　设置 MCS_MILL

图 87-11　建立 MCS

（2）建立 WORKPIECE。在"操作导航器"中，双击"WORKPIECE"选项，弹出"铣削几何体"对话框，如图 87-12 所示；单击"指定部件"，弹出"部件几何体"对话框，如图 87-13 所示，单击"全选"按钮，将零件全部选择，然后确定；单击中"铣削几何体"对话框中的"指定毛坯"按钮，弹出"毛坯几何体"对话框，如图 87-14 所示，点选"自动块"单选钮，然后单击"确定"，完成毛坯的创建。在"铣削几何体"对话框按"确定"，完成 WORKPIECE 的建立。

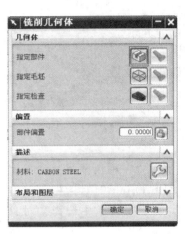

图 87-12　设置铣削几何体

图 87-13　设置部件几何体

图 87-14　设置毛坯几何体

（3）建立程序组。在"操作导航器"中空白处点鼠标右键，弹出菜单选"程序顺序视图"按钮，将导航器切换至程序顺序视图。在"插入"工具栏中单击"创建程序"按钮，弹出"创建程序"对话框；在"位置"选项组的"程序"下拉菜单中选择"PRO-GRAM"，并设置名称为"RR"，如图 87-15 所示，在弹出菜单中单击"确定"；同理设置"FF"程序组，设置程序之后的"操作导航器"如图 87-16 所示。

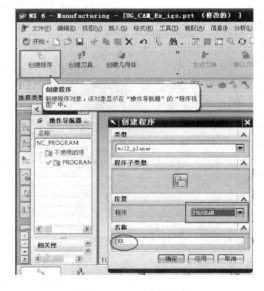

图 87-15　创建程序

图 87-16　创建 RR 和 FF 程序

（4）建立刀具。在"操作导航器"中空白处点鼠标右键，弹出菜单选"机床视图"按钮，将导航器切换至机床视图，在"插入"工具栏中单击"创建刀具"按钮，弹出"创建刀具"对话框；在"刀具子类型"中选择"MILL"，刀具名称为"D16"，如图 87-17 所示，"确定"后弹出"铣刀-5 参数"，设置"尺寸"中的直径，"数字"中的参数，如图 87-18 所示，单击"确定"，完成刀具设置。

图 87-17　创建刀具

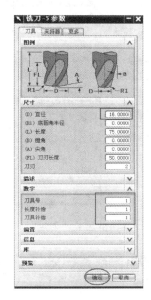

图 87-18　铣刀（D16）参数

（5）设置加工方法。在"操作导航器"中空白处点鼠标右键，弹出菜单选"加工方法视图"按钮，将导航器切换至加工方法视图，用鼠标左键双击"MILL_ROUGH"图标，弹出"铣削方法"对话框；在"铣削方法"中设置粗加工"余量"和"公差"，如图 87-19 所示，单击"确定"完成粗加工余量和公差设定；用鼠标左键双击"MILL_FINISH"图标，在弹出"铣削方法"对话框中设置精加工"余量"和"公差"，如图 87-20 所示，单击"确定"。

4. 创建操作

（1）粗加工。创建粗加工操作。在"操作导航器"中空白处点鼠标右键，弹出菜单选"程序顺序视图"按钮，将导航器切换至程序顺序视图。在"插入"工具栏中单击"创建操作"按钮，弹出"创建操作"对话框；在"类型"下拉列表中选择"mill_planar（二维铣削）"，在"操作子类型"中选择"PLANAR_MILL（型腔铣）"按钮，如图 87-21 所示。

平面铣指定部件边界。单击"创建操作"（图 87-21）中的"确定"按钮，弹出"平面铣"对话框，如图 87-22 所示；单击"指定部件边界"按钮，弹出"边界几何体"对话框，直接选择待加工区域——部件和岛屿，单击"确定"按钮，回到"平面铣"对话框。

平面铣指定毛坯边界。在"平面铣"对话框中单击"指定毛坯边界"按钮，弹出"边

界几何体"对话框，选择零件底面边界作为"毛坯边界"，单击"确定"按钮，如图 87 -
23 所示，回到"平面铣"对话框。

图 87 - 19 粗加工"余量"和"公差"

图 87 - 20 精加工"余量"和"公差"

图 87 - 21 创建粗加工操作

图 87 - 22 平面铣指定部件边界

平面铣指定底面。在"平面铣"对话框中单击"指定底面"按钮，弹出"平面构造
器"对话框，选择零件槽底面，单击"确定"按钮，如图 87 - 24 所示，回到"平面铣"
对话框。

设定加工参数，如图 87 - 26 所示。

方法：MILL _ ROUGH

切削模式：跟随部件

步距：%刀具平直

图 87-23　平面铣指定毛坯边界　　　　　　　图 87-24　平面铣指定底面

平均直径百分比：50.0　　　　　即：步距为刀具直径的 50%。

切削层：点击按钮，弹出"切削深度参数"对话框，设置切削深度最大值为 0.2mm；

非切削移动：点击按钮，弹出"非切削移动"对话框，进行设置。

进给和速度：点击按钮，弹出"进给和速度"对话框，进行设置。

点击"操作"里面的"生成"（第一个图标），如图 87-25，再点击"操作"里面的"确认"（第三个图标），弹出"刀轨可视化"对话框，可以实现刀轨可视，如图 87-26 所示。

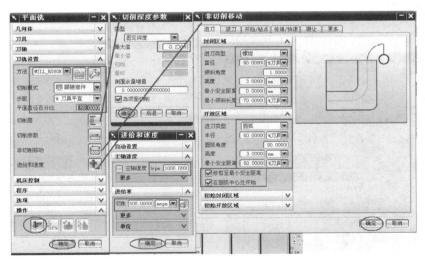

图 87-25　设置平面铣加工参数

（2）精加工。选择"RR"程序组下的平面铣操作，单击鼠标右键，在弹出菜单中单击"复制"命令，选择"FF"程序，单击鼠标右键，在弹出菜单中选择"内部粘贴"命令，如图 87-27 所示。

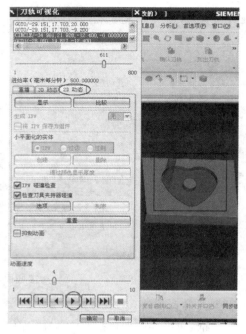

图 87-26　刀轨可视

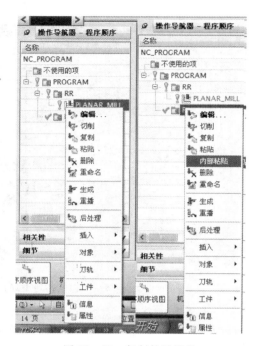

图 87-27　复制粘贴操作

底面精加工操作。双击打开复制得到的平面铣操作"PLANAR_MILL_COPY"，进行编辑。如图 87-28 所示，修改"方法"为"MILL_FINISH"，"切削模式"为"跟随部件"，"切削层"为"仅底部面"，"进给和速度"中"主轴转速 rpm"设为"1500"、"进给率 mmpm"设为"300"，完成设置后单击"生成"按钮，计算刀具轨迹，单击"确定"按钮。

图 87-28　底面精加工设置

图 87-29　侧壁精加工设置

　　侧壁精加工操作。选择侧壁精加工操作，单击鼠标右键，在弹出菜单中单击"复制"命令，然后再单击鼠标右键，在弹出菜单中选择"粘贴"命令，如图 87-29 所示。双击"PLANAR_MILL_COPY_COPY"弹出"平面铣"对话框。编辑"切削模式"为"配置文件"，"切削层"为"仅底部面"，在"非切削移动"中将"进刀类型"改为"与开放区域相同"，如图 87-30 所示。完成后单击"生成"按钮，计算刀具轨迹，单击"确定"按钮。

　　5. 加工模拟仿真

　　在"操作导航器"中单击"PROGRAM"程序组，组内所有操作被选择，然后在"操作"工具栏中单击"确认刀轨"按钮，如图 87-30 所示。弹出"刀轨可视化"对话框，单击"2D 动态"，如图 87-27 所示，然后单击"播放"按钮，加工模拟结果如图 87-31 所示。

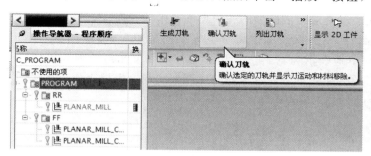

图 87-30　确认所有操作

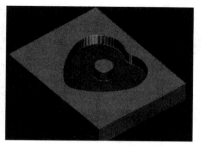

图 87-31　模拟结果

　　6. 后置处理

　　模拟完成后，即可输出 NC 程序。在"操作导航器"中单击"PROGRAM"程序组，组内所有操作被选择，然后在"操作"工具栏中单击"后处理"按钮，弹出"后处理"对话框。选择后处理器为"MILL_3_AXIS"，在"输出文件"选项组的"文件名"文本框中设置程序的文件名和保存路径；在"设置"选项中，勾选"列出输出"复选框，如图 87-32 所示，单击"确定"，系统自动弹出信息窗口，显示程序，如图 87-33 所示。

图 87-32　后处理设置

图 87-33　NC 程序

五、思考题

试找一个板类槽体零件，按照上述基本步骤进行加工仿真。

实验八十八 图 形 变 换

一、实验目的

(1) 了解和掌握二维图形、三维图形的基本变换技术。

(2) 掌握二维图形复合变换的原理并熟练应用。

二、基本知识

计算机绘图中常常要进行比例、对称、旋转、平移等各种变换。任何工程图形都可视为点的集合，因而图形变换的实质就是对组成图形的各顶点进行坐标变换。为了便于图形的变换计算，需要引用齐次坐标。所谓齐次坐标即将一个 n 维向量用 $n+1$ 维向量表示，如：二维的点坐标 (x, y) 可简单地表示为 $(x, y, 1)$。这样，一个几何图形则可用一个齐次坐标矩阵进行表示，图形的变换就可以通过矩阵的运算来实现。根据矩阵运算法则可知，二维图形变换矩阵 T 应为一个 3×3 的矩阵。设二维图形变换矩阵为：

$$T \begin{bmatrix} a & b & P \\ c & d & q \\ \hline l & m & s \end{bmatrix}$$

按照变换矩阵中的元素功能，将二维变换矩阵的一般表达式按虚线分为 4 个子矩阵。其中，矩阵 $\begin{bmatrix} a & b \\ c & d \end{bmatrix}$ 可以实现图形的比例、对称、错切、旋转等基本几何变换；矩阵 $\begin{bmatrix} l & m \end{bmatrix}$ 可以实现图形的平移变换；矩阵 $\begin{bmatrix} p \\ q \end{bmatrix}$ 可以实现图形的透视变换；矩阵 $[s]$ 实现图形的全比例变换。为了方便读者学习参考，现将二维图形的基本变换矩阵列于表 88-1 中。

表 88-1 二维图形的基本变换矩阵

变换矩阵名称	变换矩阵	矩阵的意义及说明
比例变换	$T = \begin{bmatrix} a & 0 & 0 \\ 0 & d & 0 \\ 0 & 0 & 1 \end{bmatrix}$	a—x 方向的比例因子 b—y 方向的比例因子
对称变换	$T = \begin{bmatrix} 1 & 0 & 0 \\ 0 & -1 & 0 \\ 0 & 0 & 1 \end{bmatrix}$	关于 x 轴对称
	$T = \begin{bmatrix} -1 & 0 & 0 \\ 0 & 1 & 0 \\ 0 & 0 & 1 \end{bmatrix}$	关于 y 轴对称
	$T = \begin{bmatrix} -1 & 0 & 0 \\ 0 & -1 & 0 \\ 0 & 0 & 1 \end{bmatrix}$	关于原点对称

变换矩阵名称	变换矩阵	矩阵的意义及说明
对称变换	$\boldsymbol{T}=\begin{bmatrix} 0 & 1 & 0 \\ 1 & 0 & 0 \\ 0 & 0 & 1 \end{bmatrix}$	关于$+45°$线对称
	$\boldsymbol{T}=\begin{bmatrix} 0 & -1 & 0 \\ -1 & 0 & 0 \\ 0 & 0 & 1 \end{bmatrix}$	关于$-45°$线对称
错切	$T=\begin{bmatrix} 1 & 0 & 0 \\ c & 1 & 0 \\ 0 & 0 & 1 \end{bmatrix}$	沿x方向错切c错切量，$c\neq0$
	$\boldsymbol{T}=\begin{bmatrix} 1 & b & 0 \\ 0 & 1 & 0 \\ 0 & 0 & 1 \end{bmatrix}$	沿y方向错切b错切量，$b\neq0$
旋转	$\boldsymbol{T}=\begin{bmatrix} \cos\theta & \sin\theta & 0 \\ -\sin\theta & \cos\theta & 0 \\ 0 & 0 & 1 \end{bmatrix}$	θ为旋转角度，逆时针为正，顺时针为负
平移	$\boldsymbol{T}=\begin{bmatrix} 1 & 0 & 0 \\ 0 & 1 & 0 \\ l & m & 1 \end{bmatrix}$	l为x方向的平移量 m为y方向的平移量

CAD/CAM 中的图形变换是复杂的，往往仅用一种基本变换是不能实现的，必须由两种或多种基本变换的组合才能得到所需要的最终图形。这种由多种基本变换的组合而实现的变换称之为复合变换，相应的变换矩阵称之为复合变换矩阵，复合变换矩阵通常是由若干基本变换矩阵的乘积所构成。由于矩阵乘法不符合交换律，因此复合变换矩阵的求解顺序不得随意变动。

设有平面三角形 abc，如图 88-1 所示。其三个顶点的坐标分别为 $a(x_a，y_a)$，$b(x_b，y_b)$，$c(x_c，y_c)$。欲将 $\triangle abc$ 绕 $A(x_A，y_A)$ 点逆时针旋转 $\alpha=90°$。变换可理解为三个基本变换的组合。

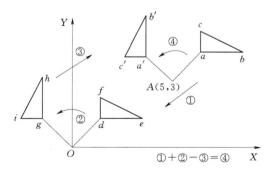

图 88-1 二维组合变换

(1) 将三角形连同旋转中心点 A 一起平移，使点 A 与坐标原点重合。这步变换实际就是将三角形沿 X 轴方向平移 $-M$，沿 Y 轴方向平移 $-N$，是图形基本变换中的平移变换。参照表 88-1，变换矩阵可写为

$$\boldsymbol{T}_1 = \begin{bmatrix} 1 & 0 & 0 \\ 0 & 1 & 0 \\ -M & -N & 1 \end{bmatrix}$$

(2) 按要求将三角形旋转 $\alpha=90°$。此变换是图形旋转的基本变换，变换矩阵写为

255

$$T_2 = \begin{bmatrix} \cos\alpha & \sin\alpha & 0 \\ -\sin\alpha & \cos\alpha & 0 \\ 0 & 0 & 1 \end{bmatrix}$$

（3）旋转后的三角形连同旋转中心一起向回平移，使点 A 回到初始位置。变换矩阵可写为

$$T_3 = \begin{bmatrix} 1 & 0 & 0 \\ 0 & 1 & 0 \\ M & N & 1 \end{bmatrix}$$

三步基本变换的综合结果是 $\triangle abc$ 绕点 A 逆时针旋转了一个角度（见图 88-1）。其组合变换矩阵为

$$T = T_1 \cdot T_2 \cdot T_3 \begin{bmatrix} \cos\alpha & \sin\alpha & 0 \\ -\sin\alpha & \cos\alpha & 0 \\ -M\cos\alpha + N\sin\alpha + M & -M\sin\alpha - N\cos\alpha + N & 1 \end{bmatrix}$$

$\triangle abc$ 通过 T 的变换，到了 $\triangle a'b'c'$ 的位置。

$$(x' \quad y' \quad 1) = (x \quad y \quad 1) * T$$

即

$$\begin{cases} x' = X\cos\alpha - Y\sin\alpha - x_A\cos\alpha + y_A\sin\alpha + x_A \\ y' = X\sin\alpha - Y\cos\alpha - x_A\sin\alpha - y_A\cos\alpha + y_A \end{cases}$$

三、实验内容及操作步骤

若有 $\triangle ABC$ 各顶点坐标为 $A(40，40)$、$B(90，40)$、$C(40，60)$，画出该三角形绕任一点 $X(20，30)$ 逆时针旋转角度 $90°$ 的图形。

MATLAB 程序清单：

```
>>x1=[40 90 40 40]
>>y1=[40 40 60 40]
>>xita=90 * pi/180
>>x2A=40 * cos(xita)-40 * sin(xita)-20 * cos(xita)+30 * sin(xita)+20
>>y2A=40 * sin(xita)+40 * cos(xita)-20 * sin(xita)-30 * cos(xita)+30
>>x2B=90 * cos(xita)-40 * sin(xita)-20 * cos(xita)+30 * sin(xita)+20
>>y2B=90 * sin(xita)+40 * cos(xita)-20 * sin(xita)-30 * cos(xita)+30
>>x2C=40 * cos(xita)-60 * sin(xita)-20 * cos(xita)+30 * sin(xita)+20
>>y2C=40 * sin(xita)+60 * cos(xita)-20 * sin(xita)-30 * cos(xita)+30
>>x2=[x2A x2B x2C x2A]
>>y2=[y2A y2B y2C y2A]
>>plot(x1,y1,x2,y2)
>>axis([-20 100 30 100])
```

程序运行结果如图 88-2 所示。

C 程序清单：

```
#include<stdio. h>
```

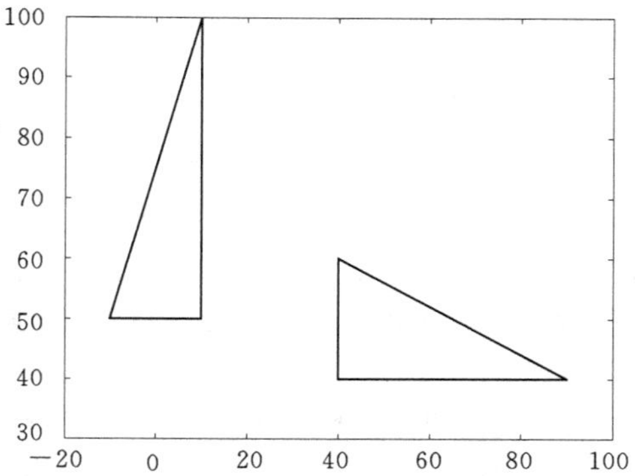

```
# nclude＜math. h＞
# nclude＜graphics. h＞
# define   PI  3. 1415926
Void   initgr(void)
{int   gd＝DETECT，  gm＝0；
initgraph(&gd ,&gm，"")；
    void point(int x ,int y)
    {
        Line(x－3,y,x+3,y)；
        Line(x,y－3,x,y+3)；
    }
```

图 88－2　三角形图形变换

```
Main( )
{
    Float degree＝90,x[3]＝{40,90,40},y[3]＝{40,40,60}；
    Float xl[3],yl[3]；
    Int I,xa＝200,ya＝300；
    Degree＝degree * pl/180；
    For(i=0;i<3;i++)
    {
xl[i]＝x[i] * cos(degree)－y[i] * sin(degree)－xa * cos(degree)＋ya * sin(degree)＋xa；
yl[i]＝x[i] * sin(degree)＋y[i] * cos(degree)－xa * sin(degree)－ya * cos(degree)＋ya；
    }
    Initgr( )；
    Point(xa,ya)；
    Line(x[0],y[0],x[1],y[1])；
    Line(x[0],y[0],x[2],y[2])；
Line(x[1],y[1],x[2],y[2])；
Line(xl[0],yl[0],xl[1],yl[1])；
Line(xl[0],yl[0],xl[2],yl2])；
Line(xl[1],yl[1],xl[2],yl[2])；
Getch()l；
Closegraph( )；
```

四、思考题

有△ABC，各顶点坐标为 A(50，50)、B(65，70)、C(80，60)，请实现将该三角形绕任意点逆时针旋转的操作，旋转中心与旋转角度由用户输入，并在屏幕中画出来。

参　考　文　献

［1］　刘鸿文，吕荣坤．材料力学实验［M］．3版．北京：高等教育出版社，2006.

［2］　曹以柏，徐温玉．材料力学测试原理及实验［M］．2版．北京：航空工业出版社，1987.

［3］　范钦珊，等．工程力学实验［M］．北京：高等教育出版社，2006.

［4］　高为国．机械工程材料基础［M］．北京：中南大学出版社，2004.

［5］　王温银，等．工程材料实验［M］．北京：中国矿业大学出版社，2005.

［6］　吴晶，等．机械工程材料实验指导书［M］．北京：化学工业出版社，2005.

［7］　孙恒，等．机械原理［M］．7版．北京：高等教育出版社，2006.

［8］　濮良贵，等．机械设计［M］．8版．北京：高等教育出版社，2006.

［9］　杨昂岳，等．实用机械原理与机械设计实验技术［M］．北京：国防科技大学出版社，2009.

［10］　丁元杰．单片微机原理及应用［M］．北京：机械工业出版社，2005.

［11］　张毅刚，等．MCS - 51单片机应用设计［M］．哈尔滨：哈尔滨工业大学出版社，2003.

［12］　胡汉才．单片机原理机接口技术［M］．北京：清华大学出版社，1999.

［13］　徐学林．互换性与测量技术基础［M］．长沙：湖南大学出版社，2005.

［14］　甘永立．几何量公差与检测实验指导书［M］．4版．上海：上海科学技术出版社，2004.

［15］　张也影．流体力学［M］．北京：高等教育出版社，1998.

［16］　侯国祥，等．工程流体力学［M］．北京：机械工业出版社，2006.

［17］　郭立君，等．泵与风机［M］．3版．北京：中国电力出版社，2004.

［18］　杨世铭．传热学［M］．4版．北京：中国电力出版社，2006.

［19］　沈维道，等．工程热力学［M］．3版．北京：高等教育出版社，2001.

［18］　陈花玲．机械工程测试技术［M］．北京：机械工业出版社，2002.

［19］　秦树人．机械工程测试原理与技术［M］．重庆：重庆大学出版社，2002.

［20］　严兆大．热能与动力机械测试技术［M］．2版．北京：机械工业出版社，2007.

［21］　何存光．液压与气压传动［M］．2版．武汉：华中科技大学出版社，2003.

［22］　许福玲．液压与气压传动［M］．3版．北京：机械工业出版社，2007.

［23］　王隆太．机械CAD/CAM技术［M］．2版．北京：机械工业出版社，2005.

［24］　宋爱平，尤飞．CAD/CAM技术综合实训指导书［M］．北京：机械工业出版社，2005.

［27］　欧长劲．机械CAD/CAM上机指导及练习教程［M］．西安：西安电子科技大学出版社，2007.

［28］　吴友明．UG NX 6.0中文版数控编程［M］．北京：化学工业出版社，2010.

［29］　李体仁．UG NX 6.0数控加工［M］．北京：化学工业出版社，2010.

［30］　杨胜群，等．UG NX数控加工技术［M］．北京：清华大学出版社，2006.